U0150882

非线性可积系统的构造性方法

张 盛 徐 波 著

科学出版社

北 京

内 容 简 介

本书研究非线性可积系统的可积性判定、精确求解和生成的一些构造性理论与方法. 首先简述非线性系统的可积性、孤子解和多种解法，着重研究 *C-D* 对、Painlevé 检验、Hirota 双线性方法和 Darboux 变换的新应用；其次简要介绍数学机械化及其在非线性系统求解中的应用，主要研究齐次平衡法、指数函数法、辅助方程法和负幂展开法在构造孤波、多波、怪波和随机波等多种形式解中的改进与推广；最后重点研究 KdV 系统、AKNS 系统、KN 系统和 Toda 晶格系统的多种形式推广生成，并利用 Bäcklund 变换、双线性方法、反散射变换等方法对所生成的多数推广系统进行求解，同时还讨论推广后 KN 系统的 Hamilton 结构与 Liouville 可积性.

本书可作为高等学校数学、物理学、流体力学等专业研究生和高年级本科生的教材，也可供相关领域的研究人员和工程技术人员参考.

图书在版编目(CIP)数据

非线性可积系统的构造性方法/张盛，徐波著.—北京：科学出版社，2022.3
ISBN 978-7-03-071799-3

Ⅰ.①非… Ⅱ.①张… ②徐… Ⅲ.①非线性控制系统—研究 Ⅳ.①O231.2

中国版本图书馆 CIP 数据核字（2022）第 040977 号

责任编辑：姜 红 常友丽 / 责任校对：樊雅琼
责任印制：赵 博 / 封面设计：无极书装

科 学 出 版 社 出版
北京东黄城根北街 16 号
邮政编码：100717
http://www.sciencep.com
固安县铭成印刷有限公司印刷
科学出版社发行 各地新华书店经销
*
2022 年 3 月第 一 版 开本：720×1000 1/16
2025 年 1 月第三次印刷 印张：14 3/4
字数：297 000
定价：99.00 元
（如有印装质量问题，我社负责调换）

前　　言

　　非线性问题充满着无限的魅力与挑战，"线性化"方法已不能满足研究需要，非线性科学这一交叉科学应运而生. 非线性微分方程常用来描述众多领域中出现的许多非线性现象和动力过程，与线性模型相比可更准确地接近非线性现象的本质. 非线性可积系统是一类具有某些性质的非线性偏微分（或半离散）方程，人们常常将其跟孤子联系在一起. 最早由 Russell 发现的孤子（soliton）与分形（fractal）和混沌（chaos）组成了非线性科学的三个主要研究方向. 寻找非线性可积系统及其孤子解和可积性质是孤子与可积系统研究的重要内容，一段时期以来受到专家学者的广泛关注，国内外多部相关著作相继出版.

　　本书第一作者对非线性可积系统研究的兴趣始于 2004 年，先后与第二作者合作发表相关论文十余篇. 在多年的学习和研究过程中，作者主要致力于研究非线性可积系统的求解、可积性判定和生成三个方面的构造性理论与方法. 作者出版本书的初衷是努力形成一部既讲基础又联系前沿，还能较为系统地结合实例介绍可积性、精确求解法和生成可积系统等诸多方面内容的著作. 同时也想通过本书的撰写对作者多年来的研究工作进行回顾、梳理与拓展，解答读者的疑惑，达到既方便与同行们交流又能加强自身学术成长之目的. 还希望本书的出版能对正在从事相关方面研究的学者和其他感兴趣人员有所帮助.

　　近年来，可积系统研究呈现出的特点是非线性模型由低维、常系数、单一、经典、等谱、整数阶等相对简单的方程逐渐提升到高维、变系数、耦合、离散、量子、非等谱、带强迫项、含自相容源、超对称形式、分数阶等较为复杂的方程；非线性波形式解由孤波发展到多波、内波、怪波、含任意函数波、随机波、尖峰子、分形与混沌、代数几何拟周期解以及玻色-爱因斯坦凝聚中的物质波和光学中的孤子分子等；非线性解析方法由原本针对个体、连续、不含自相容源、等谱方程推广到处理一整族、半离散、含自相容源、非等谱等复杂方程，其中曾引起孤子研究热潮的通过求解 Gel'fand-Levitan-Marchenko（GLM）积分方程并最终实现位势恢复的反散射方法推广到以 Remann-Hirbert 公式、非线性速降法和 Fokas 方法为研究热点的现代版反散射变换.

　　本书追求知识由浅入深、方法化难为易、理论突出重点、结构脉络清晰、举例有针对性, 研究内容结合作者工作, 紧扣主题, 语言组织侧重言简意赅, 但关键之处又不失细节. 全书共 11 章, 可视为三个部分, 但各部分之间并不孤立, 其中作为主线的求解贯穿始终. 第一部分由第 1 章至第 4 章组成, 简要介绍非线性可积系统的多种意义下的可积性、多个求解方法以及孤子解与系统可积性之间的联系, 给出辅助方程法 C-D 对的一般格式和展开次数的平衡原则, 研究 C-D 对、Painlevé 检验、Hirota 双线性方法和达布变换 (Darboux transformation, DT) 在一些非线性模型中的新应用; 第二部分由第 5 章至第 8 章组成, 简述数学机械化方法在非线性微分系统求解中的应用概况, 设计多重有理指数函数拟解, 修正齐次平衡法, 改进辅助方程法, 提出负幂展开法、Wick 型随机方程的相容性方法, 并用之构造多种类型方程的包括孤波解、多波解、怪波解、半离散解和随机波解在内的许多精确解; 第三部分由第 9 章至第 11 章组成, 研究 KdV 系统、AKNS 系统、KN 系统和 Toda 晶格系统的推广生成、求解以及可积性, 生成手段有系数函数嵌入、Lax 对技术和 Tu 格式, 生成的推广系统涵盖等谱、非等谱和含自相容源混合谱方程 (族), 利用的求解方法包括贝克隆变换 (Bäcklund transformation, BT)、反散射变换 (inverse scattering transform, IST)、双线性方法和指数函数法. 本书介绍的求解方法不只局限于可积系统, 有的方法对不可积模型也同样适用.

感谢张鸿庆教授、楼森岳教授、陈登远教授、夏铁成教授、张玉峰教授、范恩贵教授、陈勇教授、马文秀教授、乔志军教授、屈长征教授、闫振亚研究员、朝鲁教授、李彪教授、王振教授、田守富研究员、何吉欢教授、阿拉坦仓教授、曹策问教授、刘青平教授、王斌教授、N. A. Kudryashov 教授、Z. Navickas 教授、张金顺教授、额尔敦布和教授、戴朝卿教授等专家的热情指导、鼓励与帮助.

本书作者与高绪冬、刘冬冬、刘东、陈美同、王迪、柴彬、郭昕、游彩虹、李佳泓、赵森、洪思宇、王昭玉、田池等硕士研究生曾就本书部分研究内容进行过多次讨论, 其中一些工作含有他们的辛勤付出.

本书部分内容摘自第一作者在大连理工大学攻读博士学位期间完成的博士学位论文. 本书得到渤海大学数学学科 (辽宁省一流特色学科) 和国家自然科学基金项目 (编号: 11547005) 的资助, 在此表示感谢.

非线性可积系统的理论与方法研究内容十分丰富, 限于作者的学识水平, 书中难免存在不当之处, 敬请读者批评指正 (邮箱: szhang@bhu.edu.cn).

作 者

2021 年 6 月于锦州

目　　录

第1章　可积性与求解法

本章以何谓可积作为问题的开始，阐述 Lax、Liouville、Painlevé 三种意义下的可积系统，联系到可积系统的超对称扩展、Hamilton 结构和共振公式，同时介绍非线性可积系统的 Bäcklund 变换、Darboux 变换、反散射变换、Hirota 双线性方法及其他一些求解方法.

1.1　何　谓　可　积

本书中涉及的可积总是与一个微分方程系统联系在一起，并非指函数的可积性. 何谓可积？这个问题没有一个统一性的精确回答. 可积系统能否泛指可以解析求解的微分方程？如果能这样理解的话，那么可积系统就是一个经过有限次的代数运算与积分可以精确求解的微分方程. 更严谨地讲，称一个系统是可积的，通常要具体指出它是哪种意义下的可积[1]. 随着孤子理论的快速发展，可积系统的一些理论框架已形成，其中包括 Lax 理论和 Liouville 理论. KdV（Korteweg-de Vries）方程

$$u_t \pm 6uu_x + u_{xxx} = 0 \tag{1.1.1}$$

是非线性可积系统具有代表性的典型模型之一（本书用 x、t 等下标记偏导数）. 可积系统有多种意义下的可积性，本节仅对其中的 Lax 可积、Liouville 可积和 Painlevé 可积进行概述，一些其他意义下的可积性详见本书 3.2 节.

1.1.1　Lax 可积系统的构造性生成与超对称扩展

1968 年，Lax 在对反散射变换进行推广中给出 KdV 方程的一种换位表示[2]，使得非线性演化方程的可积性分析得到一个合理的框架. 寻找方程的 Lax 对或其零曲率表示已发展成为研究非线性演化方程可积性的一个基本出发点.

一般地，若一个非线性演化方程能表示成线性谱问题 $L\phi = \lambda\phi$ 与其时间发展式 $\phi_t = N\phi$ 的下述相容性条件：

$$[L, N - \partial_t] = \frac{\mathrm{d}\lambda}{\mathrm{d}t}, \tag{1.1.2}$$

式中，L 是与位势 u 有关的微分算子；ϕ 是本征函数；N 是依赖于位势 u 和谱参数 λ 的微分算子；$[L, N - \partial_t] = L(N - \partial_t) - (N - \partial_t)L$；$\partial_t$ 是关于 t 的偏导算子. 则称此演化方程是 Lax 意义下的可积系统，而式（1.1.2）称为其 Lax 表示或 Lax 方程，L 与 N 或相关的线性问题称为其 Lax 对. 若 λ 与 t 无关，则称此演化方程是等谱的，否则称为非等谱的. 当 L 为 Schrödinger 算子

$$L = \partial^2 + u(x,t), \tag{1.1.3}$$

式中，∂ 为关于 x 的偏导算子. 取 $N = -4\partial^3 - 6u\partial - 3u_x$，利用 $(u\partial^j)^* = (-1)^j \partial^j u$（$j \in \mathbb{Z}$）可知 N 为三阶反对称算子（$N^* = -N$），这里 N^* 表示 N 的共轭算子，并假设 λ 与 t 无关，则此时的相容性条件（1.1.2）即为 Lax 可积的 KdV 方程

$$u_t + 6uu_x + u_{xxx} = 0. \tag{1.1.4}$$

一般地，若 $L\phi = \lambda\phi$ 与 $\phi_t = N\phi$ 可改写成向量形式

$$\phi_x = M\phi, \quad \phi_t = N\phi, \tag{1.1.5}$$

式中，$\phi = (\phi_1, \phi_2, \cdots, \phi_n)^{\mathrm{T}}$ 是 n 维列向量；M 与 N 是依赖于位势 $u = (u_1, u_2, \cdots, u_n)^{\mathrm{T}}$ 和谱参数 λ 的 n 阶矩阵. 则式（1.1.5）的相容性条件 $\phi_{xt} = \phi_{tx}$ 要求 M 与 N 必须满足零曲率方程 $M_t - N_x + [M, N] = 0$. 通常情况下，由这样的零曲率方程生成的演化方程也是 Lax 可积的[3].

孤子方程及其超对称伙伴在物理和数学上都是密切相关的. 从数学的角度来看，起源于理论物理的超对称可以通过扩张空间的办法得到. 扩张后的空间包含 Grassmann 反交换变量，这便于将玻色子和费米子以统一的方式进行处理. 对于 KdV 方程

$$u_t - 6uu_x + u_{xxx} = 0, \tag{1.1.6}$$

其超对称扩展是指一个含有玻色场和费米场且在超对称变换下保持不变性的耦合系统. 与此同时，在费米场消失的极限情况下，这个耦合系统退化为原方程（1.1.6）. 为了构造 KdV 方程（1.1.6）的一个超对称扩展，经典时空 (x,t) 需要扩张为超时空 (x,t,θ)，通常的场 $u(x,t)$ 要由超场 $\Phi(x,t,\theta)$ 来替代，这里 θ 是一个 Grassmann 反交换变量. 利用反交换变量性质 $\theta^2 = 0$，对 $\Phi(x,t,\theta)$ 进行泰勒展开

$$\Phi(x,t,\theta) = \xi(x,t) + \theta u(x,t), \tag{1.1.7}$$

式中，$u(x,t)$ 与 $\xi(x,t)$ 为 $\Phi(x,t,\theta)$ 的分量场，这里的玻色场 $u(x,t)$ 是可交换的，而费米场 $\xi(x,t)$ 是反交换的. 通过直接扩张

$$u_t \to \Phi_t, \quad u_{xxx} \to \Phi_{xxx}, \quad 6uu_x \to a\Phi D\Phi_x + (6-a)\Phi_x D\Phi, \tag{1.1.8}$$

可得到 KdV 方程（1.1.6）向超场 $\Phi(x,t,\theta)$ 的一个超对称扩展

$$\Phi_t = -\Phi_{xxx} + a(D\Phi_x)\Phi + (6-a)(D\Phi)\Phi_x, \tag{1.1.9}$$

式中，a 为常数；D 是超导数，$D = \theta\partial + \partial_\theta$ 且有 $D^2 = \partial$. 这是因为，当费米场 ξ 消失时，方程（1.1.9）退化为 KdV 方程（1.1.6）；与此同时，方程（1.1.9）在超对称变换 $\delta: x \to x - \eta\theta$，$\theta \to \theta + \eta$ 作用下保持不变性，这里 η 是无穷小反交换量. 当 $a = 3$ 时，方程（1.1.9）是可积的[4]，其分量形式为

$$u_t = -u_{xxx} + 6uu_x - 3\xi\xi_{xx}, \quad \xi_t = -\xi_{xxx} + 3u\xi_x + 3u_x\xi. \quad (1.1.10)$$

利用分量场 $u(x,t)$ 与 $\xi(x,t)$ 来描述超场 $\Phi(x,t,\theta)$ 的超对称变换 δ，其不变性[5]等价于

$$\delta u(x,t) = u(x,t) + \eta\xi_x(x,t), \quad \delta\xi(x,t) = \xi(x,t) + \eta u(x,t). \quad (1.1.11)$$

事实上，一方面将 $\delta\Phi(x,t,\theta)$ 展开并利用式（1.1.7）整理得

$$\begin{aligned}
\delta\Phi(x,t,\theta) &= \Phi(x - \eta\theta, t, \theta + \eta) \\
&= \Phi(x,t,\theta) - \eta\theta\Phi_x(x,t,\theta) + \eta\Phi_\theta(x,t,\theta) \\
&= \xi(x,t) + \eta u(x,t) + \theta[u(x,t) + \eta\xi_x(x,t)]. \quad (1.1.12)
\end{aligned}$$

另一方面，利用式（1.1.7）可将 $\delta\Phi(x,t,\theta)$ 表示为

$$\delta\Phi(x,t,\theta) = \delta\xi(x,t) + \theta\delta u(x,t). \quad (1.1.13)$$

再比较式（1.1.12）和式（1.1.13）中右端 θ 同次幂的系数即得式（1.1.11）.

然而，KdV 方程（1.1.6）的如下形式扩展

$$u_t = -u_{xxx} + 6uu_x - 3\xi\xi_{xx}, \quad \xi_t = -4\xi_{xxx} + 6u\xi_x + 3u_x\xi, \quad (1.1.14)$$

尽管与式（1.1.9）只有系数上的差别，但却不满足超对称变换 δ 的不变性，人们将式（1.1.14）称为超 KdV（super KdV）方程. 因此，超方程与超对称方程有区别. 利用超对称的英文形式 supersymmetry，可将超对称 KdV 缩写为 SUSYKdV. 对于超 KdV 方程

$$u_t = -u_{xxx} + 6uu_x - 12\xi\xi_{xx}, \quad \xi_t = -4\xi_{xxx} + 6u\xi_x + 3u_x\xi, \quad (1.1.15)$$

其 Lax 可积性已由 Kulish 等[6]验证.

1.1.2 Liouville 完全可积系统的判定与 Hamilton 结构

在现代可积理论当中，考察方程的 Liouville 完全可积性是另一个基本的出发点. 假设一个给定的非线性演化方程可以表示成广义的 Hamilton 方程

$$u_t = J\frac{\delta H}{\delta u}, \quad (1.1.16)$$

式中，J 是逆辛算子，则把泛函 $H(u)$ 称为此方程的 Hamilton 函数. 若方程（1.1.16）存在无穷多个独立的守恒量 $(F_1, F_2, F_3, \cdots)$，而且这些守恒量是相互对合的，即泊

松括号 $\{F_i, F_j\} = 0$ $(i, j = 1, 2, \cdots)$，则称这个演化方程在 Liouville 意义下完全可积[3]. 例如，存在无穷多守恒量的 KdV 方程（1.1.1）是 Liouville 完全可积的无穷维 Hamilton 系统，这里我们只需取

$$H(u) = \int_{-\infty}^{\infty} \left(\mp u^3 + \frac{1}{2} u_x^2 \right) \mathrm{d}x , \quad J = \partial . \tag{1.1.17}$$

有限维的 Hamilton 可积系统是 Liouville 完全可积性一般理论框架的核心. 辛流形是 Hamilton 系统的理论框架，更广的是 Poisson 流形，但它经过叶化后仍为辛流形[7]. 对于给定的 $2n$ 维 Hamilton 系统 (M^{2n}, ω^2, H)，其中 (M^{2n}, ω^2) 是装备了一个非退化的闭微分 2-形式（辛结构）的偶数维辛流形，$H : M^{2n} \to R$ 是其上一实值 Hamilton 函数. Liouville 可积性要求 Hamilton 系统存在 n 个独立且相互对合的守恒积分 $(F_1 = H, F_2, \cdots, F_n)$. 由于每一个守恒积分 F_i $(i = 1, 2, \cdots, n)$ 可以降低一个自由度，也就是两维，因此若知道 n 个守恒积分，我们就可以判定出此 Hamilton 系统是完全可积的，具体地说即为 Liouville-Arnold 理论[8].

由独立性可知，这 n 个相互对合的守恒积分所构成的水平集

$$M_c = \left\{ x \in M^{2n} \mid F_i = c_i, i = 1, 2, \cdots, n \right\} \tag{1.1.18}$$

是每一个 Hamilton 相流 $g_i^{t_i}$（特别是 $H = F_1$ 流）的 n 维不变子流形[7]. 若 M_c 还满足紧致与连通的条件，则它微分同胚于如下的 n 维实环面

$$T^n = \left\{ \varphi = (\varphi_1, \varphi_2, \cdots, \varphi_n) \bmod 2\pi \right\} . \tag{1.1.19}$$

进而可找到辛坐标 (I, φ)，使守恒积分 F 只含 I，而 φ 是 M_c 上的角坐标. Hamilton 系统在 M_c 邻域中的作用-角变量正则坐标系下能化为可积分的形式

$$\frac{\mathrm{d}I}{\mathrm{d}t} = 0 , \quad \frac{\mathrm{d}\varphi}{\mathrm{d}t} = \omega(I) , \tag{1.1.20}$$

解之易得 $I(t) = I(0)$，$\varphi(t) = \varphi(0) + \omega[I(0)]t$. 最后再对相空间进行坐标反演，即得到所考虑问题的显示形式解[7].

有限维 Hamilton 系统的 Liouville 完全可积理论可形象地概括为[7] "流的拉直、求积与反演"，其中 "拉直" 是核心. 在 19 世纪相当长的一个时期内，人们所能证明出具有 Liouville 可积性的有限维 Hamilton 系统相当少. 研究无穷维 Hamilton 系统的 Liouville 可积性直到 20 世纪中后期才得到蓬勃的发展，但与有限维情形大不相同的是，只凭借无穷维 Liouville 可积系统的无穷多个独立且相互对合的守恒量并不能构造出它的显示解. 这给建立无穷维 Hamilton 系统的 Liouville 完全可积性理论造成很大的困难. 1988 年，Cao 提出的 Lax 对非线性化方法[9]为求解无穷维可积系统提供了一种有效的途径. 根据此方法，Schrödinger 方

程可以被非线性化为一个 Liouville 完全可积的有限维 Hamilton 系统——Bargmann 系统，而 KdV 方程的特解恰好可分解为此 Bargmann 系统中两个方程的解. 得益于 Cao、Cheng、Li、曾云波、Geng、Ma、Zhou、Qiao 等的工作[10-16]，后来这个方法得到进一步发展.

1.1.3　Painlevé 可积系统的判定与共振公式

通常把具有 Painlevé 性质的偏微分方程称为是 Painlevé 可积的. 具体地说，设 $u(z_1,z_2,\cdots,z_n)$ 是给定非线性偏微分方程的一个解，且假设

$$u = \frac{1}{\phi^\alpha}\sum_{j=0}^{\infty}u_j\phi^j,\quad u_0 \neq 0,\qquad(1.1.21)$$

式中，α 是一个非负整数；$\phi = \phi(z_1,z_2,\cdots,z_n)$ 和 $u_j = u_j(z_1,z_2,\cdots,z_n)$ 是在可流动奇异流形 $\phi(z_1,z_2,\cdots,z_n) = 0$ 的某个领域内的解析函数[17,18]. 将式（1.1.21）代入给定偏微分方程，平衡 ϕ 的幂次确定 α 值，并得如下递推关系式——共振公式

$$(j-n_1)(j-n_2)\cdots(j-n_k)u_j = F(u_0,u_1,\cdots,u_{j-1},\phi),\qquad(1.1.22)$$

式中，$F(u_0,u_1,\cdots,u_{j-1},\phi)$ 是 $u_0,u_1,\cdots,u_{j-1}$ 和 ϕ 及其各阶导数的函数. 显然，当 j 取共振点 $n_1,n_2,\cdots,n_k$ 外的数值时，总是可以从中确定出 u_j. 而对于 j 取每个正整数的共振点时，可从式(1.1.22)得到一个相容性条件. 如果对于所有的 u_j，式（1.1.22）是自相容的，那么称这样的偏微分方程具有 Painlevé 性质.

对于 KdV 方程（1.1.4），通过平衡 uu_x 与 u_{xxx} 中 ϕ 的最高负次幂，得关系式 $-2\alpha-1 = -\alpha-3$，即 $\alpha = 2$，从而通过收集 ϕ^{-5} 的系数得 $-12u_0\phi_x(u_0+2\phi_x^2) = 0$，即 $u_0 = -2\phi_x^2$. 由此收集 ϕ^{-4} 的系数得 $30\phi_x^3(u_1-2\phi_{xx}) = 0$，从中解得 $u_1 = 2\phi_{xx}$. 从而收集 ϕ^{-3} 的系数得

$$4\phi_x(\phi_x\phi_t + 6u_2\phi_x^2 - 3\phi_{xx}^2 + 4\phi_x\phi_{xxx}) = 0,\qquad(1.1.23)$$

由此可以解出 u_2. 收集 ϕ^{-2} 的系数并利用式（1.1.23）得

$$-2\phi_x(\phi_{xt} + 6u_2\phi_{xx} - 6u_3\phi_x^2 + \phi_{xxxx}) = 0,\qquad(1.1.24)$$

进一步可以解出 u_3. 收集 ϕ^{-1} 的系数得

$$(\phi_{xt} + 6u_2\phi_{xx} - 6u_3\phi_x^2 + \phi_{xxxx})_x = 0,\qquad(1.1.25)$$

从中无法确定出 u_4. 这是因为有共振公式

$$(j+1)(j-4)(j-6)u_j = F(u_0,u_1,\cdots,u_{j-1},\phi_x,\cdots).\qquad(1.1.26)$$

令 $u_4 = 0$，收集 ϕ^0 的系数确定 u_5. 令 $u_6 = 0$，依此类推确定 $u_j (j = 7,8,\cdots)$，但表

达式越来越复杂. 为简便起见, 取 $u_3 = u_5 = u_7 = u_8 = 0$, 从中可知当式 (1.1.26) 成立时, 除了 u_2 要满足 KdV 方程 (1.1.4) 外, ϕ 必须满足下列条件:

$$\phi_x \phi_t + 6u_2 \phi_x^2 - 3\phi_{xx}^2 + 4\phi_x \phi_{xxx} = 0, \quad \phi_{xt} + 6u_2 \phi_{xx} - 6u_3 \phi_x^2 + \phi_{xxxx} = 0. \quad (1.1.27)$$

显然上述的 ϕ 和 u_2 是存在的, 故 KdV 方程 (1.1.4) 是 Painlevé 可积的. 在这样的情况下, 式 (1.1.21) 被截断成

$$u = 2(\ln \phi)_{xx} + u_2. \quad (1.1.28)$$

从中可知, 只要给出 ϕ 和 u_2 的一组解, 就能得到 KdV 方程 (1.1.4) 的解.

2015 年, Zhang 等[19]给出了带强迫项扩展 KdV 方程的 Painlevé 可积性条件, Zhang 等[20]验证了 4+1 维 Fokas 方程的 Painlevé 可积性质.

1.2 非线性可积系统的构造性解法

非线性偏微分方程常用来描述物理、化学以及生物等学科中出现的许多非线性现象和动力过程. 线性系统往往只能对复杂客观世界进行近似的线性抽象与描述, 与之相比非线性模型可以更准确地接近现象的本质. 非线性科学领域颇具特色的成就之一是创造了求非线性演化方程精确解尤其是孤波解的各种精巧方法. 但目前尚无统一的求解方法, 往往根据实际需要选择适当的方法.

1.2.1 Bäcklund 变换

一些常见的非线性演化方程除了可利用 Lax 方程或零曲率方程得到外, 还可从其他方程推出. 比如 KdV 方程和 KP (Kadomtsev-Petviashvili) 方程也可以从流体力学中的 Euler 方程推出, 光纤中的非线性薛定谔 (nonlinear Schrödinger, NLS) 方程也能通过电磁场的 Maxwell 方程推出. 利用负常曲率曲面的 Gauss-Mainardi-Codazzi 方程推出正弦戈登 (sine-Gordon, SG) 方程, 则可追溯到 1862 年 Bour 的工作[21]. 最早出现于微分几何的 SG 方程, 它的一个非零解对应着一个负常曲率曲面. 1883 年, Bäcklund[22]建立的 SG 方程两个解之间的变换恰好将伪球线汇中一个解对应的焦曲面变成另一个解对应的具有相同负常曲率的焦曲面. 后来人们把这个变换称为 SG 方程的贝克隆变换 (Bäcklund transformation, BT). 具体地, 若设 u 是 SG 方程 $u_{\xi\eta} = \sin u$ 的一个解, 则在 BT

$$\bar{u}_\xi = u_\xi - 2a\sin\frac{u+\bar{u}}{2}, \quad \bar{u}_\eta = -u_\eta + \frac{2}{a}\sin\frac{u-\bar{u}}{2} \quad (1.2.1)$$

作用之下, $\bar{u}$ 也是 SG 方程的解, 这里的非零常数 a 是 Bäcklund 参数.

1892 年，Bianchi[23]给出 SG 方程 BT 的置换定理和解的非线性叠加公式. 但由于当时 Bäcklund 和 Bianchi 的工作并没有显示出其他作用，从而被冷落了相当长一段时间. 1953 年，Seeger 等[24]利用 SG 方程的置换定理研究了一个晶体位错模型的扭结型解和呼吸型解之间相互作用的性质，首次用实例说明 SG 方程的 BT 及其置换定理在晶体位错分析中所具有的重要作用. Lamb[25,26]和 Barnard[27]用同样的方法分析了共振介质中超短光的脉冲传播，从而使 BT 重新受到人们的重视. 1985 年，Wahlquist 等[28]发现 KdV 方程也有类似的 BT（简称为 WE 形式的 BT）、置换定理和非线性叠加公式. 1974 年，Lamb[29]又得到了 NLS 方程的 BT. 三个典型方程 BT 的依次获得，使得 BT 在非线性科学中逐渐具有重要地位和潜在应用[30].

通过利用 BT，可从方程的一个种子解得到其他解. 正是因为具有这样令人振奋的性质，致使人们努力去寻找其他非线性演化方程的 BT[31-36]. Hu、Choudhury、Clarkson 和王红艳在微分-差分方程、带自相容源孤子方程和全离散方程的 BT 方面进行了研究[31,33,34]. 2011 年，Fan[35]基于超 Bell 多项式得到超对称玻色子方程新的双线性导数形式 BT. 然而对大量的非线性演化方程来说，并没有一个固定的方法来获得其 BT. 即使得到，还要进一步求解其 BT 中的方程组才能最终得到方程的精确解. 一般来说，求解这样的方程组比较困难. 如何找出给定方程的 BT？又能用什么办法得到 BT 中方程组的显示解？这是研究中所普遍遇到的问题. 用 Darboux 矩阵[37]定义的 BT 容易计算，具有很大的普适性.

1.2.2　Darboux 变换

早在 1882 年，Darboux[38]就发现一维 Schrödinger 方程

$$\phi_{xx} + u(x)\phi = \lambda\phi, \tag{1.2.2}$$

有一个不变性：若 $u(x)$ 和 $\phi(x,\lambda)$ 满足式（1.2.2），而 $f(x,\lambda)$ 为式（1.2.2）当 λ 任取常数 λ_0 时的一个解，则由公式

$$\bar{u} = u + 2(\ln f)_{xx}, \quad \bar{\phi}(x,\lambda) = \phi_x(x,\lambda) - \frac{f_x}{f}\phi(x,\lambda), \quad f \neq 0. \tag{1.2.3}$$

所确定的 $\bar{u}$ 和 $\bar{\phi}(x,\lambda)$ 一定满足与式（1.2.2）具有同样形式的方程

$$\bar{\phi}_{xx} + u(x)\bar{\phi} = \lambda\bar{\phi}. \tag{1.2.4}$$

式（1.2.3）即为 Schrödinger 方程（1.2.2）的 DT 的原始形式，它借助 $f(x) = \phi(x,\lambda_0)$ 将满足式（1.2.2）的一组函数 (u,ϕ) 变为满足同一方程的另一组函数 $(\bar{u},\bar{\phi})$. 换言之，Schrödinger 方程（1.2.2）在 DT（1.2.3）的作用下保持不变. 由于 Schrödinger 方程（1.2.2）是线性的，从解微分方程的角度来说，DT 当时并没有显示出它的优

越性，结果未能引起人们的足够重视. 20 世纪 60 年代，人们发现 KdV 方程与 Schrödinger 方程之间有着密切的联系. 若式（1.2.2）的 (u,ϕ) 还依赖于 t 且满足

$$\phi_t = -4\phi_{xxx} - 6u\phi_x - 3u_x\phi, \tag{1.2.5}$$

则 DT（1.2.3）也适用于 KdV 方程（1.1.4）. 此时的 $(\bar{u},\bar{\phi})$ 不但保持式（1.2.4）的形式不变，还满足式（1.2.5）. 因而 $\bar{u}$ 满足式（1.2.4）和式（1.2.5）的相容性条件，它也是 KdV 方程（1.1.4）的解. 这就是说，若事先已知 KdV 方程（1.1.4）的一个解 u，然后通过解式（1.2.2）和式（1.2.5）构成的线性方程组可得 $\phi(x,t,\lambda)$，进一步取 $\lambda = \lambda_0$ 得到 $f(x,t) = \phi(x,t,\lambda_0)$，则由 $\bar{u} = u + 2(\ln f)_{xx}$ 给出 KdV 方程（1.1.4）的另一个解 $\bar{u}$，而式（1.2.3）给出的 $\bar{\phi}$ 恰为 $\bar{u}$ 相应的 Lax 对解. 在 $(\bar{u},\bar{\phi})$ 的基础之上，通过同样的过程可得到 $(\bar{\bar{u}},\bar{\bar{\phi}})$，再得到 $(\bar{\bar{\bar{u}}},\bar{\bar{\bar{\phi}}})$，依此类推得到 KdV 方程（1.1.4）的很多解. 因此，通过借用式（1.2.5）可以把 Schrödinger 方程（1.2.2）的 DT（1.2.3）推广为 KdV 方程（1.1.4）的 DT. 实际上，DT 是一种规范变换[1]，它与 BT 之间具有一定的等价关系，比如 KdV 方程的 WE 形式的 BT 与 Darboux 形式的 BT 相互等价，SG 方程的经典 BT 与 Darboux 形式的 BT 和双线性导数形式的 BT 三者之间也是相互等价的[3]. 虽然理论上只要非线性系统存在 Lax 对就可考虑其 DT，但这并不完全适用，如 Davey-Stewartson（DS）II 系统[1]. 因此，在实际应用中仅仅考虑初等 DT 是不够的，必要时可以尝试引入 Matveev 和 Salle 提出的二元 DT[39]. 尽管如此，仍有很多的困难存在. 1975 年，Konno 等[40]和 Wadati 等[41]给出了修正 KdV（modified KdV，MKdV）方程和 SG 方程的 DT. 20 世纪 80 年代以来，谷超豪、胡和生和周子翔对 DT 做了一系列推广[37,42-44]，将其应用到微分几何的相关问题，其中包括曲率曲面和射影空间中 Laplace 序列的 DT 构造. Rogers、Matveev、范恩贵、闫振亚、Geng、Li、Zhang、贺劲松、Lou 和 Zhaqilao 等在 Darboux 变换研究方面做了许多工作[30,39,45-52]. Zhang 等[53]得到广义 Broer-Kaup（GBK）方程的第三类 N-重 DT 和 $2N$-孤子解. DT 是求解非线性演化方程的一个重要方法，不但适用于晶格系统、超对称方程和带自相容源方程[54-57]，还可用之构造怪波解[58-60]. 2014 年，Ling 等[60]给出二分量耦合 NLS 方程高阶怪波解的广义 DT 方法. 广义 DT 方法被选作构造高阶怪波解的巧妙工具，已成为非线性科学研究领域的一道靓丽风景线.

1.2.3　反散射变换

1967 年，Gardner 等[61]发现 KdV 方程与 Schrödinger 方程散射理论之间的奇妙关系并由此得到 KdV 方程 N-孤子解的显示表达式[61,62]，结果产生求非线性偏

微分方程孤子解的一个最基本方法——IST. 解非线性偏微分方程初值问题的 IST 与解线性方程初值问题的 Fourier 变换步骤十分相似，可以看成是 Fourier 变换在非线性问题上的推广，有时也将 IST 称为非线性的 Fourier 变换. Schrödinger 方程（1.2.2）的 IST 是一个映射

$$\text{IST}: \quad (\kappa_1, \kappa_2, \cdots, \kappa_N, c_1, c_2, \cdots, c_N) \mapsto u(x),\qquad (1.2.6)$$

它将 $2N$ 个正实数 $(\kappa_1, \kappa_2, \cdots, \kappa_N, c_1, c_2, \cdots, c_N)$ 映射成一个实的位势函数 $u(x)$：

$$u(x) = 2\frac{\mathrm{d}^2}{\mathrm{d}x^2} \ln \det \left[\delta_{jm} + \frac{c_j c_m}{\kappa_j + \kappa_m} \mathrm{e}^{-(\kappa_j + \kappa_m)x} \right]_{N \times N}, \qquad (1.2.7)$$

式中，$\kappa_1, \kappa_2, \cdots, \kappa_N$ 两两互不相等；当 $j = m$ 时 $\delta_{jm} = 1$，当 $j \neq m$ 时 $\delta_{jm} = 0$. 这里把 $(\kappa_1, \kappa_2, \cdots, \kappa_N, c_1, c_2, \cdots, c_N)$ 称为 $u(x)$ 的散射坐标. 由 $u(x)$ 决定散射坐标的过程通过 Schrödinger 方程的散射理论来完成，反过来由散射坐标决定 $u(x)$ 的过程则通过反散射理论来实现. 若 $u(x)$ 满足 KdV 方程（1.1.4），则它的散射坐标满足一个十分简单的一阶线性常微分方程组：

$$\kappa_{j,t} = 0, \quad c_{j,t} = 4\kappa_j^3 c_j \quad (j = 1, 2, \cdots, N). \qquad (1.2.8)$$

因此可形象地说，在散射坐标的"窗口"中 KdV 流被拉直了，从而很容易积出

$$\kappa_j(t) = \kappa_j(0), \quad c_j(t) = \mathrm{e}^{4\kappa_j^3(0)t} \quad (j = 1, 2, \cdots, N). \qquad (1.2.9)$$

再对 $u(x)$ 进行反演，即得 KdV 方程（1.1.4）的 N-孤子解

$$u(x,t) = 2\frac{\partial^2}{\partial x^2} \ln \det \left\{ \delta_{jm} + \frac{c_j(0)c_m(0)}{\kappa_j(0) + \kappa_m(0)} \mathrm{e}^{-[\kappa_j(0) + \kappa_m(0)]x + [\kappa_j^3(0) + \kappa_m^3(0)]t} \right\}_{N \times N}. \qquad (1.2.10)$$

上述求解步骤也可简述为"流的拉直、求积与反演"，这恰好与有限维可积系统 Liouville-Arnold 理论中的框架相一致[7].

　　利用 KdV 方程与 Schrödinger 方程散射理论之间的联系给出 KdV 方程初值问题的反散射解[61]并不是巧合，其思想可以推广到许多非线性演化方程. 1968 年，Lax[2]将该思想进行理论化并给出求解 KdV 方程的更一般格式，为推广反散射方法求解其他非线性偏微分方程铲平道路. 1972 年，Zakharov 等[63]利用 Lax 的格式求解了 NLS 方程，用实例说明反散射方法所具有的普遍性. 1973 年，Wadati[64]将这种方法推广到 MKdV 方程. 1973 年，Ablowitz 等[65]又用类似的方法求解了 SG 方程，他们还给出用于求解一大类非线性演化方程初值问题反散射方法的步骤，并将反散射方法称为反散射变换[66,67]. 1974 年，Flaschka[68]将 IST 离散化来求解 Toda 晶格方程. 1975 年，Ablowitz 等[69]给出求解自对偶网络方程的离散 IST. 1983 年，

李翊神等[70]证明了 Kaup-Newell（KN）谱问题与 Ablowitz-Kaup-Newell-Segur（AKNS）谱问题 IST 的散射数据和平移变换之间的等价性. 1984 年, Nachman 等[71]将 IST 用于求解高维方程. 1989 年, Chan 等[72]用 IST 求解了边值条件随时间变化的变系数非等谱 KdV 方程. 1994 年, Xu 等[73]将 IST 应用于变系数的非等谱 SG 型方程. 2000 年, 曾云波等[74]提出处理带自相容源孤子方程 Lax 表示中本征函数演化奇性问题的一个有效方法, 从而将 IST 推广到一些带自相容源的孤子方程族. Ning、Chen、Zhang 和 Li 等将 IST 推广至非等谱 KdV 方程族[75]、非等谱 AKNS 族[76]、带自相容源的非等谱 KdV 方程族[77]、SG 方程族[78]和混合谱 Toda 晶格方程族[79], 并由 Zhang、Xu、Gao、Hong、Wang 和 Zhao 等对其中部分工作做了进一步推广[80-86].

尽管超方程和超对称方程的 IST 有一些研究成果[87-92], 但仍没有真正意义上解决问题. 1978 年, Girardello 等[87]由两个矩阵形式的线性微分方程的相容性条件推导出超对称 SG 方程. 尽管这两个矩阵形式的线性问题会使人联想到 IST, 但作为其应用 Girardello 等仅仅得到了超对称 SG 方程的无穷多守恒律. Chaichian 等[88]找到了可用于推导出超对称 Liouville 方程和超对称 SG 方程的两个线性谱问题, 并指出 IST 可以应用于超对称模型, 但需要充分地发展超对称算子分析. Izergin 等[89]将 IST 应用到含反交换变量的经典 Grassman 值大规模 Thirring 模型, 并在 IST 框架下建立起局部和非局部无穷多守恒律的存在性, 但没有得到这个模型的孤子解. 1980 年, Izergin 等[90]进一步考虑了含反交换变量的大规模 Thirring 模型的反散射问题, 他们从中得到了用于推导此模型散射数据的公式, 并计算出相应散射数据的 Poisson 括号. Izergin 等的工作表明, 将 IST 应用到一大类含反交换变量的系统具有可能性, Mikhailov[91]在此前也曾经指出这个可能性. 1981 年, Kulish 等[92]通过借助实超标量场与指数变换将超对称 SG 方程约化为一个不含反交换变量的非超系统, 进而用 IST 获得约化后非超系统的 Jost 解和散射数据. 2005 年, Kulish 等[6]在 1 维 Grassmann 代数情况下将 IST 应用到超 KdV 方程, 并通过考虑相应 Lax 对的正散射与反散射问题得到了超 KdV 方程的 N-孤子解. 但超 KdV 方程与超对称 KdV 方程不同, Kulish 等没能将 IST 推广至超对称 KdV 方程. 2019 年, Zhang 等[93]进一步将 Kulish 等的工作[6]推广至变系数的超 KdV 方程, Zhang 等[94]对局部时间分数阶 KdV 方程的 IST 求解进行了尝试.

1980 年, Ablowitz 等[95]提出一个猜测: 一个非线性偏微分方程可以用 IST 求解, 仅当约化后所得到的每个常微分方程都具有 Painlevé 性质. 在用 IST 求解非线性演化方程之前, 要先确定方程的 Lax 表示或 Lax 对, 反之却不然. 通常在有 Lax 对的情况下, IST 求解 1+1 维非线性演化方程的一般步骤可简单地概括为[96]:

先将给定方程的初值 $u(x,0)$ 代入本征值方程 $L\phi = \lambda\phi$，得到 $t=0$ 时的散射数据，然后利用时间发展式 $\phi_t = N\phi$ 和本征函数 ϕ 在 $|x|\to\infty$ 时的渐近形式找到散射数据随时间的发展规律，最后再利用 t 时刻的散射数据解 $L\phi = \lambda\phi$ 的反散射问题以确定 $u(x,t)$. 1975 年，Wahlquist 等[97,98]提出的延拓结构法能把方程的 BT、IST 以及守恒律统一于拟位势函数中，并能在 Lie 代数的介入下推导出方程的 Lax 对，这从理论上为 IST 提供了必要的前提. 但在实际应用中的延拓结构法难于计算[99-101]. 对任意给定的非线性演化方程，找到其 Lax 表示或 Lax 对还有很大的困难，判断其是否可用 IST 求解仍是尚未解决的问题. 值得说明的是，IST 一段时期以来只能处理无穷远边界条件. 直到 2004 年，推广 IST 至有限区域才有所进展[102]. 2014 年，Chakravarty 等[103]利用 IST 求解了带有非齐次边界的三等高耦合 Maxell-Bloch 方程，Biondini 等[104]利用 IST 求解了在无穷远处具有非零边界条件的散焦 NLS 方程. 2016 年，Randoux 等[105]将 IST 推广应用于怪波解的构造. Zakharov 等[106]发展起来的 Remann-Hirbert 公式、Deift 等[107]提出的非线性可积系统长时间渐近行为的非线性速降法以及初值和初边值问题的 Fokas 方法[108]是 IST 研究的现代跟进，其颇具特色的理论性分析将 IST 研究推向高点，多年来热度一直不减，被应用到许多非线性模型[109-116].

1.2.4　双线性方法

由 Hirota 在 1971 年发现的双线性方法[117]是求解非线性演化方程的一种直接方法[118]，人们常称之为 Hirota 双线性方法. 按照双线性方法的求解过程，首先要通过引入因变量的一种适当变换将给定非线性方程转换成双线性导数的形式. 若把新因变量的扰动展开式代入双线性方程后能在一定条件下被截断，然后利用这个截断展开式就可以构造出原方程的解. 对 KdV 方程（1.1.4）而言，若施行变换 $u(x,t) = 2[\ln f(x,t)]_{xx}$，则其双线性形式为

$$(D_t D_x + D_x^4)f \cdot f = 0, \tag{1.2.11}$$

式中，二元 Hirota 微分 D-算子定义为

$$D_t^m D_x^n f \cdot g = \left(\frac{\partial}{\partial t} - \frac{\partial}{\partial s}\right)^m \left(\frac{\partial}{\partial x} - \frac{\partial}{\partial y}\right)^n f(x,t)g(y,s)\bigg|_{y=x,s=t}, \quad (m,n\in\mathbb{N}). \tag{1.2.12}$$

假设 $f(x,t)$ 可按参数 ε 展开成级数

$$f(x,t) = 1 + f_1\varepsilon + f_2\varepsilon^2 + \cdots + f_j\varepsilon^j + \cdots, \tag{1.2.13}$$

将其代入式（1.2.11），然后通过恰当选取

$$f_1 = e^{\xi_1}, \quad \xi_1 = k_1 x + \omega_1 t + \xi_1^{(0)}, \quad \omega_1 = -k_1^3, \qquad (1.2.14)$$

式中，k_1 和 $\xi_1^{(0)}$ 是常数，则可将式（1.2.13）截断为有限项，从而得到 KdV 方程（1.1.4）的单孤子解

$$u(x,t) = 2[\ln(1+e^{\xi_1})]_{xx} = \frac{k_1^2}{2}\operatorname{sech}^2\frac{\xi_1}{2}. \qquad (1.2.15)$$

再进一步取 $f_2 = 1 + e^{\xi_1} + e^{\xi_2} + e^{\xi_1+\xi_2+A_{12}}$，这里

$$\xi_i = k_i x + \omega_i t + \xi_i^{(0)}, \quad \omega_i = -k_i^3, \quad e^{A_{12}} = \left(\frac{k_1-k_2}{k_1+k_2}\right)^2 \quad (i=1,2), \qquad (1.2.16)$$

式中，k_i 和 $\xi_i^{(0)}$ 是常数，可得到 KdV 方程（1.1.4）的双孤子解

$$u(x,t) = 2[\ln(1+e^{\xi_1}+e^{\xi_2}+e^{\xi_1+\xi_2+A_{12}})]_{xx}. \qquad (1.2.17)$$

重复上述过程能获得 KdV 方程（1.1.4）的三孤子解并归纳出 N-孤子解[3].

利用双线性方法，可得到待求解方程的双线性导数形式的 BT，进而得到方程的多孤子解，从中还能导出方程的非线性叠加公式，同时也能得到方程的 Lax 表示和无穷多守恒律. 因此，双线性方法可以和经典可积系统紧密地联系在一起，从而完善了可积性的理论框架. 国内学者 Hu、Deng、Chen、Zhang 及其合作者在双线性方法研究方面做了许多工作[119-122]. 1986 年，Boiti 等[123]利用双线性方法发现了一个高维方程的 dromion 孤子解. 2005 年，Liu 等[124,125]把双线性方法推广至超对称的 MKdV 方程和 KdV 方程，获得其 Lax 对、BT 和非线性叠加公式. 2014 年，Zhang 等[126]利用双线性方法求解了含任意函数的 2+1 维 Toda 晶格方程. 2016 年，Zhang 等[127]将 4+1 维 Fokas 方程双线性化并获得其 N-孤子解，Zhang 等[128]将双线性方法推广至变系数 AKNS 方程. 2017 年，Zhang 等[129]将双线性方法推广至变系数 Whitham-Broer-Kaup（WBK）浅水波方程，Zhang 等[130]得到 WBK 浅水波方程广义双线性形式下的 N-孤子解. 2019 年，Zhang 等[131]将双线性方法推广至分数阶 KP 方程，得到含 Mittag-Leffler 函数的 N-孤子解.

双线性方法与其他数学工具如 Pfaff 式、Riemann theta 函数相结合，使其得到了进一步的发展. 在孤子理论中，有时可以用行列式来表示一些孤子方程的解. 虽然有些孤子方程的精确解不能写成行列式的形式，却可以由行列式的一种推广形式——Pfaff 式来表示. 从 Hirota 的观点来看，凡是存在行列式解或 Pfaff 式解的孤子方程均可约化为 Pfaff 式恒等式[34]. 2006 年，Hu 等[132]基于双线性理论中的 Pfaff 式框架提出了求解带自相容源孤子方程的源生成法. 在数学结构上，带源的孤子方程可看作是"非齐次的"非线性演化方程. 源生成法是从孤子方程双线性形式

的行列式解或 Pfaff 式解出发，构造出给定的带源孤子方程，进而得到方程的解，其实质是将齐次线性偏微分方程的常数变易法思想推广到非线性偏微分方程. 因此，可以把源生成法看作是非线性的常数变易法. 通常情况下，求解带自相容源的孤子方程要事先找到方程的 Lax 对. 源生成法则不然，直接利用原孤子方程不带源时的解就能得到带源时的解. Chow[133,134]利用 Riemann theta 函数的拟周期性将双线性方法与该函数所具备的恒等式相结合，求解了一些非线性演化方程. 2008年，Fan 等[135]和 Hon 等[136]利用 Riemann theta 函数所满足的递推关系式，将双线性方法分别推广到孤子方程和晶格方程，并获得了拟周期解及其极限解.

与反散射变换相比，双线性方法在构造多孤子解的过程中可不必事先知道方程的 Lax 表示或 Lax 对. 在理论上，双线性方法能应用于反散射变换可解的所有非线性演化方程，但求解整个方程族仍处于初始阶段，而且最终只有经猜测才能得到的 N-孤子解表达式不易证明. 将双线性方法推广应用于整个方程族是人们的一个愿望，但困难不少，张翼[137]在此方面有研究. 2012 年，陈登远等[138]通过引入无穷多变量将双线性方程推广应用于等谱 AKNS 方程族. 2014 年，Zhang 等[139]将双线性方法推广至变系数 KdV 方程族. 2016 年，Zhang 等[140]将双线性方法推广至广义 MKdV 方程族. 2017 年，Zhang 等[141]将双线性方法推广至广义 AKNS 方程族. 利用双线性方法能否成功求解非线性方程，主要取决于所采用的因变量变换是否合适[142]. 引入因变量的适当变换将原方程化为双线性方程需要很高的技巧，但尚无固定方法可循，往往是在反散射解的启发下给出的，这在一定程度上限制了双线性方法的使用范围.

1.2.5　其他构造性解法

构造性求解非线性演化方程还有许多重要的方法. 经典 Lie 群法[143,144]、非经典 Lie 群法[145]和 CK 直接法[146]是寻找非线性系统对称和相似约化解的三种著名且基本的方法. 19 世纪后期，Lie[145]在将 Lie 群应用于偏微分方程求解中做出了先驱性的工作，他为统一和推广常微分方程各种求解方法提出的连续群（也称 Lie 群、对称群或不变群）可以将微分方程的一个解映射到另一个解，因此求出给定微分方程尽可能多的线性无关对称，则意味着找到了方程相当多的解. 国内外学者 Bluman、Olver、Ovsiannikov、Clarkson、Kruskal、Fokas、李翊神、田畴、Lou、Qu、范恩贵、特木尔朝鲁、闫振亚、Tian、Buhe 等在推广 Lie 群方法和寻找方程的对称等方面有很多研究性工作[46,143-155]. 20 世纪 70 年代，伴随着反散射变换的发展，Zakharov 等[156]提出了穿衣法，可以用来构造非线性演化方程并求得所构造方程的显示解. 在同一时期，Novikov[157]、Dubrovin[158]和 Lax[159]发展起来用于构造非线性演化方程拟周期解的代数几何方法. 1978 年，张鸿庆[160]提出了微分方程求解的"AC=BD"理论，现已发展成为构造非线性演化方程精确解的一个相对统一的方法. 1995 年，Wang[161]提出了齐次平衡法（homogeneous balance method, HBM），为构造性求解非线性演化方程提供一个指导性原则. 近年来，在求解非线性演化方程研究领域相继出现了多种函数展开法和辅助方程法，例如 tanh 方法[162,163]、Jacobi 椭圆函数展开法[164]、指数函数法[165]等. 多种有效方法的出现和计算机代数的快速发展，使计算机辅助求解复杂非线性演化方程和构造方程的复杂波解以及模拟解的空间结构和演化行为变得可行. 相对于低维方程和常系数方程，高维方程和变系数方程的解拥有更丰富的局域结构和更复杂的动力学演化行为，这要得益于高维方程的多维度和变系数方程的系数函数为构造含有任意函数形式的复杂波解提供足够的自由度. 闫振亚[46,166-170]在复杂波解的构造性理论及其应用方面做了大量工作，他最早发现金融怪波[169].

第 2 章   *C-D* 对与辅助方程法

求解微分方程一直是既重要而又难以解决的问题，存在一系列有效的方法. 但人们仍无法求得所有微分方程的显示解，也很难找到统一求解法. 在试图建立微分方程求解的相对统一框架过程中，张鸿庆[160]提出并发展起来的 "*AC=BD*" 理论得到了广泛应用. 许多求解方法其实质就是最终要寻找 *C-D* 对. 本章列举 *C-D* 对在非线性微分方程求解转化为易解方程中的新应用，找到 IST 求解 KdV 方程族的 *C-D* 对，给出辅助方程法 *C-D* 对的一般格式和展开次数的平衡原则.

2.1   *C-D* 对简述

1978 年，张鸿庆给出微分方程求解的统一性框架与公式[160]，即 "*AC=BD*" 理论. 其基本思想是寻找变换 $u = Cv$，将难解的原方程 $Au = 0$ 转化为易解的目标方程 $Dv = 0$，且 $CKerD = KerA$，这里 $KerA = \{u \mid Au = 0\}$，$KerD = \{v \mid Dv = 0\}$. 在实际应用中，常求得辅助算子 B，使其满足 $AC = BD$，必要时还要计算余算子 R，使 $AC = BD + R$. 基于 "*AC=BD*" 理论求解非线性微分方程，主要任务是构造合适的 *C-D* 对. 构造 *C-D* 对的常见方法有微分代数消元法、微分伪带余除法、共轭算子法、直接假设法、李群方法、特征集方法、变分方法、反逆法等，具体可参见文献[170].

2.2   *C-D* 对在方程转化中的应用

将待求解非线性微分方程转化为易解方程就是要找到合适的 *C-D* 对，这种求解模式是开放且不断发展的. 本节以其中的线性方程化、常微分方程化、已知方程化、双线性方程化、代数方程化、整数阶化、散射数据化为例，找到其 *C-D* 对.

例 2.2.1   考虑修正的 Calogero-Degasperis-Fokas（CDF）方程[45]

$$Au = u_t - \frac{1}{9\lambda}u_x^3 - \lambda u_{xxx} + u_x u_{xx} = 0 . \tag{2.2.1}$$

作变换 $u=Cv=-3\lambda\ln v$ 并将其代入式（2.2.1）得 $ACv=BvDv=0$，其中

$$Bv=\frac{3\lambda}{v},\quad Dv=v_t-\lambda v_{xxx}.\tag{2.2.2}$$

容易证明，$CKerD=KerA$. 因此，CDF 方程（2.2.1）的解可通过变换 $u=Cv$ 和线性化的目标方程 $Dv=0$ 的解来表示.

例 2.2.2 考虑含有四个任意函数的变系数 KdV 方程[171]

$$u_t+[\gamma(t)+x\mu(t)]u_x+\alpha(t)uu_x+\alpha(t)u_{xxx}\mathrm{e}^{\int[2\mu(t)-\beta(t)]\mathrm dt}+\beta(t)u=0,\tag{2.2.3}$$

式中，$\alpha(t)$、$\beta(t)$、$\gamma(t)$ 和 $\mu(t)$ 是 t 的任意函数.

取变换

$$u=Cv=a^2\mathrm{e}^{-\int\beta(t)\mathrm dt}v(\xi),\quad \xi=a\mathrm{e}^{-\int\mu(t)\mathrm dt}x-a\int\gamma(t)\mathrm{e}^{-\int\mu(t)\mathrm dt}\mathrm dt,\tag{2.2.4}$$

式中，a 是非零常数，则变系数 KdV 方程（2.2.3）的目标方程为常微分方程

$$Dv=v'''+vv'=0,\tag{2.2.5}$$

式中，$v'=\mathrm dv/\mathrm dt$；$v'''=\mathrm d^3v/\mathrm dt^3$（本书用撇标记指定变量的导数）. 若另取变换

$$u=Cv=a^2\mathrm{e}^{-\int\beta(t)\mathrm dt}v(\eta,\zeta),\tag{2.2.6}$$

$$\eta=\mathrm{e}^{-\int\mu(t)\mathrm dt}x-\int\gamma(t)\mathrm{e}^{-\int\mu(t)\mathrm dt}\mathrm dt,\quad \zeta=\int\alpha(t)\mathrm{e}^{-\int[\mu(t)+\beta(t)]\mathrm dt}\mathrm dt,\tag{2.2.7}$$

则变系数 KdV 方程（2.2.3）的目标方程为已知的 KdV 方程

$$Dv=v_\zeta+a^2vv_\eta+v_{\eta\eta\eta}=0.\tag{2.2.8}$$

例 2.2.3 考虑广义的耦合 KdV 方程[45]

$$u_t=\frac{1}{4}u_{xxx}+3uu_x+3(-v^2+w)_x,\tag{2.2.9}$$

$$v_t=-\frac{1}{2}v_{xxx}-3uv_x,\tag{2.2.10}$$

$$w_t=-\frac{1}{2}w_{xxx}-3uw_x.\tag{2.2.11}$$

取变换

$$u=a_0+a_1F^2(\xi),\quad v=b_0+b_1F(\xi),\quad w=c_0+c_1F(\xi),\quad \xi=kx+ct,\tag{2.2.12}$$

式中，a_0、a_1、b_0、b_1、c_0、c_1、k 和 c 是待定常数；$F(\xi)$ 满足椭圆方程

$$F'^2(\xi)=PF^4(\xi)+QF^2(\xi)+R,\tag{2.2.13}$$

进而有

$$\begin{cases} F''(\xi) = 2PF^3(\xi) + QF(\xi), \\ F'''(\xi) = [6PF^2(\xi) + Q]F'(\xi), \\ F^{(4)}(\xi) = 24P^2F^5(\xi) + 20PQF^3(\xi) + (Q^2 + 12PR)F(\xi), \\ F^{(5)}(\xi) = [120P^2F^4(\xi) + 60PQF^2(\xi) + Q^2 + 12PR]F'(\xi), \\ \quad \vdots \end{cases} \quad (2.2.14)$$

其中，P、Q 和 R 是常数参数. 利用式（2.2.12）～式（2.2.14）可将广义耦合 KdV 方程（2.2.9）～方程（2.2.11）约化成 a_0、a_1、b_0、b_1、c_0、c_1、k 和 c 的代数方程组

$$3ka_1b_1 + 3Pk^3b_1 = 0, \quad -6ka_0a_1 - 2k^3Qa_1 - 6kb_1^2 = 0, \quad (2.2.15)$$

$$-6kb_0b_1 + 3kc_1 = 0, \quad 3ka_0b_1 + \frac{1}{2}Qk^3b_1 = 0, \quad (2.2.16)$$

$$-6k^3Pa_1 - 6ka_1^2 = 0, \quad 3ka_0c_1 + \frac{1}{2}Qk^3c_1 = 0, \quad 3ka_1c_1 + 3Pk^3c_1 = 0. \quad (2.2.17)$$

例 2.2.4 考虑 Sawada-Kotera（SK）方程[118]

$$u_t + 15(u^3 + uu_{xx})_x + u_{xxxxx} = 0. \quad (2.2.18)$$

取变换 $u = Cv = 2(\ln v)_{xx}$，可将 SK 方程（2.2.18）转化为双线性方程

$$Dv = D_x(D_t + D_x^5)v \cdot v = 0. \quad (2.2.19)$$

例 2.2.5 考虑 Ablowitz-Ladik（AL）晶格方程[172]

$$u_{n,t} = (\alpha + u_n v_n)(u_{n+1} + u_{n-1}) - 2\alpha u_n, \quad (2.2.20)$$

$$v_{n,t} = -(\alpha + u_n v_n)(v_{n+1} + v_{n-1}) + 2\alpha u_n. \quad (2.2.21)$$

取变换

$$u_n = a_0 + a_1\tanh\xi_n, \quad v_n = b_0 + b_1\tanh\xi_n, \quad \xi_n = dn + ct, \quad (2.2.22)$$

式中，a_0、a_1、b_0、b_1、d 和 c 是待定常数，则利用双曲正切函数的性质得

$$u_{n+1} = a_0 + a_1\frac{\tanh\xi_n + \tanh d}{1 + \tanh\xi_n\tanh d}, \quad u_{n-1} = a_0 + a_1\frac{\tanh\xi_n - \tanh d}{1 - \tanh\xi_n\tanh d}, \quad (2.2.23)$$

$$v_{n+1} = b_0 + b_1\frac{\tanh\xi_n + \tanh d}{1 + \tanh\xi_n\tanh d}, \quad v_{n-1} = b_0 + b_1\frac{\tanh\xi_n - \tanh d}{1 - \tanh\xi_n\tanh d}, \quad (2.2.24)$$

把式（2.2.22）～式（2.2.24）代入式（2.2.20）和式（2.2.21），并将所得结果中的 $\mathrm{sech}^2\xi_n$、$\mathrm{sech}^4\xi_n$、$\mathrm{sech}^2 d$、$\mathrm{sech}^4 d$ 依次替换为 $1 - \tanh^2\xi_n$、$1 - 2\tanh^2\xi_n +$

$\tanh^4 \xi_n$、$1 - \tanh^2 d$、$1 - 2\tanh^2 d + \tanh^4 d$，可以将 AL 晶格方程（2.2.20）和方程（2.2.21）转化为关于 a_0、a_1、b_0、b_1、d 和 c 的代数方程组

$$-a_0^2 b_0 - a_0 b_0^2 - b_1 c - a_0 \alpha + b_0 \alpha = 0, \tag{2.2.25}$$

$$4a_0 a_1 b_0 + 2a_0^2 b_1 - 2a_1(a_0 b_0 + \alpha)\tanh^2 d = 0, \tag{2.2.26}$$

$$2a_1^2 b_1 - 2(a_0 a_1 b_0 + a_0^2 b_1 + a_1^2 b_1 - a_1 \alpha)\tanh^2 d = 0, \tag{2.2.27}$$

$$2a_0^2 b_0 - a_1 c = 0, \quad (a_0 a_1 b_1 + a_1 b_0 b_1 - b_1 c)\tanh^2 d = 0, \tag{2.2.28}$$

$$-a_0 a_1 b_0 - a_1 b_0^2 - a_0^2 b_1 - 3a_0 b_0 b_1 + 2b_1(a_0 b_0 + \alpha)\tanh^2 d = 0, \tag{2.2.29}$$

$$2a_1^2 b_0 + 4a_0 a_1 b_1 + a_1 c - (2a_0^2 b_0 + 2a_1^2 b_0 + 2a_0 a_1 b_1 - a_1 c)\tanh^2 d = 0, \tag{2.2.30}$$

$$-a_0 a_1 b_0 - 3a_1 b_0 b_1 - 2a_0 b_1^2 + b_1 c$$
$$+ (a_0^2 b_0 + a_0 b_0^2 + 2a_1 b_0 b_1 + 2a_0 b_1^2 + b_1 c + a_0 \alpha - b_0 \alpha)\tanh^2 d = 0, \tag{2.2.31}$$

$$-2a_1 b_1^2 + (a_0 a_1 b_0 + a_1 b_0^2 + a_0^2 b_1 + a_0 b_0 b_1 + 2a_1 b_1^2 - 2b_1 \alpha)\tanh^2 d = 0, \tag{2.2.32}$$

$$-a_1(2a_0 b_1 + c)\tanh^2 d = 0. \tag{2.2.33}$$

例 2.2.6 考虑时间分数阶的非线性热传导方程

$$D_t^\alpha u - (u^2)_{xx} = pu - qu^2 \quad (0 < \alpha \le 1), \tag{2.2.34}$$

式中，$D_t^\alpha u$ 是 u 关于 t 的 Caputo 分数阶偏导数；p 与 q 是常数.

取变换

$$u = Cv = E_\alpha(pt^\alpha)v(x), \tag{2.2.35}$$

式中，Mittag-Leffler 函数 $E_\alpha(\cdot)$ 定义为

$$E_\alpha(z) = \sum_{k=0}^{\infty} \frac{z^k}{\Gamma(1 + k\alpha)}. \tag{2.2.36}$$

将式（2.2.35）代入式（2.2.34），经约化得到分数阶的非线性热传导方程（2.2.34）的目标方程为整数阶的常微分方程

$$Dv = (v^2)'' - qv^2 = 0. \tag{2.2.37}$$

分数阶微积分（fractional calculus）诞生比较早，可以追溯到 1695 年 9 月 30 日，它是相对于整数阶微积分而提出的. 通常情况下，"分数阶"是一个统称[173]，它不仅指有理分数阶，也包括阶数为无理小数、复数以及整数的情形. 因此，分数阶微积分是将通常的微积分从整数阶推广到任意阶. 研究分数阶偏微分方程的数值解法受到广泛关注[174,175]，然而构造分数阶非线性微分方程的精确解相对比较困难. 分数阶微积分的定义有多种形式[176-178]，而且它们之间既有区别又有联系.

在求解分数阶微积分方程前有必要明确方程中分数阶微积分的含义并掌握其相关性质，为此下面简要介绍其中的 Riemann-Liouville 的分数阶积分和导数定义以及 Caputo 分数阶导数的定义与部分性质.

定义 2.2.1　假设 $\mathrm{Re}(z) > 0$，$f(t)$ 在 $(0, \infty)$ 上分段连续且在 $[0, \infty)$ 的任意有限子区间上可积，则对任意的 $t > 0$，函数 $f(t)$ 的 z 阶 Riemann-Liouville 积分为

$$_0 D^{-z} f(t) = \frac{1}{\Gamma(z)} \int_0^t \frac{f(\tau) \mathrm{d}\tau}{(t - \tau)^{1-z}}, \tag{2.2.38}$$

式中，$\Gamma(z)$ 为 Gamma 函数

$$\Gamma(z) = \int_0^\infty \mathrm{e}^{-t} t^{z-1} \mathrm{d}t. \tag{2.2.39}$$

若 m 为超过 $\mu > 0$ 的最小整数且 $z = m - \mu$，则 $f(t)$ 的 μ 阶 Riemann-Liouville 导数为

$$D^\mu f(t) = D^m [D^{-z} f(t)] \quad (\mu > 0,\ t > 0). \tag{2.2.40}$$

定义 2.2.2　函数 $f(t)$ 的 α 阶 Caputo 导数为

$$_a^C D_t^\alpha f(t) = \frac{1}{\Gamma(m - \alpha)} \int_a^t \frac{f^{(m)}(\tau)}{(t - \tau)^{\alpha + 1 - m}} \mathrm{d}\tau \quad (m - 1 < \alpha < m,\ m \in \mathbb{N}^+). \tag{2.2.41}$$

本节所考虑的模型（2.2.34）涉及关于 t 的偏导数是 Caputo 分数阶导数，为此我们要定义分数阶的 Caputo 偏导数. 譬如，当 $\alpha > 0$ 时，$u(x,t)$ 的 α 阶 Caputo 偏导数 $D_t^\alpha u(x,t) = \partial^\alpha u(x,t) / \partial t^\alpha$ 定义如下：

$$\frac{\partial^\alpha u(x,t)}{\partial t^\alpha} = \begin{cases} \dfrac{1}{\Gamma(m - \alpha)} \displaystyle\int_0^t (t - \tau)^{m - \alpha - 1} \dfrac{\partial^m u(x, \tau)}{\partial \tau^m} \mathrm{d}\tau & (m - 1 < \alpha < m), \\[3mm] \dfrac{\partial^m u(x,t)}{\partial t^m} & (\alpha = m \in \mathbb{N}^+). \end{cases} \tag{2.2.42}$$

Caputo 分数阶导数具有一些重要性质，其中部分如下：

$$\lim_{\alpha \to n} {}_a^C D^\alpha f(t) = f^{(n)}(t), \tag{2.2.43}$$

$$_a^C D^\alpha [\lambda f(t) + \mu g(t)] = \lambda [{}_a^C D^\alpha f(t)] + \mu [{}_a^C D^\alpha g(t)], \tag{2.2.44}$$

$$_0^C D_t^\alpha t^{k\alpha} = \frac{\Gamma(k\alpha + 1)}{\Gamma[(k-1)\alpha + 1]} t^{(k-1)\alpha} \quad (k \in \mathbb{N}^+), \tag{2.2.45}$$

$$_0^C D_t^\alpha [E_\alpha(q t^\alpha)] = q E_\alpha(t^\alpha). \tag{2.2.46}$$

式中，λ、μ 和 q 是常数. 由于许多分数阶导数其定义本身所带来的 Leibniz 公式

和复合函数求导公式等的复杂性, 整数阶方程的解析方法无法推广应用于这样的分数阶方程.

例 2.2.7 考虑非等谱的 KdV 方程族[3]

$$u_t = T^n(xu_x + 2u) \quad (n = 0, 1, 2, \cdots),\tag{2.2.47}$$

式中,

$$T = \partial^2 + 4u + 2u_x\partial^{-1}, \quad \partial^{-1} = \frac{1}{2}\left(\int_{-\infty}^x \mathrm{d}x - \int_x^\infty \mathrm{d}x\right).\tag{2.2.48}$$

取变换

$$u = Cv = 2\frac{\partial^2}{\partial x^2}\ln\det\left\{\delta_{jm} + \frac{c_j(t)c_m(t)}{\kappa_j(t) + \kappa_m(t)}\mathrm{e}^{-[\kappa_j(t)+\kappa_m(t)]x}\right\}_{N\times N},\tag{2.2.49}$$

将式 (2.2.49) 代入式 (2.2.47), IST 求解的目标是将 KdV 方程族 (2.2.47) 转化为 Schrödinger 谱问题 $\phi_{xx} = -(k^2 + u)\phi$ 的散射数据的演化方程组

$$\kappa_{m,t}(t) = \frac{1}{4}[4\kappa_m(t)]^{2n+1},\tag{2.2.50}$$

$$c_{m,t}(t) = \left(n + \frac{1}{2}\right)[4\kappa_m^2(t)]^n \quad (m = 1, 2, \cdots, N).\tag{2.2.51}$$

上述各例是 C-D 对在非线性微分方程求解转化中的新应用, 其中例 2.2.6 将分数阶非线性偏微分方程转化为整数阶的目标方程, 例 2.2.7 将 IST 求解 KdV 方程族纳入 "AC=BD" 的理论框架下, 进一步了丰富 C-D 对的内涵.

2.3 辅助方程法的 C-D 对

对于给定的算子 A, 如果能够给出其 C-D 对, 我们就可以将待求解的复杂微分方程 $Au = 0$ 转化成容易求解的目标方程 $Dv = 0$. 反过来, 若已知 $Dv = 0$ 及其一些特解, 则只要我们能确定变换 $u = Cv$, 便可得到给定方程 $Au = 0$ 所要寻找的解, 这正是辅助方程法的中心思想. 在辅助方程法中, 拟解与辅助方程分别是变换 $u = Cv$ 和目标方程 $Dv = 0$.

2.3.1　辅助方程法 *C-D* 对的一般格式

给定 $k+1$ 维非线性微分方程

$$Au = 0, \quad u = u(x_1, x_2, \cdots, x_k, t), \tag{2.3.1}$$

辅助方程法 *C-D* 对的步骤如下[142].

步骤 1　假设拟解为

$$u = Cv = f(v_1, v_2, \cdots, v_l), \quad v_l = v_l(x_1, x_2, \cdots, x_k, t) \quad (l \in \mathbb{N}^+), \tag{2.3.2}$$

式中，含参数的函数 $f(v_1, v_2, \cdots, v_l)$ 待定；v_1，v_2，$\cdots$，v_l 满足辅助方程

$$\begin{cases} D_1 v = D_1(v_1, v_2, \cdots, v_l) = 0, \\ D_2 v = D_2(v_1, v_2, \cdots, v_l) = 0, \\ \quad\vdots \\ D_m v = D_m(v_1, v_2, \cdots, v_l) = 0. \end{cases} \tag{2.3.3}$$

步骤 2　将式（2.3.2）代入式（2.3.1），然后利用式（2.3.3）得

$$ACv = B_1 D_1 v + B_2 D_2 v + \cdots + B_m D_m v + R = R, \tag{2.3.4}$$

式中，R 可表示成变量 v_1，v_2，$\cdots$，v_l 的某些线性无关函数 B_{m+1}，B_{m+2}，$\cdots$，B_s 的代数式

$$R = B_{m+1} D_{m+1} + B_{m+2} D_{m+2} + \cdots + B_s D_s. \tag{2.3.5}$$

步骤 3　令式（2.3.5）中的 D_{m+1}，D_{m+2}，$\cdots$，D_s 分别等于零，得到关于 v_1，v_2，$\cdots$，v_l 中给定参数的一个超定代数方程组.

步骤 4　求解步骤 3 中的超定代数方程组，得到给定参数的一组显示解，进而可以确定 $f(v_1, v_2, \cdots, v_l)$，即原方程（2.3.1）的解.

上述求解过程完全可以在 Maple 和 Mathematica 等计算机代数系统的辅助下完成. 为了找到方程 $Au = 0$ 多种类型的解，可多次利用不同的辅助方程 $Dv = 0$ 及其特解，从中确定尽可能多的拟解 $u = Cv$，也就是构造出多种不同形式的 *C-D* 对，这正是辅助方程法的主要任务. 在所构造的 *C-D* 对中，有时 *D* 部分是相同的. 但只要 *C* 不同，就有可能得到方程 $Au = 0$ 不同类型的解.

一般地，如果式（2.3.1）是偏微分方程，我们通常在步骤 1 之前先作一个行波变换 ξ，这里 ξ 是关于 x_1，x_2，$\cdots$，x_k 和 t 的一个待定线性函数，目的是将给定的偏微分方程化为常微分方程后再利用上述步骤来构造行波解. 如果所得的常微分方程是行波变换引入变量 ξ 的全微分，那么还要对其进行关于 ξ 的积分，使得求解过程能够简单些. 如果式（2.3.1）不是关于因变量 u 及其各阶导数的多项式

形式，通常要引入因变量的适当变换 $u=f(v)$，将其化成新因变量 v 及其各阶导数的多项式形式的方程，从而达到易于求解的目的. 若假设拟解为 $v(\xi)$ 的 n 次多项式展开式，则数值 n 要通过平衡式（2.3.1）或其经行波变换后所得常微分方程中 u 的最高阶导数项和 u 的最高次非线性项的办法来确定. 但值得注意的是，在平衡过程中要用到辅助方程（2.3.3）.

2.3.2 辅助方程法 C-D 对的展开次数与平衡原则

例 2.3.1 考虑 Burger-Huxley（BH）方程[45]

$$u_t + puu_x - u_{xx} + qu(u-1)(u-s) = 0, \tag{2.3.6}$$

式中，p、q 和 s 为实参数且 $p^2+q^2 \neq 0$.

作行波变换 $\xi = hx+ct$，可将 BH 方程（2.3.6）化为常微分方程

$$cu' + phuu' - h^2u'' + qu(u-1)(u-s) = 0. \tag{2.3.7}$$

若假设

$$u = \sum_{i=0}^{n} a_i v^i(\xi), \tag{2.3.8}$$

式中，a_i 为待定常数；$v(\xi)$ 满足辅助方程

$$v' = h_0 + h_1 v^2(\xi). \tag{2.3.9}$$

利用式（2.3.9），我们由式（2.3.8）得

$$u' = na_n v^{n-1}(\xi)v'(\xi) + \cdots = na_n h_1 v^{n+1}(\xi) + \cdots, \tag{2.3.10}$$

$$uu' = na_n^2 h_1 v^{2n+1}(\xi) + \cdots, \tag{2.3.11}$$

$$u'' = n(n+1)a_n h_1^2 v^{n+2}(\xi) + \cdots, \tag{2.3.12}$$

$$u^3 = a_n^3 v^{3n}(\xi) + \cdots. \tag{2.3.13}$$

上述 c、h、h_0 和 h_1 为待定常数. 借助式（2.3.10）～式（2.3.13）平衡式（2.3.7）中的 u'' 与 uu' 或 u^3，得 $n+2 = 2n+1$ 或 $n+2 = 3n$，即 $n=1$.

若 $v(\xi)$ 满足辅助方程

$$v'^2 = h_0 + h_1 v(\xi) + h_2 v^2(\xi) + \cdots + h_r v^r(\xi) \quad (r \in \mathbb{N}^+), \tag{2.3.14}$$

利用式（2.3.14），类似地由式（2.3.8）得

$$uu' = na_n^2 v^{2n-1}(\xi)v'(\xi) + \cdots, \tag{2.3.15}$$

$$(uu')^2 = n^2 a_n^4 v^{4n-2}(\xi)v'^2(\xi) + \cdots = n^2 a_n^4 h_r v^{4n-2+r}(\xi) + \cdots, \tag{2.3.16}$$

$$u'' = n(n-1)a_n h_r v^{n-2+r}(\xi) + \cdots. \tag{2.3.17}$$

借助式（2.3.13）和式（2.3.17）来平衡式（2.3.7）中的 u'' 与 u^3，得 $n-2+r=3n$，即 $n=r/2-1$. 若平衡式（2.3.7）中的 u'' 与 uu'，只要平衡 u''^2 与 $(uu')^2$ 即可，借助式（2.3.16）和式（2.3.17）得 $2n-4+2r=4n-2+r$，于是也能得到 $n=r/2-1$. 在实际应用中常常赋予 r 一些确定的数值，如令 $r=6$，就可以得到 $n=2$，与前面求得的 $n=1$ 不同. 这说明确定 n 值除依赖于方程自身属性外，还与辅助方程选取有关[179-183]. 不失一般性，平衡 C-D 对的展开次数我们有如下原则.

定理 2.3.1　假设非线性微分方程（2.3.1）中的最高阶导数项和最高次非线性项分别为 $u_{x_1}^{(s)}$ 和 $(u_{x_1}^{(p)})^q u^h$，若辅助方程法的 C-D 对为

$$u=\sum_{i=0}^{n}a_i v^i(\xi),\quad v''(\xi)=\sum_{j=0}^{r}h_j v^j(\xi),\qquad (2.3.18)$$

式中，ξ 是 $x_1, x_2, \cdots, x_k$ 和 t 的待定函数，则 n 值有如下公式：

$$n=\frac{(s-pq)(r-l)}{l(h+q-1)},\qquad (2.3.19)$$

这里，h、l、p、q、r 和 s 均为非负整数.

证　记式（2.3.18）中 u 关于 $v(\xi)$ 的次数为 $\deg(u)=n$，则

$$\deg[(u_{x_1}^{(s)})^l]=l(n-s)+rs,\quad \deg\{[(u_{x_1}^{(p)})^q u^h]^l\}=ql(n-p)+hln+pqr.\quad (2.3.20)$$

于是通过平衡 $(u_{x_1}^{(s)})^l$ 和 $[(u_{x_1}^{(p)})^q u^h]^l$ 即可得到式（2.3.19）.

在平衡过程中要注意，如果所得的 n 值为分数或负整数，譬如 $n=q/p$ 和 $n=-r$，那么还要分别取因变量的变换 $u=w^{1/p}$ 和 $u=w^{-r}$，将方程（2.3.1）或其经行波变换后的常微分方程化为平衡所得数值 n 能为整数的方程. 对于微分-差分方程，平衡 C-D 对的展开次数除了考虑上述原则和注意事项外，还要分析方程中差分项因子对平衡所产生的影响，必要时对展开次数进行补偿，具体见本书 7.4.1 节.

近年来，人们提出了许多辅助方程法来求解非线性微分方程. 在这些辅助方程法中，常用到的辅助方程有 Riccati 方程、椭圆方程等常微分方程和一些具有代表性的偏微分方程. 下面列举几个具体的辅助方程法，其中包括可以理解为辅助方程意义下推广的指数函数法，并将它们统一在 C-D 对的模式下.

2.3.3　辅助方程法 C-D 对的举例

例 2.3.2　扩展的 tanh 方法[184]取 C-D 对和 B 算子

$$u=Cv=\sum_{i=0}^{n}a_i v^i(\xi),\quad \xi=\sum_{z=1}^{k}h_z x_z+ct,\quad D_1v=\frac{dv(\xi)}{d\xi}-v^2(\xi)-\sigma=0,\quad (2.3.21)$$

$$(B_2, B_3, \cdots, B_s) = (1, \cdots, v^p(\xi)) \quad (p \in \mathbb{N}^+), \tag{2.3.22}$$

则

$$ACv(\xi) = B_2 D_2 + B_3 D_3 + \cdots + B_s D_s, \tag{2.3.23}$$

式中，$\{D_2 = 0, D_3 = 0, \cdots, D_s = 0\}$ 是待定参数 a_i、h_z 和 c 的代数方程组.

例 2.3.3 推广的 Fan 辅助方程法[185]取 C-D 对和 B 算子

$$u = Cv = \sum_{i=0}^{n} a_i v^i(\xi), \quad \xi = \sum_{z=1}^{k} h_z x_z + ct,$$

$$D_1 v = \left[\frac{dv(\xi)}{d\xi} \right]^2 - \sum_{\rho=0}^{r} h_\rho v^\rho(\xi) = 0, \tag{2.3.24}$$

$$(B_2, B_3, \cdots, B_s) = \left(1, \varepsilon^q v^p(\xi) \left[\sum_{\rho=0}^{r} h_\rho v^\rho(\xi) \right]^{\frac{q}{2}}, \cdots \right) \quad (\varepsilon = \pm 1, p \in \mathbb{N}^+, q = \{0,1\}), \tag{2.3.25}$$

则

$$ACv(\xi) = B_2 D_2 + B_3 D_3 + \cdots + B_s D_s, \tag{2.3.26}$$

式中，$\{D_2 = 0, D_3 = 0, \cdots, D_s = 0\}$ 是待定参数 a_i $(i = 0,1,2,\cdots,n)$、h_z 和 c 的代数方程组.

例 2.3.4 Jacobi 椭圆 sn-cn-dn 函数展开法[186]取 C-D 对和 B 算子

$$u = Cv = a_0 + \sum_{i=1}^{n} \mathrm{sn}^{i-1}[v(\xi)]\{a_i \, \mathrm{sn}[v(\xi)] + b_i \mathrm{cn}[v(\xi)]\mathrm{dn}[v(\xi)]\}, \tag{2.3.27}$$

$$\xi = \sum_{z=1}^{k} h_z x_z + ct, \tag{2.3.28}$$

$$D_1 v = \frac{d\mathrm{sn}[v(\xi)]}{d\xi} - \mathrm{cn}[v(\xi)]\mathrm{dn}[v(\xi)] = 0, \tag{2.3.29}$$

$$D_2 v = \frac{d\mathrm{cn}[v(\xi)]}{d\xi} + \mathrm{sn}[v(\xi)]\mathrm{dn}[v(\xi)] = 0, \tag{2.3.30}$$

$$D_3 v = \frac{d\mathrm{dn}[v(\xi)]}{d\xi} + m^2 \, \mathrm{sn}[v(\xi)]\mathrm{cn}[v(\xi)] = 0, \tag{2.3.31}$$

$$D_4 v = \mathrm{sn}^2[v(\xi)] + \mathrm{cn}^2[v(\xi)] - 1 = 0, \tag{2.3.32}$$

$$D_5 v = \mathrm{dn}^2[v(\xi)] + m^2 \, \mathrm{sn}^2[v(\xi)] - 1 = 0, \tag{2.3.33}$$

$$(B_6, B_7, \cdots, B_s) = (1, \mathrm{sn}^p(\xi)\mathrm{cn}^q(\xi)\mathrm{dn}^r(\xi), \cdots) \quad (p, q, r \in \mathbb{N}^+), \tag{2.3.34}$$

则

$$ACv(\xi) = B_6 D_6 + B_7 D_7 + \cdots + B_s D_s, \tag{2.3.35}$$

式中，$\{D_6=0,D_7=0,\cdots,D_s=0\}$ 是待定参数 a_0、a_i、b_i、h_z 和 c 的代数方程组.

例 2.3.5　推广的指数函数法[142]取 C-D 对和 B 算子

$$u=Cv=\dfrac{\displaystyle\sum_{i_1=0}^{p_1}\sum_{i_2=0}^{p_2}\cdots\sum_{i_N=0}^{p_N}a_{i_1i_2\cdots i_N}\mathrm{e}^{\sum\limits_{g=1}^{N}i_g\xi_g}}{\displaystyle\sum_{j_1=0}^{q_1}\sum_{j_2=0}^{q_2}\cdots\sum_{j_N=0}^{q_N}b_{j_1j_2\cdots j_N}\mathrm{e}^{\sum\limits_{g=1}^{N}j_g\xi_g}},\quad \xi_g=\sum_{z=1}^{k}h_{gz}x_z+c_gt,\qquad (2.3.36)$$

$$D_gv_g=\dfrac{\mathrm{d}\mathrm{e}^{i_g\xi_g}}{\mathrm{d}\xi}-i_g\mathrm{e}^{i_g\xi_g}=0\quad (g=1,2,\cdots,N),\qquad (2.3.37)$$

$$(B_{N+1},B_{N+2},\cdots,B_s)=(1,\mathrm{e}^{\sum\limits_{g=1}^{N}r_g\xi_g},\cdots)\quad (r_g\in\mathbb{N}^+),\qquad (2.3.38)$$

则

$$ACv(\xi)=B_{N+1}D_{N+1}+B_{N+2}D_{N+2}+\cdots+B_sD_s,\qquad (2.3.39)$$

其中 $\{D_{N+1}=0,D_{N+2}=0,\cdots,D_s=0\}$ 是待定参数 $a_{i_1i_2\cdots i_N}$、$b_{j_1j_2\cdots j_N}$、h_{gz} 和 c_g 的代数方程组.

例 2.3.6　变系数的辅助偏微分方程法[187]取 C-D 对和 B 算子

$$u=Cv=\sum_{i=0}^{n}a_iv^i(\eta,\zeta),\qquad (2.3.40)$$

$$D_1v=v_\zeta(\eta,\zeta)+f(\zeta)v_\eta^2(\eta,\zeta)+g(\zeta)v_{\eta\eta\eta}(\eta,\zeta)=0,\qquad (2.3.41)$$

$$(B_2,B_3,\cdots,B_s)=(1,v_\eta^p(\eta,\zeta)v_{\eta\eta}^q(\eta,\zeta)\cdots v_{\eta\eta\cdots\eta}^r(\eta,\zeta),\cdots)\quad (p,q,r\in\mathbb{N}^+),\qquad (2.3.42)$$

则

$$ACv(\eta,\zeta)=B_2D_2+B_3D_3+\cdots+B_sD_s,\qquad (2.3.43)$$

式中，a_i、η 和 ζ 都是自变量 x_1，x_2，$\cdots$，x_k 和 t 的待定函数；$\{D_2=0,D_3=0,\cdots,D_s=0\}$ 是待定参数 a_i、η 和 ζ 的微分方程组.

第 3 章　扩展 KdV 方程和 Fokas 方程的 Painlevé 检验

本章概述孤子和非线性系统孤子解的存在性与系统可积性之间的联系，研究 Painlevé 检验和 Hirota 双线性化在带强迫项的变系数扩展 KdV 方程和 4+1 维 Fokas 方程中的新应用.

3.1　孤子与 KdV 方程

孤子目前没有准确的定义，通常指一类具有弹性碰撞性质的孤波（solitary waves），它的波形分布在有限的空间范围内，且在碰撞后能恢复原有的速度和形状. 1834 年 8 月，Russell 在河道里发现一个浅长、孤立的水波沿河道向前运动，它的形状和速度没有明显改变，后来消失在一两英里（1 英里=1.609344 千米）外河道的弯曲处，这是人类历史上最先观察到的孤波[188]. Russell 意识到这绝非一般性的水波运动，并在运河和实验室里做了大量实验来研究其性质. 他曾经将这样的水波描述为 "a large, solitary, progressive wave"（一个巨大的、孤立的、行进波），在他后来的著作中又谈到 "以前没有人设想把孤波当成可能的事物" [189]. Russell[190]在 1844 年 9 月的一次报告中描述了他的发现，并阐明孤波在所有的流体阻力中是一个重要组成部分. 但 Russell 给出孤波的一些结论主要是根据实验得来的，没能从理论上给出合理的解释，结果引起当时物理学界的争论非常激烈，甚至遭到对波动研究颇有造诣的 Ariy 和 Stokes 等的怀疑.

事实上，正如 Rayleigh 指出的那样，Stokes 和 Russell 存在争议的原因在于他们所研究的水波不属于同一类型，有本质的差别[191]. 1872 年，Boussinesq 在研究长波运动时得到一个可以用来近似描述孤波的一维非线性演化方程[192]，即后来被人们命名的 Boussinesq 方程. 遗憾的是，Rayleigh 和 Boussinesq 的努力仍没能完全使科学家们信服.

直到 1895 年，问题最终由 Korteweg 和 de Vries 解决. Korteweg 等[193]从流体力学出发，建立一个浅水波方程

$$\frac{\partial \eta}{\partial \tau} = \frac{3}{2}\sqrt{\frac{g}{h}}\frac{\partial}{\partial \xi}\left(\frac{1}{2}\eta^2 + \frac{2}{3}\alpha\eta + \frac{1}{3}\sigma\frac{\partial^2 \eta}{\partial \xi^2}\right), \quad \sigma = \frac{1}{3}h^3 - \frac{Th}{\rho g}, \quad (3.1.1)$$

式中，η 表示到坐标原点水平距离为 ξ 的波面高度；g 是重力加速度；h 是水深；α 是与水的匀速流动速度相关的任意小常数；ρ 是水的密度；T 是水的表面张力. 若作变换

$$t = \frac{1}{2}\sqrt{\frac{g}{h\rho}}\tau, \quad x = -\frac{\xi}{\sqrt{\sigma}}, \quad u = \frac{1}{2}\eta + \frac{1}{3}\alpha, \quad (3.1.2)$$

则可将式（3.1.1）化简成标准形式的 KdV 方程（1.1.4）. Korteweg 和 de Vries 求得了式（3.1.1）的 Jacobi 椭圆余弦波解，考虑其特例，他们不但得到可用于描述 Russell 所观察到现象的孤波解，而且也推出了 Stokes 发现的振荡波解. 从而孤波的存在问题得到理论上的证明，同时又有力地解释了 Stokes 和 Russell 争议的矛盾之处. 至此，孤波才被学术界所普遍接受. 然而，人们又开始怀疑甚至否定孤波的稳定性. 与此同时，在除流体外的其他领域是否有孤波存在等重要问题也没有得到及时的解答. 随之而来的是孤波研究的进展不明显，相关的研究工作进入了长达"半个世纪的寂静"时期.

1955 年，Fermi 等[194]提出的"FPU 问题"（Fermi-Pasta-Ulam 问题）使孤波研究出现了新局面. 1962 年，Perring 等[195]将 SG 方程用于基本粒子研究时所得的数值结果表明孤波并不塌陷，两个孤波即使发生碰撞也能恢复原有的速度和形状. 1965 年，Zabusky 等[196]在考虑一个连续模型时将 FPU 问题的离散模型近似地约化成 KdV 方程. 为研究此方程孤波解的性质，他们做了大量的数值实验后发现：碰撞发生前和完成后，两孤波的高度均保持不变；碰撞过程中，高（快）波追赶并"吞掉"矮（慢）波，然后再将其"吐出"；碰撞后，高波将矮波落在后面，它们均恢复原有的形状和速度，变化的只是发生了相位的偏移. 整个碰撞过程就像弹性粒子穿过对方一样，仿佛碰撞根本没有发生过. 因与粒子相似，Zabusky 等首次将这样的孤波称为"soliton"，其中文释义常翻译成"孤子"或"孤立子". Toda 后来在研究晶格点阵的原子位错运动模型时求得位移的精确孤波解[197,198]，从而"FPU 问题"得到正确的解答.

1967 年，Gardner 等[61]利用 KdV 方程与 Schrödinger 方程散射理论之间的关系得到了 KdV 方程精确 N-孤子解[61,62]，并通过数学解析表达式令人非常信服地再现了孤子之间的相互作用，结果所带来的影响深远，许多物理学家和数学家对孤子产生极大的兴趣与关注. 受其影响世界范围内掀起孤子研究的热潮，后来人们还在除流体外的许多领域发现均有孤子存在.

　　孤子现象还与几何中的负常曲率曲面密切相关，它的数学形式表现为一个非线性演化方程. 一段时期以来，孤子研究得到前所未有的蓬勃发展，对数学及其他学科产生了深远的影响，逐步形成较为完整的孤子理论，国内外出版了许多相关著作[1,3,7,17,18,34,37,39,42,45,46,106,118,191,199-206]. 数学的严密性和物理学的启发与实用性两者相互结合、相互依存、相互渗透和相互促进，使孤子理论显示出强大的生命力. 我国研究人员从事孤子理论的研究工作始于 20 世纪 70 年代，当时杨振宁、李正道、陈省身等做出重要贡献，他们利用回国讲学的机会多次向国内同行介绍孤子的重要性及其理论研究进展.

　　Wu 等[207]在 1984 年通过实验发现的非传播孤子被认为是当代非线性波研究的一个重大进展. 在数学结构上这个特殊的孤子可用双曲正割函数来表示（钟孤子），在时间上它呈现出周期的振荡（呼吸子），在结构上又保持中心固定不动. 随着研究的不断深入，孤子的含义有所拓广. 在传播过程中波形发生变化的孤波，只要它的能量有限且分布在有限的空间或时间范围内也可以看成为孤子，如光纤传输中的光孤子就是一种长时间保持形态、幅度和速度不变的光脉冲. 还有相当多的文献对孤子和孤波不加区分，混淆使用.

　　孤子的应用研究十分广泛，涉及爱因斯坦相对论、黑洞的数学表示、蛋白质分子中的生物能量传输、基于 1973 年诺贝尔物理学奖获得者 Josephson 工作的超导设计等诸多方面[191]. 光纤孤子通信是成功的典范之一，并有望成为超长距离、超高速率和超大容量通信的重要手段. 世界各工业国家对光纤孤子通信都非常重视，相继提出发展计划，共同构建全光的孤子通信网络. 由于提高比特率受到相邻两个光孤子不产生相互作用的最短距离制约，研究两个孤子间的相互作用和探索这一长度及其决定性因素显得十分必要，并成为光纤孤子通信的重要课题. 两个或多个孤子间相互作用形成的一种束缚态——孤子分子，前几年在非线性光学实验上被成功发现[208,209]并成为光学研究领域的热点，由徐丹红和楼森岳提出的速度共振[210]（一种新的孤子激发模式）有望为孤子分子相关问题研究提供理论方法.

　　Einstein[211]最先揭示微观客体的波粒二象性. 既然孤子也表现出这样两重性的特征，那么一些自然的问题[212]是：孤子在多大程度上可以看作是一个经典的点状粒子？波粒二象性与本征性（隐藏）的自由度是否可以显示在势垒和势阱上的孤子散射？波粒二象性在孤子中是如何表现的？为解释波粒二象性，又如何基于非线性方程发展一种 de Broglie 在写给 Einstein 的信[213]中所特殊强调的波动力学？这些问题还有待于进一步探索.

3.2 孤子解的存在性与系统可积性之间的联系

孤子解是非线性偏微分方程的一类特解,人们不但发现除 KdV 方程外的许多非线性演化方程,如 NLS 方程、KP 方程等都有孤子解,还通过有效途径获得这些方程的多种类型孤子解,如钟孤子、扭结孤子、包络孤子、环孤子、圈孤子、隙孤子、鬼孤子、半直线孤子、折叠子、尖峰子、紧致子、瞬子、呼吸子、dromion孤子、lump 孤子、混沌孤子、分形孤子以及由它们叠加形成的多孤子等.

色散项与非线性项共存,是非线性演化方程存在孤子解的必要条件. 色散作用将波形变宽,非线性效应使波形变窄,两者相互作用平衡的结果最终能维持波形稳定. 孤子对色散和非线性异常敏感,一旦失衡它就会很快地坍塌. 因此,一个线性过程不可能产生孤子. 2010 年,Fujioka 等[214]给出一个广义 NLS 方程的分数阶导数项不是最高阶且分数次非线性项又不是最高次时存在孤子解的条件.

一个非线性系统存在孤子解与其可积性有着密切的联系. 现有的研究结果表明,完全可积的非线性演化方程都存在孤子解[1]. 讨论方程的可积性是孤子理论中的重要研究内容之一. 在孤子研究兴起的 20 世纪中期,一些有着不同背景的非线性演化方程被证实有孤子解存在. 非常奇妙的是它们都拥有 Liouville 完全可积的基本特征,从而显示出可积系统在特定条件下的"通有性"[7].

寻找无穷多守恒律也时常为研究非线性系统的可积性所选择. 1968 年,Miura 发现一个变换[215],可以把 MKdV 方程的解变成 KdV 方程的解,人们称之为 Miura 变换. 虽然这个变换不是可逆的[216],但却能通过它推导出 KdV 方程的无限多个守恒律. 非线性演化方程具有孤子解与其存在无穷多守恒律是密切相关的,具有孤子解的方程大都存在无穷多守恒律.

在孤子理论中,有时还可以通过考察一个给定非线性方程的 Painlevé 性质来研究其可积性与孤子解. 1983 年,Weiss 等[217]通过对常微分方程的 Painlevé 性质进行推广提出用来检验偏微分方程 Painlevé 性质的 WTC(Weiss-Tabor-Carnvale)方法. 作为此方法的副产品,同时还可推导出方程的 Lax 对和 BT 等[218,219]. 1997 年,Kruskal 等[220]提出 WTC 方法的一个有效简化方式,从而有效降低了 WTC 方法的计算量.

除 Lax 可积、Liouville 可积、Painlevé 可积外,还有 C 可积、S 可积、对称可积、多孤子解可积等其他意义下的可积. 有些具有孤子解的可积模型往往是多种意义下的非线性可积系统,如 KdV 方程(1.1.4)同时具有 Painlevé 可积、Lax

可积、Liouville 可积、多孤子解可积、对称可积、S 可积等可积性质[1]. 何谓 C 可积、S 可积、对称可积、多孤子解可积？一个非线性偏微分方程，如果可以直接积分求得一般解或可经过合适的变量变换（change of variables）线性化，那么称其是 C 可积[221]，有人将 C 意指为 C 可积工作的最早探索者 Calogero. 可用 IST 求解的非线性偏微分方程称为反散射可积或简称为 S 可积. 值得一提的是，IST 的英文全称除 inverse scattering transform 外，也有文献表示为 spectral transform. 通常把具有无穷多相互对易的 K 对称和无穷多可构成无限维 Virasoro 代数的 τ 对称的非线性偏微分方程称为对称可积. 在很多情况下，具有无穷多对称的对称可积系统同时具有无穷多守恒律. 如果一个非线性偏微分方程具有 N-孤子解，那么可以称此方程是在具有多孤子解意义下可积的. 不过这个意义下的可积性比较弱，在许多其他意义下不可积的系统同样可以存在多孤子解.

3.3　非线性可积系统的稳定性与怪波解

可积性对扰动很敏感，即便小扰动也会使之丧失，这是 19 世纪后期 Poincaré 等发现的事实，其敏感程度和孤子解失去非线性与色散平衡后即刻坍塌有惊人的相似. 但 Whitney 可微下的一个扰动系统在原有问题的 Cantor 集上仍具有完全可积性，这便是 KAM 理论，它可以看成是可积系在一定条件下的"稳定性". 能够正确诠释稳定性与通有性并确定出两者成立的条件意义非凡，它是可积系在 20 世纪所取得的重大研究进展[7].

最早发现于海洋被认为是自孤子的怪波（rouge wave）同孤子一样，不但是一种非线性的自然现象，还能从实验上证明其存在性. 怪波是一特殊类型的局域波，它具有强破坏性却不同于海啸，国际上素有"killer wave""monster wave""extreme wave""giant wave""freak wave"等称谓，具体表现出波峰十分陡峭、高度不对称、出现消失非常突然、波高大于有效波和前后面波的 2 倍、波峰大于波高的 65%等显著特征[222]. 从而研究怪波又掀起了一场新的"非线性科学革命"，并激励人们找到 NLS、KdV、KP、DS 等非线性可积方程比较合适的近似理论模型，来从数学的角度上对怪波的发生机制、调制预测、动力学性质等方面进行科学的诠释. 2020 年，Wang 等[223]对描述光纤中超短光脉冲传输的可积 Hirota 方程的调制不稳定性、呼吸波、怪波和相互作用进行了数值分析，这对理解三阶 NLS 方程及相关模型怪波的产生带来有益帮助.

3.4 扩展 KdV 方程的 Painlevé 检验与孤子解

非线性演化方程常常联系着一些非线性物理现象，例如 KdV 型方程就是一种可以用于控制大气、等离子体、天体物理和传输线路某些波现象的原型模型. 与此同时，KdV 型方程还可以描述浅水区的内孤立波. 内孤立波作为在密度或水流上连续分层层状流体中的一种非线性波，经常在大陆架边缘、海脊、底坎等地形陡峭的海洋区域附近被观测到. 当考虑介质的不同类和边界的不均匀性时，变系数的非线性演化方程往往要比相应的常系数模型更能描述实际的物理现象[224]. 本节利用 Painlevé 分析的 WTC 方法给出如下带外力项的变系数扩展 KdV 方程[224]:

$$u_t + a(t)uu_x + b(t)u^2u_x + c(t)u_{xxx} + d(t)u_x + \gamma(t)u = \Gamma(t) \tag{3.4.1}$$

在一定条件下的 Painlevé 可积性，并构造其孤子解，这里 $a(t)$、$b(t)$、$c(t)$、$d(t)$、$\gamma(t)$ 和 $\Gamma(t)$ 是 t 的函数. 当没有外力项 $\Gamma(t)$ 时，扩展 KdV 方程（3.4.1）可以描述在密度上具有连续分层流体中的弱非线性长内孤立波. Liu 等[224]利用 Hirota 双线性方法得到了扩展 KdV 方程（3.4.1）在 $\gamma(t)=0$ 条件下的多孤子解. 本节利用 Painlevé 分析的 WTC 方法推导出扩展 KdV 方程（3.4.1）的 Painlevé 可积条件和孤子解，其中由 Painlevé 截断展开式所构造的孤子解没有用到 $\gamma(t)=0$ 这样的约束条件.

3.4.1 Painlevé 可积性条件

定理 3.4.1 若取变换

$$u = v + \int \Gamma(t)\mathrm{d}t, \quad v = v(x,t), \tag{3.4.2}$$

则扩展 KdV 方程（3.4.1）基于 WTC 方法的 Painlevé 可积性条件为

$$c'(t) = c(t)\left[-2\gamma(t) + \frac{b'(t)}{b(t)}\right], \quad a'(t) = -a(t)\gamma(t) - 2b(t)\Gamma(t) + \frac{a(t)b'(t)}{b(t)}. \tag{3.4.3}$$

证 经变换（3.4.2）后，扩展 KdV 方程（3.4.1）转化为

$$v_t + \left[a(t) + 2b(t)\int\Gamma(t)\mathrm{d}t\right]vv_x + \left\{a(t)\int\Gamma(t)\mathrm{d}t + b(t)\left[\int\Gamma(t)\mathrm{d}t\right]^2 + d(t)\right\}v_x$$

$$+ b(t)v^2v_x + c(t)v_{xxx} + \gamma(t)v + \gamma(t)\int\Gamma(t)\mathrm{d}t = 0. \tag{3.4.4}$$

基于 WTC 方法，只需证明式（3.4.3）为式（3.4.4）的 Painlevé 可积性条件. 假设

$$v = \varphi^{-\rho}(x,t) \sum_{j=0}^{\infty} v_j(x,t) \varphi^j(x,t) \quad (\rho > 0).$$ (3.4.5)

将式（3.4.5）代入式（3.4.4），平衡 $c(t)v_{xxx} + b(t)v^2 v_x = 0$ 得

$$\rho = 1, \quad v_0 = \pm\sqrt{-\frac{6c(t)}{b(t)}}\varphi_x.$$ (3.4.6)

再将式（3.4.5）和式（3.4.6）代入式（3.4.4），收集 φ^{-3}、φ^{-2} 和 φ^{j-4} 的同次幂系数并令其为零，得

$$v_1 = \mp\frac{\varphi_{xx}}{2\varphi_x}\sqrt{-\frac{6c(t)}{b(t)}} - \frac{a(t)}{2b(t)} - \int \Gamma(t)\mathrm{d}t,$$ (3.4.7)

$$v_2 = \pm\sqrt{-\frac{6c(t)}{b(t)}} \left[\frac{\varphi_t}{6c(t)\varphi_x^2} - \frac{a^2(t)}{24b(t)c(t)\varphi_x} + \frac{d(t)}{6c(t)\varphi_x} - \frac{\varphi_{xx}^2}{4\varphi_x^3} + \frac{\varphi_{xxx}}{6\varphi_x^2} \right],$$ (3.4.8)

$$-(j+1)(j-3)(j-4)c(t)v_j\varphi_x^3$$

$$= v_{j-3,t} + (j-3)v_{j-2}\varphi_t$$

$$+ \left[a(t) + 2b(t)\int \Gamma(t)\mathrm{d}t \right]\left[\sum_{k=0}^{j-2} v_k v_{j-2-k} + \sum_{k=0}^{j-1}(j-2-k)v_k v_{j-1-k}\varphi_x \right]$$

$$+ \left\{ a(t)\int \Gamma(t)\mathrm{d}t + b(t)\left[\int \Gamma(t)\mathrm{d}t \right]^2 + d(t) \right\}[v_{j-3,x} + (j-3)v_{j-2,x}\varphi_x]$$

$$+ b(t)\left[\sum_{m=0}^{j-1}\sum_{p=0}^{j-1} v_{m,x}v_p v_{j-1-p-m} + \sum_{m=1}^{j-1}\sum_{p=1}^{j-1}(m-1)v_m v_p v_{j-m-p} \right]$$

$$+ c(t)[v_{j-3,xxx} + 3(j-3)v_{j-2,xx}\varphi_x + 3(j-2)(j-3)v_{j-1,x}\varphi_x^2 + 3(j-3)v_{j-2,x}\varphi_{xx}$$

$$+ 3(j-2)(j-3)v_{j-1}\varphi_x\varphi_{xx} + (j-3)v_{j-2}\varphi_{xxx}] + \gamma(t)v_{j-3}.$$ (3.4.9)

从式（3.4.9）可以看出，方程的共振点为 $j = -1, 3, 4$，其中 $j = -1$ 对应着奇异流行 $\varphi(x,t) = 0$ 的任意性. 这说明式（3.4.5）中的所有 v_j 除 v_3 和 v_4 外均能通过式（3.4.7）~式（3.4.9）所确定. 令 $j = 3, 4$，借助于式（3.4.6）~式（3.4.8）能推导出式（3.4.9）的自相容性条件应满足约束式（3.4.3）. 于是当式（3.4.3）成立时，式（3.4.4）具有 Painlevé 性质.

3.4.2 孤子解

为了构造扩展 KdV 方程（3.4.1）的孤子解，令 $v_2 = v_3 = v_4 = 0$，从式（3.4.9）

知 $v_5 = v_6 = \cdots = 0$. 在这样的情况下，式（3.4.5）被截断为

$$v = \pm \sqrt{-\frac{6c(t)}{b(t)}} \left(\varphi_x \varphi^{-1} - \frac{\varphi_{xx}}{2\varphi_x} \right) - \frac{a(t)}{2b(t)} - \int \Gamma(t) \mathrm{d}t , \tag{3.4.10}$$

式中，φ 满足条件

$$\varphi_t - \frac{a^2(t)\varphi_x}{4b(t)} + d(t)\varphi_x - \frac{3c(t)\varphi_{xx}^2}{2\varphi_x} + c(t)\varphi_{xxx} = 0 . \tag{3.4.11}$$

再令

$$\varphi = 1 + \mathrm{e}^{kx + \int w(t)\mathrm{d}t} , \tag{3.4.12}$$

并将其代入式（3.4.11），可以求得

$$w(t) = -kd(t) + \frac{k^3 c(t)}{2} + \frac{ka^2(t)}{4b(t)} , \tag{3.4.13}$$

从而得到扩展 KdV 方程（3.4.1）如下形式的扭结型的孤子解：

$$u = -\frac{a(t)}{2b(t)} \pm \frac{k}{2} \sqrt{-\frac{6c(t)}{b(t)}} \frac{\mathrm{e}^{kx + \int w(t)\mathrm{d}t} - 1}{\mathrm{e}^{kx + \int w(t)\mathrm{d}t} + 1} , \tag{3.4.14}$$

式中，$w(t)$ 由式（3.4.13）决定；而 $a(t)$、$b(t)$ 和 $c(t)$ 满足式（3.4.3）中的两个约束条件.

3.5　Fokas 方程的 Painlevé 检验、双线性化与多孤子解

非线性色散偏微分方程在实际应用中起着重要作用，这是因为它们可以近似地描述流体力学、非线性光学、声学、等离子体物理学以及玻色-爱因斯坦凝聚等领域中出现的许多系统. 这类方程中最突出的是 KdV 方程、NLS 方程及其向更高维度的推广，如 KP 方程、DS 方程. 值得说明的是，2+1 维 KP 方程和 2+1 维 DS 方程可以看作是 1+1 维 KdV 方程和 1+1 维 NLS 方程分别向二维空间的推广. 除了这些方程在应用中的重要性之外，对它们解的数学性质研究也引起人们的广泛关注.

2006 年，Fokas 在将 KP 方程和 DS 方程向高维非线性演化方程的推广中得到了一些新的可积系统[225]，其中之一是 4+1 维方程

$$u_{x_1 t} - \frac{1}{4} u_{x_1 x_1 x_2} + \frac{1}{4} u_{x_1 x_2 x_2 x_2} + \frac{3}{2}(u^2)_{x_1 x_2} - \frac{3}{2} u_{y_1 y_2} = 0 . \tag{3.5.1}$$

2009 年，Yang 等[226]获得了 Fokas 方程（3.5.1）的点对称、势对称、Jacobi 椭圆双周期解、双曲函数解、三角函数解、有理解和低维约化形式. 2010 年，Lee 等[227]将修正的 tanh-coth 方法、扩展的 Jacobi 椭圆法和指数函数法应用到 Fokas 方程（3.5.1）. 2011 年，Zhang 等[228]将 Fokas 方程（3.5.1）推广到分数阶形式. 随后，Fokas 方程（3.5.1）及其分数阶形式受到广泛研究.

由于 KdV 方程、NLS 方程及其向高维空间推广的 KP 方程和 DS 方程都存在多孤子解，一个自然的问题是：作为 KP 方程和 DS 方程向更高维度推广的 Fokas 方程（3.5.1）是否存在多孤子解？是否具有 Painlevé 可积性质？本节将给出肯定回答. 本节一方面利用 Painlevé 分析的 WTC 方法检验 Fokas 方程（3.5.1）的 Painlevé 可积性，然后利用 Painlevé 截断技巧构造其孤子解；另一方面利用双线性方法对 Fokas 方程（3.5.1）进行双线性化，再由所推导的双线性形式构造其多孤子解.

3.5.1 Painlevé 可积性判定

定理 3.5.1 基于 Kruskal 等的简化 WTC 方法检验，可判定 Fokas 方程（3.5.1）是 Painlevé 可积性的.

证 假设

$$u = \varphi^{-\rho} \sum_{j=0}^{\infty} u_j \varphi^j , \tag{3.5.2}$$

式中，φ 和 u_j 是 x_1、x_2、y_1、y_2 和 t 的函数并且 $u_0 \neq 0$. 通过计算得

$$u_{x_1 x_1 x_1 x_2} = -\rho(-\rho-1)(-\rho-2)(-\rho-3) u_0 \varphi^{-\rho-4} \varphi_{x_1}^3 \varphi_{x_2} + \cdots, \tag{3.5.3}$$

$$u_{x_1 x_2 x_2 x_2} = -\rho(-\rho-1)(-\rho-2)(-\rho-3) u_0 \varphi^{-\rho-4} \varphi_{x_1} \varphi_{x_2}^3 + \cdots, \tag{3.5.4}$$

$$(u^2)_{x_1 x_2} = -2\rho(-2\rho-1) u_0^2 \varphi^{-2\rho-2} \varphi_{x_1} \varphi_{x_2} + \cdots. \tag{3.5.5}$$

将式（3.5.3）～式（3.5.5）代入 Fokas 方程（3.5.1），通过平衡

$$-\frac{1}{4} u_{x_1 x_1 x_1 x_2} + \frac{1}{4} u_{x_2 x_2 x_2 x_1} + \frac{3}{2} (u^2)_{x_1 x_2} = 0, \tag{3.5.6}$$

得

$$-\frac{1}{4}\left[-\rho(-\rho-1)(-\rho-2)(-\rho-3) u_0 \varphi_{x_1}^3 \varphi_{x_2} \varphi^{-\rho-4}\right]$$

$$+\frac{1}{4}\left[-\rho(-\rho-1)(-\rho-2)(-\rho-3) u_0 \varphi_{x_1} \varphi_{x_2}^3 \varphi^{-\rho-4}\right] + \frac{3}{2}\left[-2\rho(-2\rho-1) u_0^2 \varphi_{x_1} \varphi_{x_2} \varphi^{-2\rho-2}\right] = 0,$$

从中解得

$$\rho = 2 , \quad u_0 = \varphi_{x_1}^2 - \varphi_{x_2}^2 . \qquad (3.5.7)$$

将式（3.5.2）和式（3.5.7）代入 Fokas 方程（3.5.1），收集 φ^{j-6} 的系数并令其为零，经整理后得

$$(j+1)(j-4)(j-5)(j-6)u_0 u_j \varphi_{x_1} \varphi_{x_2}$$

$$= 4u_{j-4,x_1t} + [(j-5)u_{j-3}\varphi_t]_{x_1}$$

$$+ [(j-5)u_{j-3}\varphi_{x_1}]_t - (j-5)u_{j-3}\varphi_{x_1t} + 4(j-4)(j-5)u_{j-2}\varphi_{x_1}\varphi_t - u_{j-4,x_1x_1x_2}$$

$$- (j-5)u_{j-3,x_1x_1}\varphi_{x_2} - 3[(j-5)u_{j-3,x_1x_1}\varphi_{x_1}]_{x_2} - 3[(j-4)(j-5)u_{j-2,x_1}\varphi_{x_1}\varphi_{x_2}]_{x_1}$$

$$+ 3(j-4)(j-5)u_{j-2,x_1}\varphi_{x_1}\varphi_{x_1x_2} - 3[(j-4)(j-5)u_{j-2,x_1}\varphi_{x_1}^2]_{x_2}$$

$$- 3[(j-3)(j-4)(j-5)u_{j-1}\varphi_{x_1}^2\varphi_{x_2}]_{x_1} + 3(j-3)(j-4)(j-5)u_{j-1}\varphi_{x_1}\varphi_{x_2}\varphi_{x_1x_1}$$

$$- 3[(j-5)u_{j-3,x_1}\varphi_{x_1x_1}]_{x_2} - (j-3)(j-4)(j-5)u_{j-1,x_2}\varphi_{x_1}^3$$

$$- 3[(j-4)(j-5)u_{j-2}\varphi_{x_1}\varphi_{x_1x_1}]_{x_2} - [(j-5)u_{j-3}\varphi_{x_1x_1x_1}]_{x_2}$$

$$- (j-4)(j-5)u_{j-2}\varphi_{x_2}\varphi_{x_1x_1x_1} + u_{j-4,x_1x_2x_2} + (j-5)u_{j-3,x_2x_2}\varphi_{x_1}$$

$$+ 3[(j-5)u_{j-3,x_2x_2}\varphi_{x_2}]_{x_1} + 3[(j-4)(j-5)u_{j-2,x_2}\varphi_{x_1}\varphi_{x_2}]_{x_2}$$

$$+ 3(j-4)(j-5)u_{j-2,x_2}\varphi_{x_2}\varphi_{x_1x_2} + 3[(j-5)u_{j-3,x_2}\varphi_{x_2x_2}]_{x_1}$$

$$+ 3[(j-4)(j-5)u_{j-2,x_1}\varphi_{x_2}^2]_{x_2} - 3(j-4)(j-5)u_{j-2,x_1}\varphi_{x_2}\varphi_{x_2x_2}$$

$$+ 3[(j-3)(j-4)(j-5)u_{j-1}\varphi_{x_1}\varphi_{x_2}^2]_{x_2} - 3(j-3)(j-4)(j-5)u_{j-1}\varphi_{x_1}\varphi_{x_2}\varphi_{x_2x_2}$$

$$+ (j-3)(j-4)(j-5)u_{j-1,x_1}\varphi_{x_2}^3 + 3[(j-4)(j-5)u_{j-2}\varphi_{x_2}\varphi_{x_2x_2}]_{x_1}$$

$$+ 3(j-4)(j-5)u_{j-2,x_1}\varphi_{x_2}\varphi_{x_2x_2} + (j-5)u_{j-3,x_1}\varphi_{x_2x_2x_2}$$

$$+ (j-4)(j-5)u_{j-2}\varphi_{x_1}\varphi_{x_2x_2x_2} + 12\sum_{k=0}^{j-2} u_k u_{j-2-k,x_1x_2}$$

$$+ 12\sum_{k=0}^{j-1}(j-3-k)u_k u_{j-1-k,x_2}\varphi_{x_1} + 12\sum_{k=0}^{j-1}(j-3-k)u_k u_{j-1-k,x_1}\varphi_{x_2}$$

$$+ 12\sum_{k=1}^{j-1}(j-2-k)(j-3-k)u_k u_{j-k}\varphi_{x_1}\varphi_{x_2} + 12\sum_{k=0}^{j-1}(j-3-k)u_k u_{j-1-k}\varphi_{x_1x_2}$$

$$+ 12\sum_{k=0}^{j-2} u_{k,x_1} u_{j-2-k,x_2} + 12\sum_{k=0}^{j-1}(j-3-k)u_{k,x_2} u_{j-1-k}\varphi_{x_1}$$

$$+12\sum_{k=0}^{j-1}(j-3-k)u_{k,x_1}u_{j-1-k}\varphi_{x_2}+12\sum_{k=1}^{j-1}(j-2-k)u_ku_{j-k}\varphi_{x_1}\varphi_{x_2}$$

$$-6u_{j-4,y_1y_2}-6(j-5)u_{j-3,y_1}\varphi_{y_2}-6(j-5)u_{j-3,y_2}\varphi_{y_1}$$

$$-6(j-4)(j-5)u_{j-2}\varphi_{y_1}\varphi_{y_2}-6(j-5)u_{j-3}\varphi_{y_1y_2}, \tag{3.5.8}$$

也可以将其写成

$$(j+1)(j-4)(j-5)(j-6)u_j=F(u_0,u_1,u_2,\cdots,u_{j-1},\varphi_{x_1},\varphi_{x_2}\varphi_{y_1},\varphi_{y_2},\varphi_t,\cdots), \tag{3.5.9}$$

式中，F 是 u_0，u_1，u_2，$\cdots$，u_{j-1} 和 φ 及其各阶导数的一个函数. 从式（3.5.9）可以看出，$j=-1,4,5,6$ 是共振点，其中 $j=-1$ 对应着奇异流行 $\varphi(x_1,x_2,y_1,y_2,t)=0$ 的任意性. 最后，为了检验共振点 $j=4,5,6$ 是否满足相容性条件（3.5.9），下面应用 WTC 方法中 Kruskal 等的简化方式. 假设

$$\varphi=\varphi(\xi), \quad \xi=k_1x_1+k_2x_2+\eta, \quad \eta=\eta(y_1,y_2,t), \tag{3.5.10}$$

并将其代入式（3.5.9），当 $k_1k_2\neq0$ 时从中解得

$$u_0=(k_1^2-k_2^2)\varphi_{\xi}^2, \tag{3.5.11}$$

$$u_1=-(k_1^2-k_2^2)\varphi_{\xi\xi}, \tag{3.5.12}$$

$$u_2=\frac{k_1k_2(k_1^2-k_2^2)(4\varphi_{\xi}\varphi_{\xi\xi\xi}-3\varphi_{\xi\xi}^2)-2\varphi_{\xi}^2(2k_1\eta_t-3\eta_{y_1}\eta_{y_2})}{12k_1k_2\varphi_{\xi}^2}, \tag{3.5.13}$$

$$u_3=\frac{k_1k_2(k_1^2-k_2^2)(4\varphi_{\xi}\varphi_{\xi\xi}\varphi_{\xi\xi\xi}-3\varphi_{\xi\xi}^3-\varphi_{\xi}^2\varphi_{\xi\xi\xi\xi})-6\varphi_{\xi}^3\eta_{y_1y_2}}{12k_1k_2\varphi_{\xi}^4}. \tag{3.5.14}$$

但对 $j=4$，5，6，无法确定 u_4，u_5，u_6. 取 $u_4=u_5=u_6=0$ 且 η 满足条件

$$\eta_{y_1y_2}^2-\eta_{y_1y_1}\eta_{y_2y_2}=0, \tag{3.5.15}$$

其余 $u_j(j=7,8,\cdots)$ 可被依次确定. 又显然式（3.5.15）可解，故 Fokas 方程（3.5.1）具有 Painlevé 可积性.

3.5.2 孤子解

为构造 Fokas 方程（3.5.1）的孤子解，令 $u_j(j>3)=0$，同时取式（3.5.10）中的 $\varphi(\xi)$ 具体为

$$\varphi(\xi)=1+\mathrm{e}^{\xi}. \tag{3.5.16}$$

其目的是式（3.5.2）被截断为

$$u=u_0\varphi^{-2}(\xi)+u_1\varphi^{-1}(\xi)+u_2+u_3\varphi(\xi), \tag{3.5.17}$$

式中， u_0 、 u_1 、 u_2 、 u_3 由式（3.5.11）～式（3.5.14）确定.

容易看出，式（3.5.15）有如下形式的两个解：

$$\eta = f_1(t)y_1 + f_2(t)g_1(y_2) + f_3(t), \tag{3.5.18}$$

$$\eta = f_4(t)g_2(y_1) + f_5(t)y_2 + f_6(t), \tag{3.5.19}$$

式中， $f_1(t)$ 、 $f_2(t)$ 、 $f_3(t)$ 、 $f_4(t)$ 、 $f_5(t)$ 、 $f_6(t)$ 是 t 的函数； $g_1(y_2)$ 和 $g_2(y_1)$ 分别是 y_2 和 y_1 的函数. 将式（3.5.18）代入式（3.5.11）～式（3.5.14）得 $u_3 = 0$ ，且

$$u_0 = (k_1^2 - k_2^2)e^{2k_1x_1 + 2k_2x_2 + 2f_1(t)y_1 + 2f_2(t)g_1(y_2) + 2f_3(t)},$$

$$u_1 = -(k_1^2 - k_2^2)e^{k_1x_1 + k_2x_2 + f_1(t)y_1 + f_2(t)g_1(y_2) + f_3(t)},$$

$$u_2 = \frac{6f_1(t)f_2(t)g_1'(y_2) + k_1^3k_2 - k_1k_2^3 - 4k_1y_1f_1'(t) - 4k_1g_1(y_2)f_2'(t) - 4k_1f_3'(t)}{12k_1k_2},$$

进而得到 Fokas 方程（3.5.1）的一个孤子解

$$u = -\frac{k_1^2 - k_2^2}{k_1k_2}\left\{\ln[1 + e^{k_1x_1 + k_2x_2 + f_1(t)y_1 + f_2(t)g_1(y_2) + f_3(t)}]\right\}_{x_1x_2}$$

$$+ \frac{6f_1(t)f_2(t)g_1'(y_2) + k_1^3k_2 - k_1k_2^3 - 4k_1y_1f_1'(t) - 4k_1g_1(y_2)f_2'(t) - 4k_1f_3'(t)}{12k_1k_2}.$$

同样地，将式（3.5.19）代入式（3.5.11）～式（3.5.14）得 $u_3 = 0$ ，且

$$u_0 = (k_1^2 - k_2^2)e^{2k_1x_1 + 2k_2x_2 + 2f_4(t)g_2(y_1) + 2f_5(t)y_2 + 2f_6(t)},$$

$$u_1 = -(k_1^2 - k_2^2)e^{k_1x_1 + k_2x_2 + f_4(t)g_2(y_1) + f_5(t)y_2 + f_6(t)},$$

$$u_2 = \frac{6f_4(t)f_5(t)g_2'(y_1) + k_1^3k_2 - k_1k_2^3 - 4k_1g_2(y_1)f_4'(t) - 4k_1y_2f_5'(t) - 4k_1f_6'(t)}{12k_1k_2},$$

进而得到 Fokas 方程（3.5.1）的另一个孤子解

$$u = -\frac{k_1^2 - k_2^2}{k_1k_2}\left\{\ln[1 + e^{k_1x_1 + k_2x_2 + f_4(t)g_2(y_1) + f_5(t)y_2 + f_6(t)}]\right\}_{x_1x_2}$$

$$+ \frac{6f_4(t)f_5(t)g_2'(y_1) + k_1^3k_2 - k_1k_2^3 - 4k_1g_2(y_1)f_4'(t) - 4k_1y_2f_5'(t) - 4k_1f_6'(t)}{12k_1k_2},$$

并在 $f_4(t) = 2l_1$ 、 $f_5(t) = 2l_2$ 、 $f_6(t) = 2ct$ 、 $g_2(y_1) = y_1$ 、 $k_1 = 2\hat{k}_1$ 和 $k_2 = 2\hat{k}_2$ 情况下可将其化为已知解[223]

$$u = (\hat{k}_1^2 - \hat{k}_2^2)\tanh^2(\hat{k}_1x_1 + \hat{k}_2x_2 + l_1y_1 + l_2y_2 + ct) - \frac{2c\hat{k}_1 - 3l_1l_2 + 4\hat{k}_1^3\hat{k}_2 - 4\hat{k}_1\hat{k}_2^3}{6\hat{k}_1\hat{k}_2}.$$

3.5.3 双线性化

定理 3.5.2 若令 $x = k_1 x_1 + k_2 x_2$，则对数变换

$$u = (k_2^2 - k_1^2)(\ln f)_{xx}, \quad f = f(x, y_1, y_2, t), \tag{3.5.20}$$

可将 Fokas 方程（3.5.1）化成双线性形式

$$\left[D_x D_t + \frac{1}{4} k_2 (k_2^2 - k_1^2) D_x^4 - \frac{3}{2k_1} D_{y_1} D_{y_2} \right] f \cdot f = 0, \tag{3.5.21}$$

式中，D_x、D_t、D_{y_1} 和 D_{y_2} 为 Hirota 微分算子；k_1 与 k_2 是互异的常数.

证 利用关系式 $x = k_1 x_1 + k_2 x_2$ 可将 Fokas 方程（3.5.1）化为

$$\left[u_t + \frac{1}{4} k_2 (k_2^2 - k_1^2) u_{xxx} + \frac{3}{2} k_2 (u^2)_x \right]_{x_1} - \frac{3}{2} u_{y_1 y_2} = 0. \tag{3.5.22}$$

将式（3.5.20）代入式（3.5.22），然后消去所得方程中的公因式 $k_2^2 - k_1^2$ 后得

$$\left\{ (\ln f)_{xxt} + \frac{1}{4} k_2 (k_2^2 - k_1^2)(\ln f)_{xxxxx} + \frac{3}{2} k_2 (k_2^2 - k_1^2)[(\ln f)_{xx}]_x^2 \right\}_{x_1} - \frac{3}{2} (\ln f)_{xxy_1 y_2} = 0,$$

在 $k_1 \neq 0$ 时可进一步整理成

$$\left\{ (\ln f)_{xt} + \frac{1}{4} k_2 (k_2^2 - k_1^2)(\ln f)_{xxxx} + \frac{3}{2} k_2 (k_2^2 - k_1^2)[(\ln f)_{xx}]^2 - \frac{3}{2k_1} (\ln f)_{y_1 y_2} \right\}_{xx} = 0,$$

再关于 x 积分两次，同时取积分常数为零，我们可以得到

$$(\ln f)_{xt} + \frac{1}{4} k_2 (k_2^2 - k_1^2)(\ln f)_{xxxx} + \frac{3}{2} k_2 (k_2^2 - k_1^2)[(\ln f)_{xx}]^2 - \frac{3}{2k_1} (\ln f)_{y_1 y_2} = 0. \tag{3.5.23}$$

最后利用 Hirota 微分算子将式（3.5.23）改写成双线性形式，即为式（3.5.21）.

3.5.4 多孤子解

本小节借助于双线性形式（3.5.21）来构造 Fokas 方程（3.5.1）的多孤子解. 对于单孤子解，我们假设

$$f = 1 + f^{(1)}\varepsilon + f^{(2)}\varepsilon^2 + f^{(3)}\varepsilon^3 + \cdots, \tag{3.5.24}$$

并将其代入式（3.5.21），然后收集 ε 同次幂的系数得到如下方程组：

$$2\left[\partial_x\partial_t + \frac{1}{4}(k_2^2 - k_1^2)k_2\partial_x^4 - \frac{3}{2k_1}\partial_{y_1}\partial_{y_2}\right]f^{(1)} = 0, \tag{3.5.25}$$

$$2\left[\partial_x\partial_t + \frac{1}{4}k_2(k_2^2 - k_1^2)\partial_x^4 - \frac{3}{2k_1}\partial_{y_1}\partial_{y_2}\right]f^{(2)}$$

$$= -\left[D_xD_t + \frac{1}{4}k_2(k_2^2 - k_1^2)D_x^4 - \frac{3}{2k_1}D_{y_1}D_{y_2}\right]f^{(1)} \cdot f^{(1)}, \tag{3.5.26}$$

$$2\left[\partial_x\partial_t + \frac{1}{4}k_2(k_2^2 - k_1^2)\partial_x^4 - \frac{3}{2k_1}\partial_{y_1}\partial_{y_2}\right]f^{(3)}$$

$$= -2\left[D_xD_t + \frac{1}{4}k_2(k_2^2 - k_1^2)D_x^4 - \frac{3}{2k_1}D_{y_1}D_{y_2}\right]f^{(1)} \cdot f^{(2)}, \tag{3.5.27}$$

等等.

若令

$$f^{(1)} = \mathrm{e}^{\xi_1}, \quad \xi_1 = r_1(\omega_1 t + x + p_1 y_1 + q_1 y_2) + \xi_1^{(0)} \tag{3.5.28}$$

为式（3.5.25）的解，这里 $\xi_1^{(0)}$ 为任意常数，则常数 r_1、ω_1、p_1 和 q_1 满足关系

$$\omega_1 = -\frac{1}{4}k_2(k_2^2 - k_1^2)r_1^2 + \frac{3}{2k_1}p_1q_1. \tag{3.5.29}$$

将式（3.5.28）代入式（3.5.26）和式（3.5.27），令 $f^{(2)} = f^{(3)} = \cdots = 0$，则式（3.5.26）和式（3.5.27）及上述方程组其余的方程均成立，从而由式（3.5.20）、式（3.5.24）、式（3.5.28）和式（3.5.29）得到 Fokas 方程（3.5.1）的单孤子解

$$u = (k_2^2 - k_1^2)[\ln(1 + \mathrm{e}^{\xi_1})]_{xx} = \frac{1}{4}r_1^2(k_2^2 - k_1^2)\operatorname{sech}^2\frac{1}{2}\xi_1, \tag{3.5.30}$$

式中，

$$\xi_1 = r_1\left[-\frac{1}{4}k_2 r_1^2(k_2^2 - k_1^2)t + \frac{3}{2k_1}p_1 q_1 t + k_1 x + k_2 x_2 + p_1 y_1 + q_1 y_2\right] + \xi_1^{(0)}.$$

为构造双孤子解，我们假设

$$f^{(1)} = \mathrm{e}^{\xi_1} + \mathrm{e}^{\xi_2}, \quad \xi_i = r_i(\omega_i t + x + p_i y_1 + q_i y_2) + \xi_i^{(0)} \quad (i = 1, 2), \tag{3.5.31}$$

式中，$\xi_i^{(0)}$ 为任意常数. 将式（3.5.31）代入式（3.5.25），得到待定常数 r_i、ω_i、p_i 和 q_i 满足的关系式

$$\omega_i = -\frac{1}{4}k_2 r_i^2(k_2^2 - k_1^2) + \frac{3}{2k_1}p_i q_i \quad (i = 1, 2). \tag{3.5.32}$$

考虑到式（3.5.26），我们进一步假设 $f^{(2)} = e^{\xi_1 + \xi_2 + A_{12}}$，从中可确定出待定常数 A_{12}，

$$e^{A_{12}} = \frac{k_1 k_2 (k_2^2 - k_1^2)(r_2 - r_1)^2 + 2(p_2 - p_1)(q_2 - q_1)}{k_1 k_2 (k_2^2 - k_1^2)(r_2 + r_1)^2 + 2(p_2 - p_1)(q_2 - q_1)}. \tag{3.5.33}$$

将式（3.5.31）～式（3.5.33）代入式（3.5.26）和式（3.5.27），取 $f^{(3)} = f^{(4)} = \cdots = 0$，则式（3.5.26）和式（3.5.27）及其所在方程组的其余方程均成立，从而得到 Fokas 方程（3.5.1）的双孤子解

$$u = (k_2^2 - k_1^2)[\ln(1 + e^{\xi_1} + e^{\xi_2} + e^{\xi_1 + \xi_2 + A_{12}})]_{xx}, \tag{3.5.34}$$

式中，

$$\xi_i = r_i \left[-\frac{1}{4} k_2 r_i^2 (k_2^2 - k_1^2)t + \frac{3}{2k_1} p_i q_i t + k_1 x_1 + k_2 x_2 + p_i y_1 + q_i y_2 \right] + \xi_i^{(0)} \quad (i = 1, 2).$$

图 3.5.1 描绘了钟型双孤子解（3.5.34）的局域空间演化图，其参数分别为 $r_1 = 1$，$k_1 = 1$，$k_2 = 3$，$p_1 = 3$，$q_1 = 2$，$x_1 = 0$ 和 $x_2 = 0$. 从图 3.5.1 可以看出，发生在两个孤子之间的相互作用表现出弹性碰撞的特征.

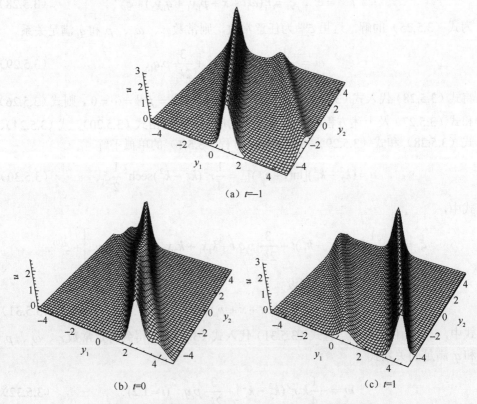

(a) $t=-1$

(b) $t=0$

(c) $t=1$

图 3.5.1　钟型双孤子解（3.5.34）的局域空间演化图

接下来构造三孤子解, 为此我们假设

$$f^{(1)} = \mathrm{e}^{\xi_1} + \mathrm{e}^{\xi_2} + \mathrm{e}^{\xi_3}, \quad \xi_i = r_i(\omega_i t + x + p_i y_1 + q_i y_2) + \xi_i^{(0)} \quad (i = 1,2,3), \qquad (3.5.35)$$

式中, $\xi_i^{(0)}$ 为任意常数. 将式 (3.5.35) 代入式 (3.5.25), 类似地可得到待定常数 ω_i、r_i、p_i 和 q_i 满足的关系式

$$\omega_i = -\frac{1}{4} k_2 r_i^2 (k_2^2 - k_1^2) + \frac{3}{2k_1} p_i q_i \quad (i = 1,2,3). \qquad (3.5.36)$$

进一步取

$$f^{(2)} = \mathrm{e}^{\xi_1 + \xi_2 + A_{12}} + \mathrm{e}^{\xi_1 + \xi_3 + A_{13}} + \mathrm{e}^{\xi_2 + \xi_3 + A_{23}}, \quad f^{(3)} = \mathrm{e}^{\xi_1 + \xi_2 + \xi_3 + A_{12} + A_{13} + A_{23}}, \qquad (3.5.37)$$

从式 (3.5.26) 和式 (3.5.27) 可以确定出待定常数 A_{13} 与 A_{23},

$$\mathrm{e}^{A_{13}} = \frac{k_1 k_2 (k_2^2 - k_1^2)(r_3 - r_1)^2 + 2(p_3 - p_1)(q_3 - q_1)}{k_1 k_2 (k_2^2 - k_1^2)(r_3 + r_1)^2 + 2(p_3 - p_1)(q_3 - q_1)}, \qquad (3.5.38)$$

$$\mathrm{e}^{A_{23}} = \frac{k_1 k_2 (k_2^2 - k_1^2)(r_3 - r_2)^2 + 2(p_3 - p_2)(q_3 - q_2)}{k_1 k_2 (k_2^2 - k_1^2)(r_3 + r_2)^2 + 2(p_3 - p_2)(q_3 - q_2)}. \qquad (3.5.39)$$

将式 (3.5.35)～式 (3.5.39) 代入式 (3.5.26) 和式 (3.5.27) 及其所在方程组的其余方程, 取 $f^{(4)} = f^{(5)} = \cdots = 0$, 易见这些方程均成立, 从而得到 Fokas 方程 (3.5.1) 的三孤子解

$$u = (k_2^2 - k_1^2)[\ln(1 + \mathrm{e}^{\xi_1} + \mathrm{e}^{\xi_2} + \mathrm{e}^{\xi_3} + \mathrm{e}^{\xi_1 + \xi_2 + A_{12}} + \mathrm{e}^{\xi_1 + \xi_3 + A_{13}} + \mathrm{e}^{\xi_2 + \xi_3 + A_{23}} + \mathrm{e}^{\xi_1 + \xi_2 + \xi_3 + A_{12} + A_{13} + A_{23}})]_{xx},$$

$$\qquad (3.5.40)$$

式中,

$$\xi_i = r_i \left[-\frac{1}{4} k_2 r_i^2 (k_2^2 - k_1^2) t + \frac{3}{2k_1} p_i q_i t + k_1 x_1 + k_2 x_2 + p_i y_1 + q_i y_2 \right] + \xi_i^{(0)} \quad (i = 1,2,3).$$

图 3.5.2 描绘了钟型三孤子解 (3.5.40) 的局域空间演化图, 其参数分别为 $r_1 = 1$, $r_2 = 2$, $r_3 = -1$, $k_1 = 1$, $k_2 = 2$, $k_3 = 3$, $p_1 = 1$, $p_2 = 2$, $p_3 = -1$, $q_1 = 2$, $q_2 = 1$, $q_3 = -1$, $x_1 = 0$ 和 $y_1 = 0$. 从图 3.5.2 可以看出, 发生在三个孤子之间的相互作用同样也表现出弹性碰撞的特征.

若取

$$f = \sum_{\mu = 0,1} \mathrm{e}^{\sum_{j=1}^{N} \mu_j \xi_j + \sum_{1 \le j < l}^{N} \mu_j \mu_l A_{jl}},$$

$$\xi_j = r_j \left[-\frac{1}{4} k_2 r_j^2 (k_2^2 - k_1^2) t + \frac{3}{2k_1} p_j q_j t + k_1 x_1 + k_2 x_2 + p_j y_1 + q_j y_2 \right] + \xi_j^{(0)} \quad (j = 1,2,\cdots,N),$$

$$e^{A_{jl}} = \frac{k_1k_2(k_2^2-k_1^2)(r_l-r_j)^2+2(p_l-p_j)(q_l-q_j)}{k_1k_2(k_2^2-k_1^2)(r_l+r_j)^2+2(p_l-p_j)(q_l-q_j)} \quad (1 \leqslant j < l \leqslant N),$$

重复上述类似的求解过程，我们可以得到 Fokas 方程（3.5.1）的 N-孤子解

$$u = (k_2^2-k_1^2)\left[\ln\left(\sum_{\mu=0,1} e^{\sum_{j=1}^{N}\mu_j\xi_j+\sum_{1\leqslant j<l}\mu_j\mu_l A_{jl}}\right)\right]_{xx}, \tag{3.5.41}$$

式中，第一个求和符号表示对 $\mu_j=0,1 \ (j=1,2,\cdots,N)$ 的所有可能的组合进行求和，本书如无特殊说明均表示此意.

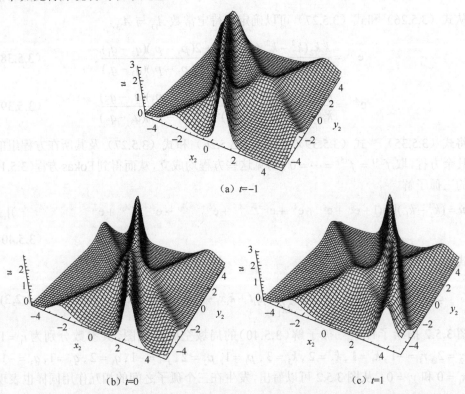

(a) $t=-1$

(b) $t=0$ (c) $t=1$

图 3.5.2 钟型三孤子解（3.5.40）的局域空间演化图

第 4 章　双线性方法与 DT 的新应用

本章研究 Hirota 双线性方法和 DT 在 WBK 方程、广义 BK 方程和半离散方程中的新应用，从中得到 WBK 方程的 N-孤子解和广义 BK 方程的 $2N$-孤子解以及一个半离散方程的精确解和无穷多守恒律.

4.1　WBK 方程的双线性方法与多孤子解

本节借助 AKNS 方程将 WBK 方程进行双线性化，并利用所获得的双线性形式的简化形式和具有一般性的双线性形式构造 WBK 方程的多孤子解.

4.1.1　方程转化与双线性化

考虑 WBK 方程[229]的一个特殊情形为

$$u_t + \gamma_1 u u_x + \gamma_1 \gamma_2 v_x + \gamma_1 \gamma_3 u_{xx} = 0,\qquad(4.1.1)$$

$$v_t + \gamma_1 u_x v + \gamma_1 u v_x - \gamma_1 \gamma_3 v_{xx} + \frac{\gamma_1 \gamma_4}{\gamma_2} u_{xxx} = 0,\qquad(4.1.2)$$

式中，γ_1、γ_2、γ_3 和 γ_4 是常数. WBK 方程（4.1.1）和方程（4.1.2）包括一些重要的方程为特例，这里列举长水波近似方程[230]

$$u_t - u u_x - v_x + \frac{1}{2} u_{xx} = 0,\quad v_t - (uv)_x - \frac{1}{2} v_{xx} = 0,\qquad(4.1.3)$$

浅水中的 WBK 方程[231]

$$u_t + u u_x + v_x + \beta u_{xx} = 0,\quad v_t + (uv)_x + \alpha u_{xxx} - \beta v_{xx} = 0,\qquad(4.1.4)$$

Boussinesq-Burgers 方程[232]

$$u_t + 2 u u_x - \frac{1}{2} v_x = 0,\quad v_t - \frac{1}{2} u_{xxx} + 2(uv)_x = 0,\qquad(4.1.5)$$

变形 Boussinesq 方程[230]

$$u_t + u u_x + v_x = 0,\quad v_t + (uv)_x + u_{xxx} = 0.\qquad(4.1.6)$$

定理 4.1.1 假设 A 和 B 是 x 与 t 的函数，则变换

$$u = \pm \frac{2\sqrt{\gamma_3^2 + \gamma_4}\, A_x}{A}, \tag{4.1.7}$$

$$v = -\frac{4(\gamma_3^2 + \gamma_4)AB}{\gamma_2} + \frac{2\left[(\gamma_3^2 + \gamma_4) \mp \gamma_3\sqrt{\gamma_3^2 + \gamma_4}\right]}{\gamma_2}\left(-\frac{A_x^2}{A^2} + \frac{A_{xx}}{A}\right) \tag{4.1.8}$$

将 WBK 方程（4.1.1）和方程（4.1.2）转化为 AKNS 方程

$$A_t = \pm\gamma_1\sqrt{\gamma_3^2 + \gamma_4}(2A^2B - A_{xx}), \quad B_t = \pm\gamma_1\sqrt{\gamma_3^2 + \gamma_4}(-2AB^2 + B_{xx}). \tag{4.1.9}$$

证 令

$$u = a(\ln A)_x, \quad v = b(\ln A)_{xx} + cAB, \tag{4.1.10}$$

并将其代入 WBK 方程（4.1.1）和方程（4.1.2），进一步取待定常数

$$a = \pm 2\sqrt{\gamma_3^2 + \gamma_4}, \quad b = \frac{2\left[(\gamma_3^2 + \gamma_4) \mp \gamma_3\sqrt{\gamma_3^2 + \gamma_4}\right]}{\gamma_2}, \quad c = -\frac{4(\gamma_3^2 + \gamma_4)}{\gamma_2}, \tag{4.1.11}$$

则 WBK 方程（4.1.1）和方程（4.1.2）可转化为 AKNS 方程（4.1.9）.

定理 4.1.2 WBK 方程（4.1.1）和方程（4.1.2）经变换

$$u = \frac{\pm 2\sqrt{\gamma_3^2 + \gamma_4}(g_x f - f_x g)}{fg}, \tag{4.1.12}$$

$$v = -\frac{4(\gamma_3^2 + \gamma_4)gh}{\gamma_2 f^2} + \frac{2\left[(\gamma_3^2 + \gamma_4) \mp \gamma_3\sqrt{\gamma_3^2 + \gamma_4}\right]}{\gamma_2}\left(\frac{f_x^2}{f^2} - \frac{g_x^2}{g^2} - \frac{f_{xx}}{f} + \frac{g_{xx}}{g}\right), \tag{4.1.13}$$

可化为如下双线性形式：

$$D_t g \cdot f = \pm\gamma_1\sqrt{\gamma_3^2 + \gamma_4}\left[-D_x^2 g \cdot f + \frac{g}{f}(D_x^2 f \cdot f + 2gh)\right], \tag{4.1.14}$$

$$D_t h \cdot f = \pm\gamma_1\sqrt{\gamma_3^2 + \gamma_4}\left[D_x^2 h \cdot f - \frac{h}{f}(D_x^2 f \cdot f + 2gh)\right], \tag{4.1.15}$$

式中，$f = f(x,t)$；$g = g(x,t)$；$h = h(x,t)$；D_x 和 D_t 为 Hirota 微分算子.

证 考虑到 AKNS 方程（4.1.9），假设

$$A = \frac{g}{f}, \quad B = \frac{h}{f}, \tag{4.1.16}$$

利用式（4.1.16）可将 AKNS 方程（4.1.9）转化为

$$fg_t - f_t g = \pm\gamma_1\sqrt{\gamma_3^2+\gamma_4}\left(-g_{xx}f+2g_x f_x+f_{xx}g-\frac{2f_x^2 g}{f}+\frac{2g^2 h}{f}\right), \quad (4.1.17)$$

$$fh_t - f_t h = \pm\gamma_1\sqrt{\gamma_3^2+\gamma_4}\left(fh_{xx}-2f_x h_x-f_{xx}h+\frac{2f_x^2 h}{f}-\frac{2gh^2}{f}\right). \quad (4.1.18)$$

再将式（4.1.17）和式（4.1.18）分别写成双线性形式，即为式（4.1.14）和式（4.1.15）．然后由式（4.1.7）、式（4.1.8）和式（4.1.16）可知，式（4.1.12）和式（4.1.13）可将 WBK 方程（4.1.1）和方程（4.1.2）化为式（4.1.14）和式（4.1.15）．

4.1.2　简化的双线性形式与多孤子解

为便于构造 WBK 方程（4.1.1）和方程（4.1.2）的多孤子解，令

$$D_x^2 f\cdot f + 2gh = 0, \quad (4.1.19)$$

则式（4.1.14）和式（4.1.15）可分别约化为

$$D_t g\cdot f = \mp\gamma_1\sqrt{\gamma_3^2+\gamma_4}\,D_x^2 g\cdot f, \quad (4.1.20)$$

$$D_t h\cdot f = \pm\gamma_1\sqrt{\gamma_3^2+\gamma_4}\,D_x^2 h\cdot f. \quad (4.1.21)$$

基于满足条件（4.1.19）的式（4.1.20）和式（4.1.21），我们下面构造 WBK 方程（4.1.1）和方程（4.1.2）的多孤子解．假设

$$f = 1+\varepsilon^2 f^{(2)}+\varepsilon^4 f^{(4)}+\cdots+\varepsilon^{2j}f^{(2j)}+\cdots, \quad (4.1.22)$$

$$g = \varepsilon g^{(1)}+\varepsilon^3 g^{(3)}+\cdots+\varepsilon^{2j+1}g^{(2j+1)}+\cdots, \quad (4.1.23)$$

$$h = \varepsilon h^{(1)}+\varepsilon^3 h^{(3)}+\cdots+\varepsilon^{2j+1}h^{(2j+1)}+\cdots. \quad (4.1.24)$$

将式（4.1.22）～式（4.1.24）代入式（4.1.19）～式（4.1.21），收集 ε 同次幂的系数并令其为零，得到一个微分方程组，其中排在最前面几个方程分别为

$$g_t^{(1)}\pm\gamma_1\sqrt{\gamma_3^2+\gamma_4}\,g_{xx}^{(1)}=0, \quad (4.1.25)$$

$$h_t^{(1)}\mp\gamma_1\sqrt{\gamma_3^2+\gamma_4}\,h_{xx}^{(1)}=0, \quad (4.1.26)$$

$$f_{xx}^{(2)}+g^{(1)}h^{(1)}=0, \quad (4.1.27)$$

$$g_t^{(3)}\pm\gamma_1\sqrt{\gamma_3^2+\gamma_4}\,g_{xx}^{(3)}=-\left(D_t\pm\gamma_1\sqrt{\gamma_3^2+\gamma_4}\,D_x^2\right)g^{(1)}\cdot f^{(2)}, \quad (4.1.28)$$

$$h_t^{(3)}\mp\gamma_1\sqrt{\gamma_3^2+\gamma_4}\,h_{xx}^{(3)}=-\left(D_t\mp\gamma_1\sqrt{\gamma_3^2+\gamma_4}\,D_x^2\right)h^{(1)}\cdot f^{(2)}, \quad (4.1.29)$$

$$2f_{xx}^{(4)}=-D_x^2 f^{(2)}\cdot f^{(2)}-2(g^{(1)}h^{(3)}+g^{(3)}h^{(1)}), \quad (4.1.30)$$

$$g_t^{(5)} \pm \gamma_1 \sqrt{\gamma_3^2 + \gamma_4} g_{xx}^{(5)} = -\left(D_t \pm \gamma_1 \sqrt{\gamma_3^2 + \gamma_4} D_x^2\right)(g^{(1)} \cdot f^{(4)} + g^{(3)} f^{(2)}), \quad (4.1.31)$$

$$h_t^{(5)} \mp \gamma_1 \sqrt{\gamma_3^2 + \gamma_4} h_{xx}^{(5)} = -\left(D_t \mp \gamma_1 \sqrt{\gamma_3^2 + \gamma_4} D_x^2\right)(h^{(1)} \cdot f^{(4)} + h^{(3)} f^{(2)}), \quad (4.1.32)$$

$$f_{xx}^{(6)} = -D_x^2 f^{(2)} \cdot f^{(4)} - (g^{(1)} h^{(5)} + g^{(3)} h^{(3)} + g^{(5)} h^{(1)}). \quad (4.1.33)$$

为构造单孤子解，假设式（4.1.25）和式（4.1.26）有如下形式的解：

$$g^{(1)} = e^{\xi_1}, \quad \xi_1 = k_1 x \mp k_1^2 \gamma_1 \sqrt{\gamma_3^2 + \gamma_4} t + \xi_1^{(0)}, \quad (4.1.34)$$

$$h^{(1)} = e^{\eta_1}, \quad \eta_1 = l_1 x \pm l_1^2 \gamma_1 \sqrt{\gamma_3^2 + \gamma_4} t + \eta_1^{(0)}, \quad (4.1.35)$$

式中，k_1、l_1、$\xi_1^{(0)}$ 和 $\eta_1^{(0)}$ 均为常数. 从式（4.1.27）得

$$f^{(2)} = e^{\xi_1 + \eta_1 + \theta_{13}}, \quad e^{\theta_{13}} = -\frac{1}{(k_1 + l_1)^2}. \quad (4.1.36)$$

取 $g^{(3)} = h^{(3)} = f^{(4)} = \cdots = 0$，则式（4.1.28）～式（4.1.33）及其所在方程组中未写出的方程均成立. 在这种情况下，式（4.1.22）～式（4.1.24）被截断. 再取 $\varepsilon = 1$，并记

$$f_1 = 1 + e^{\xi_1 + \eta_1 + \theta_{13}}, \quad g_1 = e^{\xi_1}, \quad h_1 = e^{\eta_1}, \quad (4.1.37)$$

得到 WBK 方程（4.1.1）和方程（4.1.2）的单孤子解

$$u = \frac{\pm 2\sqrt{\gamma_3^2 + \gamma_4}(k_1 - l_1 e^{\xi_1 + \eta_1 + \theta_{13}})}{1 + e^{\xi_1 + \eta_1 + \theta_{13}}},$$

$$v = -\frac{2\left[(\gamma_3^2 + \gamma_4) \pm \gamma_3 \sqrt{\gamma_3^2 + \gamma_4}\right] e^{\xi_1 + \eta_1}}{\gamma_2 (1 + e^{\xi_1 + \eta_1 + \theta_{13}})^2}. \quad (4.1.38)$$

一般地，若取

$$f_N = \sum_{\mu = 0,1} Z_1(\mu) e^{\sum_{i=1}^{2N} \mu_i \xi_i + \sum_{1 \le i < j}^{2N} \mu_i \mu_j \theta_{ij}}, \quad (4.1.39)$$

$$g_N = \sum_{\mu = 0,1} Z_2(\mu) e^{\sum_{i=1}^{2N} \mu_i \xi_i + \sum_{1 \le i < j}^{2N} \mu_i \mu_j \theta_{ij}}, \quad h_N = \sum_{\mu = 0,1} Z_3(\mu) e^{\sum_{i=1}^{2N} \mu_i \xi_i + \sum_{1 \le i < j}^{2N} \mu_i \mu_j \theta_{ij}}, \quad (4.1.40)$$

$$\xi_i = k_i x \mp k_i^2 \gamma_1 \sqrt{\gamma_3^2 + \gamma_4} t + \xi_i^{(0)} \quad (i = 1, 2, \cdots, N), \quad (4.1.41)$$

$$\eta_i = l_i x \pm l_i^2 \gamma_1 \sqrt{\gamma_3^2 + \gamma_4} t + \eta_i^{(0)} \quad (i = 1, 2, \cdots, N), \quad (4.1.42)$$

$$\xi_{N+j} = \eta_j \quad (j = 1, 2, \cdots, N), \quad (4.1.43)$$

$$\mathrm{e}^{\theta_{i(j+N)}} = -\frac{1}{(k_i+l_j)^2} \quad (i,j=1,2,\cdots,N), \tag{4.1.44}$$

$$\mathrm{e}^{\theta_{ij}} = -(k_i-k_j)^2, \ \ \mathrm{e}^{\theta_{(i+N)(j+N)}} = -(l_i-l_j)^2 \quad (i<j=2,3,\cdots,N), \tag{4.1.45}$$

式中，f_N、g_N 和 h_N 中的第一个求和符号表示对 $\mu_j=0,1\ (j=1,2,\cdots,2N)$ 的所有可能的组合进行求和；$Z_1(\mu)$、$Z_2(\mu)$ 和 $Z_3(\mu)$ 表示当 $\mu_j\ (j=1,2,\cdots,2N)$ 取所有 0 或 1 时，还要分别满足条件[138]

$$\sum_{j=1}^N \mu_j = \sum_{j=1}^N \mu_{N+j}, \ \ \sum_{j=1}^N \mu_j = \sum_{j=1}^N \mu_{N+j}+1, \ \ \sum_{j=1}^N \mu_j+1 = \sum_{j=1}^N \mu_{N+j}, \tag{4.1.46}$$

本书如无特殊说明均表示此意，则可归纳出 WBK 方程（4.1.1）和方程（4.1.2）的 N-孤子解

$$u = \frac{\pm 2\sqrt{\gamma_3^2+\gamma_4}(g_{N,x}f_N - f_{N,x}g_N)}{f_N g_N}, \tag{4.1.47}$$

$$v = -\frac{4(\gamma_3^2+\gamma_4)g_N h_N}{\gamma_2 f_N^2}$$

$$+ \frac{2[(\gamma_3^2+\gamma_4)\mp\gamma_3\sqrt{\gamma_3^2+\gamma_4}]}{\gamma_2}\left(\frac{f_{N,x}^2}{f_N^2} - \frac{g_{N,x}^2}{g_N^2} - \frac{f_{N,xx}}{f_N} + \frac{g_{N,xx}}{g_N}\right). \tag{4.1.48}$$

4.1.3　具有一般性的双线性形式与多孤子解

一般来说，若去掉限制条件 $D_x^2 f\cdot f + 2gh = 0$，直接利用式（4.1.14）与式（4.1.15）构造 WBK 方程（4.1.1）和方程（4.1.2）的多孤子解则计算相对复杂. 本小节受文献[138]的启发弱化这样的限制条件，来构造 WBK 方程（4.1.1）和方程（4.1.2）的多孤子解.

引入与 x 和 t 无关的参数 α，并假设

$$D_x^2 f\cdot f + 2gh = \alpha^2 f^2, \tag{4.1.49}$$

则式（4.1.14）和式（4.1.15）变成

$$\left(D_t \pm \gamma_1\sqrt{\gamma_3^2+\gamma_4}D_x^2\right)g\cdot f = \pm\alpha^2\gamma_1\sqrt{\gamma_3^2+\gamma_4}gf, \tag{4.1.50}$$

$$\left(D_t \mp \gamma_1\sqrt{\gamma_3^2+\gamma_4}D_x^2\right)h\cdot f = \mp\alpha^2\gamma_1\sqrt{\gamma_3^2+\gamma_4}hf. \tag{4.1.51}$$

再进一步假设

$$f = \tilde{f}, \ \ g = \mathrm{e}^{\pm\alpha^2\gamma_1\sqrt{\gamma_3^2+\gamma_4}t}\tilde{g}, \ \ h = \mathrm{e}^{\mp\alpha^2\gamma_1\sqrt{\gamma_3^2+\gamma_4}t}\tilde{h}, \tag{4.1.52}$$

则式（4.1.49）～式（4.1.51）可写成

$$D_x^2 \tilde{f} \cdot \tilde{f} = -2\tilde{g}\tilde{h} + \alpha^2 \tilde{f}^2,$$ (4.1.53)

$$\left(D_t \pm \gamma_1\sqrt{\gamma_3^2 + \gamma_4}D_x^2\right)\tilde{g} \cdot \tilde{f} = 0, \quad \left(D_t \mp \gamma_1\sqrt{\gamma_3^2 + \gamma_4}D_x^2\right)\tilde{h} \cdot \tilde{f} = 0.$$ (4.1.54)

下面利用式（4.1.53）和式（4.1.54）来构造 WBK 方程（4.1.1）和方程（4.1.2）的多孤子解. 对于单孤子解，假设

$$\tilde{f} = 1 + \varepsilon \tilde{f}^{(1)} + \varepsilon^2 \tilde{f}^{(2)} + \cdots + \varepsilon^j \tilde{f}^{(j)} + \cdots,$$ (4.1.55)

$$\tilde{g} = \tilde{g}^{(0)} + \varepsilon \tilde{g}^{(1)} + \varepsilon^2 \tilde{g}^{(2)} + \cdots + \varepsilon^j \tilde{g}^{(j)} + \cdots,$$ (4.1.56)

$$\tilde{h} = \tilde{h}^{(0)} + \varepsilon \tilde{h}^{(1)} + \varepsilon^2 \tilde{h}^{(2)} + \cdots + \varepsilon^j \tilde{h}^{(j)} + \cdots.$$ (4.1.57)

将式（4.1.55）～式（4.1.57）代入式（4.1.53）和式（4.1.54），收集 ε 的同次幂的系数并令其为零，得到一个微分方程组，其中排在最前面的几个方程为

$$\tilde{g}_t^{(0)} \pm \gamma_1\sqrt{\gamma_3^2 + \gamma_4}\tilde{g}_{xx}^{(0)} = 0, \quad \tilde{h}_t^{(0)} \mp \gamma_1\sqrt{\gamma_3^2 + \gamma_4}\tilde{h}_{xx}^{(0)} = 0, \quad 2\tilde{g}^{(0)}\tilde{h}^{(0)} = \alpha^2,$$ (4.1.58)

$$\tilde{g}_t^{(1)} \pm \gamma_1\sqrt{\gamma_3^2 + \gamma_4}\tilde{g}_{xx}^{(1)} = -\left(D_t \pm \gamma_1\sqrt{\gamma_3^2 + \gamma_4}D_x^2\right)\tilde{g}^{(0)} \cdot \tilde{f}^{(1)},$$ (4.1.59)

$$\tilde{h}_t^{(1)} \mp \gamma_1\sqrt{\gamma_3^2 + \gamma_4}\tilde{h}_{xx}^{(1)} = -\left(D_t \mp \gamma_1\sqrt{\gamma_3^2 + \gamma_4}D_x^2\right)\tilde{h}^{(0)} \cdot \tilde{f}^{(1)},$$ (4.1.60)

$$\tilde{f}_{xx}^{(1)} = -\tilde{g}^{(0)}\tilde{h}^{(1)} - \tilde{g}^{(1)}\tilde{h}^{(0)} + \alpha^2 \tilde{f}^{(1)},$$ (4.1.61)

$$\tilde{g}_t^{(2)} \pm \gamma_1\sqrt{\gamma_3^2 + \gamma_4}\tilde{g}_{xx}^{(2)} = -\left(D_t \pm \gamma_1\sqrt{\gamma_3^2 + \gamma_4}D_x^2\right)(\tilde{g}^{(0)} \cdot \tilde{f}^{(2)} + \tilde{g}^{(1)} \cdot \tilde{f}^{(1)}),$$ (4.1.62)

$$\tilde{h}_t^{(2)} \pm \gamma_1\sqrt{\gamma_3^2 + \gamma_4}\tilde{h}_{xx}^{(2)} = -\left(D_t \mp \gamma_1\sqrt{\gamma_3^2 + \gamma_4}D_x^2\right)(\tilde{h}^{(0)} \cdot \tilde{f}^{(2)} + \tilde{h}^{(1)} \cdot \tilde{f}^{(1)}),$$ (4.1.63)

$$\tilde{f}_{xx}^{(2)} = -\frac{1}{2}D_x^2\tilde{f}^{(1)}\tilde{f}^{(1)} - \tilde{g}^{(0)}\tilde{h}^{(2)} - \tilde{g}^{(1)}\tilde{h}^{(1)} - \tilde{g}^{(2)}\tilde{h}^{(0)} + \alpha^2\left[\tilde{f}^{(2)} + \frac{1}{2}(\tilde{f}^{(1)})^2\right],$$ (4.1.64)

$$\tilde{g}_t^{(3)} \pm \gamma_1\sqrt{\gamma_3^2 + \gamma_4}\tilde{g}_{xx}^{(3)} = -\left(D_t \pm \gamma_1\sqrt{\gamma_3^2 + \gamma_4}D_x^2\right)(\tilde{g}^{(0)} \cdot \tilde{f}^{(3)} + \tilde{g}^{(1)} \cdot \tilde{f}^{(2)} + \tilde{g}^{(2)} \cdot \tilde{f}^{(1)}),$$ (4.1.65)

$$\tilde{h}_t^{(3)} \pm \gamma_1\sqrt{\gamma_3^2 + \gamma_4}\tilde{h}_{xx}^{(3)} = -\left(D_t \mp \gamma_1\sqrt{\gamma_3^2 + \gamma_4}D_x^2\right)(\tilde{h}^{(0)} \cdot \tilde{f}^{(3)} + \tilde{h}^{(1)} \cdot \tilde{f}^{(2)} + \tilde{h}^{(2)} \cdot \tilde{f}^{(1)}),$$ (4.1.66)

$$\tilde{f}_{xx}^{(3)} = -D_x^2\tilde{f}^{(1)} \cdot \tilde{f}^{(2)} - \tilde{g}^{(0)}\tilde{h}^{(3)} - \tilde{g}^{(1)}\tilde{h}^{(2)} - \tilde{g}^{(2)}\tilde{h}^{(1)} - \tilde{g}^{(3)}\tilde{h}^{(0)} + \alpha^2(\tilde{f}^{(3)} + \tilde{f}^{(1)}\tilde{f}^{(2)}).$$ (4.1.67)

取

$$\tilde{g}^{(0)} = \tilde{h}^{(0)} = \frac{\alpha}{\sqrt{2}}, \tag{4.1.68}$$

并将其代入式（4.1.59）～式（4.1.61）可知

$$\tilde{f}^{(1)} = 2e^{\xi_1}, \quad \tilde{g}^{(1)} = \sqrt{2}\alpha e^{\xi_1 + 2\theta_1}, \quad \tilde{h}^{(1)} = \sqrt{2}\alpha e^{\xi_1 - 2\theta_1}, \tag{4.1.69}$$

$$\xi_1 = \omega_1 t + k_1 x + \xi_1^{(0)}, \quad k_1^2 = -2\alpha^2 \sinh^2 \theta_1, \quad \omega_1 = \pm \alpha^2 \gamma_1 \sqrt{\gamma_3^2 + \gamma_4} \sinh 2\theta_1 \tag{4.1.70}$$

满足式（4.1.59）～式（4.1.61）. 若取 $\tilde{g}^{(2)} = \tilde{g}^{(3)} = \tilde{h}^{(2)} = \tilde{h}^{(3)} = \tilde{f}^{(2)} = \tilde{f}^{(3)} = \cdots = 0$，则式（4.1.69）和式（4.1.70）满足式（4.1.62）～式（4.1.67）及其所在方程组中其他未写出的方程. 取 $\varepsilon = 1$，并记

$$\tilde{f}_1 = 1 + 2e^{\xi_1}, \quad \tilde{g}_1 = \frac{\alpha}{\sqrt{2}}(1 + 2e^{\xi_1 + 2\theta_1}), \quad \tilde{h}_1 = \frac{\alpha}{\sqrt{2}}(1 + 2e^{\xi_1 - 2\theta_1}), \tag{4.1.71}$$

再利用式（4.1.12）、式（4.1.13）、式（4.1.52）、式（4.1.70）和式（4.1.71）得到 WBK 方程（4.1.1）和方程（4.1.2）的单孤子解

$$u = \frac{\pm 2\sqrt{\gamma_3^2 + \gamma_4}(g_{1,x} f_1 - f_{1,x} g_1)}{f_1 g_1}, \tag{4.1.72}$$

$$v = -\frac{4(\gamma_3^2 + \gamma_4)g_1 h_1}{\gamma_2 f_1^2} + \frac{2\left[(\gamma_3^2 + \gamma_4) \mp \gamma_3 \sqrt{\gamma_3^2 + \gamma_4}\right]}{\gamma_2}\left(\frac{f_{1,x}^2}{f_1^2} - \frac{g_{1,x}^2}{g_1^2} - \frac{f_{1,xx}}{f_1} + \frac{g_{1,xx}}{g_1}\right), \tag{4.1.73}$$

式中，

$$f_1 = 1 + 2e^{\xi_1}, \quad g_1 = \frac{\alpha}{\sqrt{2}}e^{\pm \alpha^2 \gamma_1 \sqrt{\gamma_3^2 + \gamma_4}t}(1 + 2e^{\xi_1 + 2\theta_1}), \tag{4.1.74}$$

$$h_1 = \frac{\alpha}{\sqrt{2}}e^{\mp \alpha^2 \gamma_1 \sqrt{\gamma_3^2 + \gamma_4}t}(1 + 2e^{\xi_1 - 2\theta_1}). \tag{4.1.75}$$

一般地，可归纳出 WBK 方程（4.1.1）和方程（4.1.2）的形式上与式（4.1.47）和式（4.1.48）相同的 N-孤子解，但

$$f_N = \sum_{\mu=0,1} e^{\sum_{j=1}^{N} \mu_j(\xi_j + \ln 2) + \sum_{1 \leqslant j < l}^{N} \mu_j \mu_l A_{jl}}, \tag{4.1.76}$$

$$g_N = \frac{\alpha}{\sqrt{2}}e^{\pm \alpha^2 \gamma_1 \sqrt{\gamma_3^2 + \gamma_4}t} \sum_{\mu=0,1} e^{\sum_{j=1}^{N} \mu_j(\xi_j + 2\theta_j + \ln 2) + \sum_{1 \leqslant j < l}^{N} \mu_j \mu_l A_{jl}}, \tag{4.1.77}$$

$$h_N = \frac{\alpha}{\sqrt{2}} e^{\mp \alpha^2 \gamma_1 \sqrt{\gamma_3^2 + \gamma_4} t} \sum_{\mu=0,1} e^{\sum_{j=1}^{N} \mu_j (\xi_j - 2\theta_j + \ln 2) + \sum_{1 \leqslant j < l}^{N} \mu_j \mu_l A_{jl}}, \tag{4.1.78}$$

$$\xi_j = \omega_j t + k_j x + \xi_j^0, \quad k_j^2 = -4\alpha^2 \sinh^2 \theta_j \quad (j = 1, 2, \cdots, N), \tag{4.1.79}$$

$$\omega_j = \pm \alpha^2 \gamma_1 \sqrt{\gamma_3^2 + \gamma_4} \sinh 2\theta_j \quad (j = 1, 2, \cdots, N), \tag{4.1.80}$$

$$e^{A_{jl}} = \frac{\sinh^2 \dfrac{\theta_j - \theta_l}{2}}{\sinh^2 \dfrac{\theta_j + \theta_l}{2}} \quad (1 \leqslant j < l \leqslant N). \tag{4.1.81}$$

4.2 广义 BK 方程的 DT 与多孤子退化

2013 年, Zhang 等[233] 利用一个 Lie 代数和 Tu-Ma 格式生成了一个新的可积系统——广义 BK 方程族

$$u_{t_n} = \begin{pmatrix} v \\ w \end{pmatrix}_{t_n} = \begin{pmatrix} 2a_{n+1,x} \\ -2b_{n+1} - 2wa_{n+1} \end{pmatrix}, \tag{4.2.1}$$

式中，递推关系为

$$a_{n+1} = -\frac{1}{2} a_{n,x} + \frac{1}{2} v a_n - c_n, \tag{4.2.2}$$

$$b_{n+1} = \frac{1}{2}(b_{n,x} - 2a_{n,x}) + \frac{1}{2} v b_n + w c_n, \quad c_{n,x} = 2w a_n + 2b_n. \tag{4.2.3}$$

广义 BK 方程族（4.2.1）的 Hamilton 形式为

$$u_{t_n} = \begin{pmatrix} v \\ w \end{pmatrix}_{t_n} = JL \frac{\delta H_n}{\delta u}, \tag{4.2.4}$$

式中，Hamilton 算子 J 和递推算子 L 分别为

$$J = \begin{pmatrix} 0 & -\partial \\ -\partial & 0 \end{pmatrix}, \quad L = \begin{pmatrix} \dfrac{1}{2}\partial^{-1}v\partial + \dfrac{1}{2} & \dfrac{1}{2}(\partial^{-1}w\partial + w + 2) \\ 2 & \dfrac{1}{2}(v - \partial) \end{pmatrix}. \tag{4.2.5}$$

当令 $a_0 = b_0 = 0$、$c_0 = n = 2$ 和 $t_2 = t$ 时，利用递推关系式（4.2.2）和式（4.2.3），可将广义 BK 方程族（4.2.1）约化为一个新的广义 BK 方程[231]

$$v_t = v_{xx} - 2vv_x - 4w_x, \tag{4.2.6}$$

$$w_t = -w_{xx} - 2(wv)_x - 2v_x. \tag{4.2.7}$$

广义 BK 方程（4.2.6）和方程（4.2.7）对应的 Lax 对为谱问题

$$\varphi_x = U\varphi, \quad U = \begin{pmatrix} -\lambda + \dfrac{1}{2}v & 1 \\ -2w - 2 & \lambda - \dfrac{1}{2}v \end{pmatrix}, \tag{4.2.8}$$

和辅助问题

$$\varphi_t = V\varphi, \quad V = \begin{pmatrix} 2\lambda^2 + \dfrac{1}{2}(v_x - v^2) & -2\lambda - v \\ 4\lambda(1+w) + 2v + 2w_x + 2wv & -2\lambda^2 + \dfrac{1}{2}(v^2 - v_x) \end{pmatrix}, \tag{4.2.9}$$

式中，$v = v(x,t)$ 和 $w = w(x,t)$ 为势函数；λ 为等谱参数. Zhang 等[233]获得了广义 BK 方程（4.2.6）和方程（4.2.7）的前两类 DT、双线性表示和双线性 BT. 由于第三类 DT 比前两类更常用，本节推导广义 BK 方程（4.2.6）和方程（4.2.7）的第三类 DT，并利用所推导的 DT 来构造其多孤子解.

4.2.1 *N*-重 DT

推导广义 BK 方程（4.2.6）和方程（4.2.7）的第三类 DT，就是找到式（4.2.8）和式（4.2.9）的规范变换

$$\bar{\varphi} = T\varphi, \tag{4.2.10}$$

式中，T 为二阶待定矩阵，使得 $\bar{\varphi}$ 满足同样形式的另一个谱问题：

$$\bar{\varphi}_x = \bar{U}\bar{\varphi}, \quad \bar{U} = (T_x + TU)T^{-1}, \tag{4.2.11}$$

$$\bar{\varphi}_t = \bar{V}\bar{\varphi}, \quad \bar{V} = (T_x + TV)T^{-1}, \tag{4.2.12}$$

式中，$\bar{U}$ 和 $\bar{V}$ 是式（4.2.8）和式（4.2.9）中矩阵 U 和 V 中的旧势 v 和 w 分别用新势 $\bar{v}$ 和 $\bar{w}$ 替代后所得矩阵. 首先，假设 Darboux 矩阵的形式为

$$T = T(\lambda) = \begin{pmatrix} \alpha & 0 \\ 0 & \dfrac{1}{\alpha} \end{pmatrix} \begin{pmatrix} A(\lambda) & B(\lambda) \\ C(\lambda) & D(\lambda) \end{pmatrix}, \tag{4.2.13}$$

式中，

$$A(\lambda) = \lambda^N + \sum_{k=0}^{N-1} a_k \lambda^k, \quad B(\lambda) = \sum_{k=0}^{N-1} b_k \lambda^k, \tag{4.2.14}$$

$$C(\lambda) = \sum_{k=0}^{N-1} c_k \lambda^k, \quad D(\lambda) = \lambda^N + \sum_{k=0}^{N-1} d_k \lambda^k, \tag{4.2.15}$$

而 α、a_k、b_k、c_k 和 d_k $(0 \leqslant k \leqslant N-1)$ 都是 x 与 t 的待定函数. 其次，令

$$\varphi(\lambda_j) = (\varphi_1(x,t,\lambda_j), \varphi_2(x,t,\lambda_j))^{\mathrm{T}}, \tag{4.2.16}$$

$$\phi(\lambda_j) = (\phi_1(x,t,\lambda_j), \phi_2(x,t,\lambda_j))^{\mathrm{T}}, \tag{4.2.17}$$

为式（4.2.8）和式（4.2.9）当 $\lambda = \lambda_j$ 时的基本解. 为确定式（4.2.13）中的矩阵 T，假设存在常数 γ_j $(1 \leqslant j \leqslant 2N)$，使其满足

$$A(\lambda_j)\varphi_1(\lambda_j) + B(\lambda_j)\varphi_2(\lambda_j) - \gamma_j[A(\lambda_j)\phi_1(\lambda_j) + B(\lambda_j)\phi_2(\lambda_j)] = 0, \tag{4.2.18}$$

$$C(\lambda_j)\varphi_1(\lambda_j) + D(\lambda_j)\varphi_2(\lambda_j) - \gamma_j[C(\lambda_j)\phi_1(\lambda_j) + D(\lambda_j)\phi_2(\lambda_j)] = 0. \tag{4.2.19}$$

进一步将式（4.2.18）和式（4.2.19）写成线性系统

$$A(\lambda_j) + \sigma_j B(\lambda_j) = 0, \quad C(\lambda_j) + \sigma_j D(\lambda_j) = 0, \tag{4.2.20}$$

由此得到一个关于 a_k、b_k、c_k 和 d_k $(0 \leqslant k \leqslant N-1)$ 的 $2N$ 元线性方程组

$$\sum_{k=0}^{N-1} (a_k + \sigma_j b_k)\lambda_j^k = -\lambda_j^N, \tag{4.2.21}$$

$$\sum_{k=0}^{N-1} (c_k + \sigma_j d_k)\lambda_j^k = -\sigma_j \lambda_j^N, \tag{4.2.22}$$

式中，

$$\sigma_j = \frac{\varphi_2(\lambda_j) - \gamma_j \phi_2(\lambda_j)}{\varphi_1(\lambda_j) - \gamma_j \phi_1(\lambda_j)} \quad (1 \leqslant j \leqslant 2N), \tag{4.2.23}$$

其中，λ_j 和 γ_j $(\lambda_j \neq \lambda_k$ 当 $k \neq j$ 时）是选择好的使式（4.2.21）和式（4.2.22）的系数行列式不为零的适当常数，再由线性方程组的 Cramer 法则知 a_k、b_k、c_k 和 d_k $(0 \leqslant k \leqslant N-1)$ 能被式（4.2.21）和式（4.2.22）唯一确定，α 将在后面进一步确定.

从式（4.2.13）～式（4.2.15）容易看出，$\det T(\lambda)$ 是一个关于 λ 的 $2N$ 次多项式，有

$$\det T(\lambda_j) = A(\lambda_j)D(\lambda_j) - B(\lambda_j)C(\lambda_j). \tag{4.2.24}$$

由式（4.2.20）知 $\det T(\lambda_j)=0$，则 $\lambda_j\ (1\leqslant j\leqslant 2N)$ 是 $\det T(\lambda_j)$ 的 $2N$ 个根，即

$$\det T(\lambda_j)=\prod_{j=1}^{2N}(\lambda-\lambda_j).\tag{4.2.25}$$

定理 4.2.1　若 α 满足如下形式的方程：

$$(\ln\alpha)_x=-\frac{b_{N-1,x}}{1+2b_{N-1}},\tag{4.2.26}$$

则由式（4.2.11）所确定的矩阵 $\bar{U}$ 与 U 有相同的形式

$$\bar{U}=\begin{pmatrix}-\lambda+\dfrac{1}{2}\bar{v} & 1\\ -2\bar{w}-2 & \lambda-\dfrac{1}{2}\bar{v}\end{pmatrix},\tag{4.2.27}$$

式中，将旧势 v 和 w 变为新势的变换为

$$\bar{v}=v-\frac{2b_{N-1,x}}{1+2b_{N-1}},\tag{4.2.28}$$

$$\bar{w}=(1+2b_{N-1})(w+c_{N-1})+2b_{N-1}.\tag{4.2.29}$$

证　一方面，令 $T^{-1}=T^*/\det T$，且

$$(T_x+TU)T^*=\begin{pmatrix}f_{11}(\lambda) & f_{12}(\lambda)\\ f_{21}(\lambda) & f_{22}(\lambda)\end{pmatrix},\tag{4.2.30}$$

易见 $f_{11}(\lambda)$ 和 $f_{22}(\lambda)$ 是 λ 的 $2N+1$ 次多项式，而 $f_{12}(\lambda)$ 和 $f_{21}(\lambda)$ 是 λ 的 $2N$ 次多项式.

另一方面，当 $\lambda=\lambda_j\ (1\leqslant j\leqslant 2N)$ 时，由式（4.2.8）、式（4.2.16）、式（4.2.17）和式（4.2.23）可得到如下 Riccati 方程：

$$\sigma_{j,x}=(-2w-2)+2\left(\lambda_j-\frac{1}{2}v\right)\sigma_j-\sigma_j^2.\tag{4.2.31}$$

直接计算可验证所有的 $\lambda=\lambda_j\ (1\leqslant j\leqslant 2N)$ 是 $f_{kl}(\lambda)\ (k,l=1,2)$ 的根，为此可将式（4.2.30）写成

$$(T_x+TU)T^*=(\det T)P(\lambda),\tag{4.2.32}$$

式中，$P(\lambda)$ 的形式为

$$P(\lambda)=\begin{pmatrix}P_{11}^{(1)}\lambda+P_{11}^{(0)} & P_{12}^{(0)}\\ P_{21}^{(0)} & P_{22}^{(1)}\lambda+P_{22}^{(0)}\end{pmatrix},\tag{4.2.33}$$

其中，$P_{kl}^{(m)}(\lambda)\ (k,l=1,2;m=0,1)$ 都与 λ 无关.

进一步将式（4.2.32）写成

$$T_x + TU = P(\lambda)T, \tag{4.2.34}$$

比较式（4.2.34）中 λ^{N+1} 和 λ^N 的系数得

$$P_{11}^{(1)} = -1, \quad P_{11}^{(0)} = \frac{1}{2}v + (\ln\alpha)_x, \tag{4.2.35}$$

$$P_{12}^{(0)} = \alpha^2(1 + 2b_{N-1}), \tag{4.2.36}$$

$$P_{22}^{(1)} = 1, \quad P_{22}^{(0)} = -\left[\frac{1}{2}v + (\ln\alpha)_x\right], \tag{4.2.37}$$

$$P_{21}^{(0)} = -\frac{2}{\alpha^2}(w + c_{N-1} + 1). \tag{4.2.38}$$

借助于式（4.2.26）、式（4.2.28）和式（4.2.29），我们从式（4.2.35）～式（4.2.38）得

$$\overline{P}_{11}^{(0)} = \frac{1}{2}\overline{v}, \quad \overline{P}_{12}^{(0)} = 1, \quad \overline{P}_{22}^{(0)} = -\frac{1}{2}\overline{v}, \quad \overline{P}_{21}^{(0)} = -2\overline{w} - 2. \tag{4.2.39}$$

再利用式（4.2.27）、式（4.2.33）和式（4.2.39）得 $\overline{U} = P(\lambda)$.

定理 4.2.2　假设 α 随时间的变化规律满足方程

$$(\ln\alpha)_t = (\ln\alpha)_{xx} - 2[(\ln\alpha)_x]^2 - 2v(\ln\alpha)_x$$
$$-4(w+1)b_{N-1} - 2(1+2b_{N-1})c_{N-1}, \tag{4.2.40}$$

则由式（4.2.12）确定的矩阵 $\overline{V}$ 与式（4.2.9）中的 V 除了将 v 和 w 分别替换成 $\overline{v}$ 和 $\overline{w}$ 外，旧势 v 和 w 被由式（4.2.10）、式（4.2.28）和式（4.2.29）确定的同一个 DT 映射成新势.

证　与定理 4.2.1 的证明方式类似. 一方面，令 $T^{-1} = T^* / \det T$ ，且

$$(T_t + TV)T^* = \begin{pmatrix} g_{11}(\lambda) & g_{12}(\lambda) \\ g_{21}(\lambda) & g_{22}(\lambda) \end{pmatrix}, \tag{4.2.41}$$

从中容易看出 $g_{11}(\lambda)$ 和 $g_{22}(\lambda)$ 是 λ 的 $2N+2$ 次多项式，而 $g_{12}(\lambda)$ 和 $g_{21}(\lambda)$ 是 λ 的 $2N+1$ 次多项式.

另一方面，令 $\lambda = \lambda_j$ $(1 \leqslant j \leqslant 2N)$ ，并利用式（4.2.9）、式（4.2.16）、式（4.2.17）和式（4.2.23），我们得到 Riccati 方程

$$\sigma_{j,t} = [4\lambda_j(1+w) + 2v + 2w_x + 2wv] + 2\left[-2\lambda_j^2 + \frac{1}{2}(v^2 - v_x)\right]\sigma_j + (2\lambda_j + v)\sigma_j^2 .$$

$$\tag{4.2.42}$$

容易验证所有 λ_j $(1 \leq j \leq 2N)$ 都是 $g_{kl}(\lambda)$ $(k,l=1,2)$ 的根，由此将式（4.2.41）写成

$$(T_t + TV)T^* = (\det T)Q(\lambda),\qquad(4.2.43)$$

式中，

$$Q(\lambda)=\begin{pmatrix} Q_{11}^{(2)}\lambda^2 + Q_{11}^{(1)}\lambda^1 + Q_{11}^{(0)} & Q_{12}^{(1)}\lambda + Q_{12}^{(0)} \\ Q_{21}^{(1)}\lambda + Q_{21}^{(0)} & Q_{22}^{(2)}\lambda^2 + Q_{22}^{(1)}\lambda^1 + Q_{22}^{(0)} \end{pmatrix},\qquad(4.2.44)$$

其中，$Q_{kl}^{(m)}(\lambda)$ $(k,l=1,2;m=0,1,2)$ 都与 λ 无关，从而可将式（4.2.43）写成

$$T_t + TV = Q(\lambda)T.\qquad(4.2.45)$$

通过比较式（4.2.45）中 λ^{N+2}、λ^{N+1} 和 λ^N 的系数得

$$Q_{11}^{(2)}=2,\quad Q_{11}^{(1)}=0,\qquad(4.2.46)$$

$$Q_{12}^{(1)}=-2\alpha^2(1+2b_{N-1}),\qquad(4.2.47)$$

$$Q_{12}^{(0)}=\alpha^2(-v-2a_{N-1}-4b_{N-2}+4b_{N-1}+2d_{N-1}+4b_{N-1}d_{N-1}),\qquad(4.2.48)$$

$$Q_{11}^{(0)}=(\ln\alpha)_t+\frac{1}{2}(v_x-v^2)+4(w+1)b_{N-1}+2(1+2b_{N-1})c_{N-1},\qquad(4.2.49)$$

$$Q_{22}^{(2)}=-2,\quad Q_{22}^{(1)}=0,\qquad(4.2.50)$$

$$Q_{21}^{(1)}=\frac{4}{\alpha^2}(c_{N-1}+w+1),\qquad(4.2.51)$$

$$Q_{21}^{(0)}=\frac{1}{\alpha^2}[4c_{N-2}+4(1+w)d_{N-1}+2v(1+w)+2w_x$$
$$-4c_{N-1}(1+a_{N-1})-4(1+w)a_{N-1}],\qquad(4.2.52)$$

$$Q_{22}^{(0)}=-(\ln\alpha)_t-\frac{1}{2}(v_x-v^2)-4(w+1)b_{N-1}-2(1+2b_{N-1})c_{N-1},\qquad(4.2.53)$$

式中，$a_{-1}=b_{-1}=c_{-1}=d_{-1}=0$. 与此同时，比较式（4.2.34）中 λ^{N-1} 的系数得

$$a_{N-1,x}=(2w+2)b_{N-1}+(1+2b_{N-1})c_{N-1},\qquad(4.2.54)$$

$$b_{N-1,x}=vb_{N-1}-a_{N-1}-2b_{N-2}+d_{N-1}+2b_{N-1}(d_{N-1}+1),\qquad(4.2.55)$$

$$c_{N-1,x}=-vc_{N-1}+2c_{N-2}+(2w+2)(d_{N-1}-a_{N-1})-2(1+a_{N-1})c_{N-1},\qquad(4.2.56)$$

$$d_{N-1,x} = -c_{N-1} - (2w+2)b_{N-1} - 2b_{N-1}c_{N-1}. \tag{4.2.57}$$

将式（4.2.26）、式（4.2.28）、式（4.2.29）和式（4.2.40）代入式（4.2.47）～式（4.2.49）和式（4.2.51）～式（4.2.53）得

$$Q_{12}^{(1)} = -2, \quad Q_{12}^{(0)} = -\bar{v}, \quad Q_{11}^{(0)} = \frac{1}{2}(\bar{v}_x - \bar{v}^2), \tag{4.2.58}$$

$$Q_{21}^{(1)} = 4(\bar{w}+1), \quad Q_{21}^{(0)} = 2\bar{v} + 2\bar{w}_x + 2\bar{w}\bar{v}, \quad Q_{22}^{(0)} = \frac{1}{2}(\bar{v}^2 - \bar{v}_x). \tag{4.2.59}$$

再利用式（4.2.12）、式（4.2.44）、式（4.2.58）和式（4.2.59）得 $\bar{V} = Q(\lambda)$.

定理 4.2.1 和定理 4.2.2 表明，式（4.2.10）、式（4.2.28）和式（4.2.29）将 Lax 对表达式（4.2.8）和式（4.2.9）变成具有相同形式的另一 Lax 对，即式（4.2.11）和式（4.2.12）. 这就是说，广义 BK 方程（4.2.6）和方程（4.2.7）既可以从 Lax 对表达式（4.2.8）和式（4.2.9）推出，也可以从 Lax 对表达式（4.2.11）和式（4.2.12）导出. 为此，$(\varphi,v,w) \rightarrow (\bar{\varphi},\bar{v},\bar{w})$ 是广义 BK 方程（4.2.6）与方程（4.2.7）的第三类 DT. 换句话说，即为如下定理.

定理 4.2.3 在由式（4.2.10）、式（4.2.28）和式（4.2.29）确定的 DT 作用下，广义 BK 方程（4.2.6）和方程（4.2.7）的旧解 (v,w) 被映射成新解 $(\bar{v},\bar{w})$，其中 b_{N-1} 和 c_{N-1} 由式（4.2.21）和式（4.2.22）确定.

4.2.2 2N-孤子解

本小节应用第三类 N-重 DT，即式（4.2.10）、式（4.2.28）和式（4.2.29）来构造广义 BK 方程（4.2.6）和方程（4.2.7）的多孤子解. 首先，选取种子解 (v,w) 为常数，将其代入式（4.2.8）和式（4.2.9），然后得到两个基本解

$$\varphi(\lambda_j) = \begin{pmatrix} \cosh\xi_j \\ c_j \sinh\xi_j + k_j \cosh\xi_j \end{pmatrix}, \quad \phi(\lambda_j) = \begin{pmatrix} \sinh\xi_j \\ c_j \cosh\xi_j + k_j \sinh\xi_j \end{pmatrix}, \tag{4.2.60}$$

式中，对任意的 $1 \leqslant j \leqslant 2N$ 有

$$\xi_j = c_j(x + b_j t), \quad c_j = \sqrt{\left(\lambda_j - \frac{1}{2}v\right)^2 - 2w - 2}, \tag{4.2.61}$$

$$b_j = -2\lambda_j - v, \quad k_j = \lambda_j - \frac{1}{2}v. \tag{4.2.62}$$

考虑到式（4.2.23），我们有

$$\sigma_j = c_j \frac{\tanh \xi_j - \gamma_j}{1 - \gamma_j \tanh \xi_j} + k_j \quad (1 \le j \le 2N). \tag{4.2.63}$$

其次，将式（4.2.61）～式（4.2.63）代入式（4.2.21）和式（4.2.22），然后对所得方程应用 Cramer 法则，得到下述定理.

定理 4.2.4　由式（4.2.10）、式（4.2.28）和式（4.2.29）所确定的第三类 DT $(\varphi, v, w) \to (\overline{\varphi}, \overline{v}, \overline{w})$，可获得广义 BK 方程式（4.2.6）和式（4.2.7）如下形式的 2N-孤子解：

$$\overline{v}[N] = v - \frac{2b_{N-1,x}}{1 + 2b_{N-1}}, \tag{4.2.64}$$

$$\overline{w}[N] = (1 + 2b_{N-1})(w + c_{N-1}) + 2b_{N-1}, \tag{4.2.65}$$

式中，

$$b_{N-1} = \frac{\Delta_{b_{N-1}}}{\Delta}, \quad c_{N-1} = \frac{\Delta_{c_{N-1}}}{\Delta}, \tag{4.2.66}$$

$$\Delta = \begin{vmatrix} 1 & \sigma_1 & \lambda_1 & \sigma_1 \lambda_1 & \cdots & \lambda_1^k & \sigma_1 \lambda_1^k & \cdots & \lambda_1^{N-1} & \sigma_1 \lambda_1^{N-1} \\ 1 & \sigma_2 & \lambda_2 & \sigma_2 \lambda_2 & \cdots & \lambda_2^k & \sigma_2 \lambda_2^k & \cdots & \lambda_2^{N-1} & \sigma_2 \lambda_2^{N-1} \\ \vdots & \vdots & \vdots & \vdots & \vdots & \vdots & \vdots & \vdots & \vdots & \vdots \\ 1 & \sigma_{2N} & \lambda_{2N} & \sigma_{2N} \lambda_{2N} & \cdots & \lambda_{2N}^k & \sigma_{2N} \lambda_{2N}^k & \cdots & \lambda_{2N}^{N-1} & \sigma_{2N} \lambda_{2N}^{N-1} \end{vmatrix},$$

$$\Delta_{b_{N-1}} = \begin{vmatrix} 1 & \sigma_1 & \lambda_1 & \sigma_1 \lambda_1 & \cdots & \lambda_1^k & \sigma_1 \lambda_1^k & \cdots & \lambda_1^{N-1} & -\lambda_1^N \\ 1 & \sigma_2 & \lambda_2 & \sigma_2 \lambda_2 & \cdots & \lambda_2^k & \sigma_2 \lambda_2^k & \cdots & \lambda_2^{N-1} & -\lambda_2^N \\ \vdots & \vdots & \vdots & \vdots & \vdots & \vdots & \vdots & \vdots & \vdots & \vdots \\ 1 & \sigma_{2N} & \lambda_{2N} & \sigma_{2N} \lambda_{2N} & \cdots & \lambda_{2N}^k & \sigma_{2N} \lambda_{2N}^k & \cdots & \lambda_{2N}^{N-1} & -\lambda_{2N}^N \end{vmatrix},$$

$$\Delta_{c_{N-1}} = \begin{vmatrix} 1 & \sigma_1 & \lambda_1 & \sigma_1 \lambda_1 & \cdots & \lambda_1^k & \sigma_1 \lambda_1^k & \cdots & -\sigma_1 \lambda_1^N & \sigma_1 \lambda_1^{N-1} \\ 1 & \sigma_2 & \lambda_2 & \sigma_2 \lambda_2 & \cdots & \lambda_2^k & \sigma_2 \lambda_2^k & \cdots & -\sigma_2 \lambda_2^N & \sigma_2 \lambda_2^{N-1} \\ \vdots & \vdots & \vdots & \vdots & \vdots & \vdots & \vdots & \vdots & \vdots & \vdots \\ 1 & \sigma_{2N} & \lambda_{2N} & \sigma_{2N} \lambda_{2N} & \cdots & \lambda_{2N}^k & \sigma_{2N} \lambda_{2N}^k & \cdots & -\sigma_{2N} \lambda_{2N}^N & \sigma_{2N} \lambda_{2N}^{N-1} \end{vmatrix},$$

其中，$\sigma_1, \sigma_2, \cdots, \sigma_{2N}$ 由式（4.2.61）～式（4.2.63）确定.

特别地，当 $N = 1$ 时，由式（4.2.66）有

$$b_0 = \frac{\lambda_1 - \lambda_2}{\sigma_2 - \sigma_1}, \quad c_0 = \frac{\sigma_1 \sigma_2 (\lambda_2 - \lambda_1)}{\sigma_2 - \sigma_1}, \tag{4.2.67}$$

进而得到广义 BK 方程（4.2.6）和方程（4.2.7）的双孤子解

$$\overline{v}[1] = v + \frac{4(\lambda_1 - \lambda_2)(\lambda_2\sigma_2 - \lambda_1\sigma_1)}{(\sigma_2 - \sigma_1)(2\lambda_1 - 2\lambda_2 + \sigma_2 - \sigma_1)} - \frac{2(\lambda_1 - \lambda_2)(\sigma_1 + \sigma_2)}{2\lambda_1 - 2\lambda_2 + \sigma_2 - \sigma_1}$$

$$- \frac{2v(\lambda_1 - \lambda_2)}{2\lambda_1 - 2\lambda_2 + \sigma_2 - \sigma_1}, \tag{4.2.68}$$

$$\overline{w}[1] = w + \frac{(\lambda_1 - \lambda_2)(2 + 2w - \sigma_1\sigma_2)}{\sigma_2 - \sigma_1} - \frac{2\sigma_1\sigma_2(\lambda_1 - \lambda_2)^2}{(\sigma_2 - \sigma_1)^2}, \tag{4.2.69}$$

式中，σ_1 和 σ_2 由式（4.2.61）～式（4.2.63）确定.

当 $N = 2$ 时，由式（4.2.64）和式（4.2.65）得广义 BK 方程（4.2.6）和方程（4.2.7）如下形式的四孤子解：

$$\overline{v}[2] = v - \frac{2b_{1,x}}{1 + 2b_1}, \tag{4.2.70}$$

$$\overline{w}[2] = (1 + 2b_1)(w + c_1) + 2b_1, \tag{4.2.71}$$

式中，

$$b_1 = \frac{\Delta_{b_1}}{\Delta}, \quad c_1 = \frac{\Delta_{c_1}}{\Delta}, \tag{4.2.72}$$

$$\Delta = \begin{vmatrix} 1 & \sigma_1 & \lambda_1 & \sigma_1\lambda_1 \\ 1 & \sigma_2 & \lambda_2 & \sigma_2\lambda_2 \\ 1 & \sigma_3 & \lambda_3 & \sigma_3\lambda_3 \\ 1 & \sigma_4 & \lambda_4 & \sigma_4\lambda_4 \end{vmatrix}, \quad \Delta_{b_1} = \begin{vmatrix} 1 & \sigma_1 & \lambda_1 & -\lambda_1^2 \\ 1 & \sigma_2 & \lambda_2 & -\lambda_2^2 \\ 1 & \sigma_3 & \lambda_3 & -\lambda_3^2 \\ 1 & \sigma_4 & \lambda_4 & -\lambda_4^2 \end{vmatrix}, \quad \Delta_{c_1} = \begin{vmatrix} 1 & \sigma_1 & -\sigma_1\lambda_1^2 & \lambda_1\sigma_1 \\ 1 & \sigma_2 & -\sigma_2\lambda_2^2 & \lambda_2\sigma_2 \\ 1 & \sigma_3 & -\sigma_3\lambda_3^2 & \lambda_3\sigma_3 \\ 1 & \sigma_4 & -\sigma_4\lambda_4^2 & \lambda_4\sigma_4 \end{vmatrix},$$

其中，σ_1、σ_2 和 σ_3 由式（4.2.61）～式（4.2.63）确定.

4.2.3 2N-孤子解的奇偶孤子退化

图 4.2.1 和图 4.2.2 通过选取种子解 $v = 0$ 和 $w = -0.05$ 描绘了双孤子解（4.2.68）和解（4.2.69）的时空结构，右侧图为 $t = 0.5$ 时的振幅，其中参数 $\lambda_1 = 2.5$，$\lambda_2 = -2.5$，$\gamma_1 = 0.1$ 和 $\gamma_2 = 0.2$. 非常有趣的是，2N-孤子解（4.2.64）和解（4.2.65）既能退化成偶数孤子解，也能退化成奇数孤子解. 图 4.2.3～图 4.2.8 描绘了由式（4.2.70）和式（4.2.71）所决定的四孤子以及其分别退化的三孤子和双孤子，其中均取相同的种子解 $v = 0$ 和 $w = -0.05$ 以及相同的参数 $\lambda_1 = 2$，$\lambda_2 = -2.5$，$\lambda_3 = 3$ 和 $\lambda_4 = 3.2$，但其他的参数却不相同. 图 4.2.5 和 图 4.2.6 的参数 $\gamma_1 = 1$，$\gamma_2 = 0.2$，$\gamma_3 = 1.5$ 和 $\gamma_4 = 0.5$；图 4.2.7 和图 4.2.8 的参数 $\gamma_1 = 1$，$\gamma_2 = -1$，$\gamma_3 = 1.5$ 和 $\gamma_4 = 0.5$.

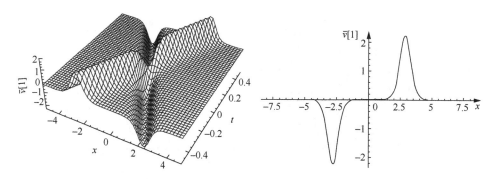

图 4.2.1 双孤子解（4.2.68）的时空结构与振幅

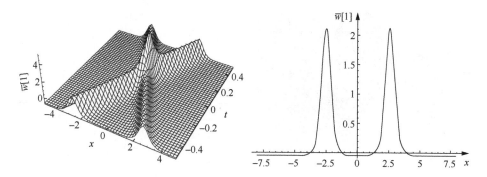

图 4.2.2 双孤子解（4.2.69）的时空结构与振幅

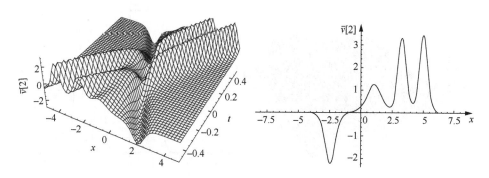

图 4.2.3 四孤子解（4.2.70）的时空结构与振幅

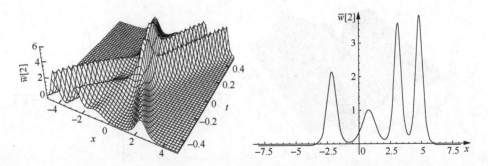

图 4.2.4 四孤子解（4.2.71）的时空结构与振幅

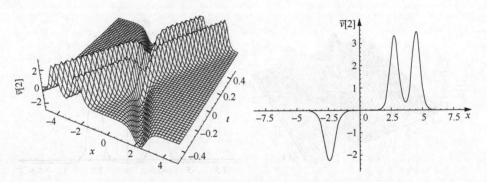

图 4.2.5 四孤子解（4.2.70）退化的三孤子解的时空结构与振幅

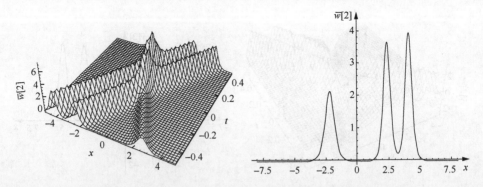

图 4.2.6 四孤子解（4.2.71）退化的三孤子解的时空结构与振幅

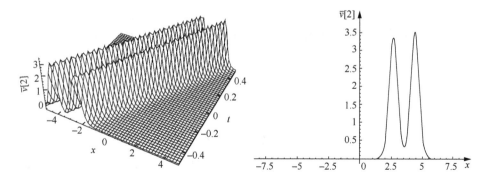

图 4.2.7 四孤子解（4.2.70）退化的双孤子解的时空结构与振幅

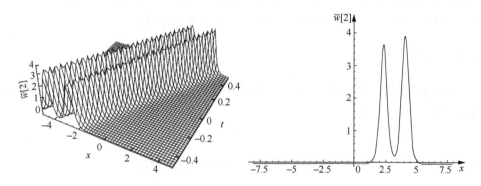

图 4.2.8 四孤子解（4.2.71）退化的双孤子解的时空结构与振幅

4.3 半离散方程的 DT 与无穷多守恒律

2012 年，Xu[234]推导出一个可积的微分-差分方程族，其中包括如下形式的新半离散方程：

$$r_{n,t} = r_n\left(\frac{s_{n+1}}{r_{n+1}} - \frac{s_n}{r_n}\right), \tag{4.3.1}$$

$$s_{n,t} = s_n\left(\frac{s_{n+1}}{r_{n+1}} - \frac{s_n}{r_n}\right) + r_n\left(\frac{1}{r_n} - \frac{1}{r_{n-1}}\right). \tag{4.3.2}$$

半离散方程（4.3.1）和方程（4.3.2）对应离散线性谱问题[234]

$$E\varphi_n = \varphi_{n+1} = U_n\varphi_n, \tag{4.3.3}$$

$$\varphi_{n,t} = V_n \varphi_n, \tag{4.3.4}$$

式中，E 为平移算子 $E^d f(n,t) = f(n+d,t) \equiv f_{n+d}$ $(d \in \mathbb{Z})$；$\varphi_n = (\varphi_{1,n}, \varphi_{2,n})^{\mathrm{T}}$ 为本征向量；

$$U_n = \begin{pmatrix} \lambda r_n + s_n & r_n \\ 1 & 0 \end{pmatrix}, \tag{4.3.5}$$

$$V_n = \begin{pmatrix} \dfrac{\lambda}{2} + \dfrac{s_n}{r_n} & 1 \\ \dfrac{1}{r_{n-1}} & -\dfrac{\lambda}{2} \end{pmatrix}, \tag{4.3.6}$$

λ 为与 t 无关的谱参数，$r_n = r_n(t)$ 和 $s_n = s_n(t)$ 为势函数. 本节我们来构造半离散方程（4.3.1）和方程（4.3.2）的 DT、精确解和无穷多守恒律.

4.3.1 DT

构造半离散方程（4.3.1）和方程（4.3.2）的 DT，就是找到式（4.3.3）和式（4.3.4）如下形式的规范变换：

$$\overline{\varphi}_n = T_n \varphi_n, \tag{4.3.7}$$

使得 $\overline{\varphi}_n$ 满足具有相同形式 Lax 对的另一个离散线性谱问题

$$\overline{\varphi}_{n+1} = \overline{U}_n \overline{\varphi}_n, \tag{4.3.8}$$

$$\overline{\varphi}_{n,t} = \overline{V}_n \overline{\varphi}_n, \tag{4.3.9}$$

式中，T_n 为二阶待定矩阵，且

$$\overline{U}_n = \begin{pmatrix} \lambda \overline{r}_n + \overline{s}_n & \overline{r}_n \\ 1 & 0 \end{pmatrix}, \tag{4.3.10}$$

$$\overline{V}_n = \begin{pmatrix} \dfrac{\lambda}{2} + \dfrac{\overline{s}_n}{\overline{r}_n} & 1 \\ \dfrac{1}{\overline{r}_{n-1}} & -\dfrac{\lambda}{2} \end{pmatrix}, \tag{4.3.11}$$

即

$$T_{n+1} U_n = \overline{U}_n T_n, \quad T_{n,t} + T_n V_n = \overline{V}_n T_n. \tag{4.3.12}$$

假设

$$T_n = \begin{pmatrix} (1+b_n)\lambda + a_n & b_n \\ c_n & \lambda + d_n \end{pmatrix}, \tag{4.3.13}$$

式中，a_n、b_n、c_n 和 d_n 均为 n 与 t 的待定函数. 取式（4.3.3）和式（4.3.4）在 $\lambda = \lambda_j$ 时的两个基本解

$$\varphi_n(\lambda_j) = (\varphi_{1,n}(\lambda_j), \varphi_{2,n}(\lambda_j))^{\mathrm{T}}, \quad \psi_n(\lambda_j) = (\psi_{1,n}(\lambda_j), \psi_{2,n}(\lambda_j))^{\mathrm{T}}. \tag{4.3.14}$$

若 $\gamma_j \ (j = 1, 2)$ 满足

$$[(1+b_n)\lambda_j + a_n]\varphi_{1,n}(\lambda_j) + b_n\varphi_{2,n}(\lambda_j) - \gamma_j\{[(1+b_n)\lambda_j + a_n]\psi_{1,n}(\lambda_j) + b_n\psi_{2,n}(\lambda_j)\} = 0,$$

$$c_n\varphi_{1,n}(\lambda_j) + (\lambda_j + d_n)\varphi_{2,n}(\lambda_j) - \gamma_j[c_n\psi_{1,n}(\lambda_j) + (\lambda_j + d_n)\psi_{2,n}(\lambda_j)] = 0,$$

将其等价地写成线性系统

$$[(1+b_n)\lambda_j + a_n] + \sigma_j b_n = 0, \quad c_n + \sigma_j(\lambda_j + d_n) = 0, \tag{4.3.15}$$

式中，

$$\sigma_j = \sigma_j(n) = \frac{\varphi_{2,n}(\lambda_j) - \gamma_j\psi_{2,n}(\lambda_j)}{\varphi_{1,n}(\lambda_j) - \gamma_j\psi_{1,n}(\lambda_j)} \quad (j = 1, 2), \tag{4.3.16}$$

则通过求解式（4.3.15）得到

$$a_n = \frac{\lambda_2\sigma_1(n) - \lambda_1\sigma_2(n)}{\lambda_2 - \lambda_1 + \sigma_2(n) - \sigma_1(n)}, \quad b_n = \frac{\lambda_1 - \lambda_2}{\lambda_2 - \lambda_1 + \sigma_2(n) - \sigma_1(n)}, \tag{4.3.17}$$

$$c_n = \frac{\sigma_1(n)\sigma_2(n)(\lambda_1 - \lambda_2)}{\sigma_1(n) - \sigma_2(n)}, \quad d_n = \frac{\sigma_1(n)\lambda_1 - \sigma_2(n)\lambda_2}{\sigma_2(n) - \sigma_1(n)}, \tag{4.3.18}$$

$$\sigma_j(n+1) = \frac{1}{\lambda_j r_n + s_n + r_n\sigma_j(n)}, \quad \sigma_j(n-1) = \frac{1 - \sigma_j(n)(\lambda_j r_{n-1} + s_{n-1})}{r_{n-1}\sigma_j(n)}. \tag{4.3.19}$$

从式（4.3.13）、式（4.3.15）和式（4.3.16）可以看出，$\det T(\lambda)$ 是 λ 的二次多项式. 当 $\det T(\lambda) = 0$ 时，由式（4.3.17）～式（4.3.19）知 a_{n+1}、b_{n+1}、c_{n+1} 和 d_{n+1} 满足如下方程：

$$r_n c_{n+1} = b_n, \quad r_n d_{n+1} = a_n r_n - s_n b_n, \tag{4.3.20}$$

$$r_n a_{n+1}(1 + b_n) = (1 + b_{n+1})[(1 + b_n)(s_n b_n + d_n r_n) - a_n b_n r_n], \tag{4.3.21}$$

$$[(a_{n+1}s_n + b_{n+1})(1 + b_n) - r_n a_n a_{n+1}](1 + b_n) = (1 + b_{n+1})[(a_n s_n + r_n c_n)(1 + b_n) - a_n^2 r_n]. \tag{4.3.22}$$

定理 4.3.1 若由式（4.3.8）所确定的式（4.3.10）中的矩阵 $\bar{U}_n$ 和式（4.3.5）中的矩阵 U_n 有相同形式，则变换

$$\bar{r}_n = \frac{1+b_{n+1}}{1+b_n}r_n, \quad \bar{s}_n = \frac{s_n(1+b_{n+1})+r_n a_{n+1}-a_n \bar{r}_n}{1+b_n}, \tag{4.3.23}$$

将旧势 r_n 和 s_n 分别映射成新势 $\bar{r}_n$ 与 $\bar{s}_n$.

证 令 $T_n^{-1}=T_n^*/\det T_n$，且

$$T_{n+1}U_n T_n^* = \begin{pmatrix} f_{11}(\lambda,n) & f_{12}(\lambda,n) \\ f_{21}(\lambda,n) & f_{22}(\lambda,n) \end{pmatrix}, \tag{4.3.24}$$

则通过计算可以看出 $f_{11}(\lambda,n)$ 是 λ 的三次多项式，$f_{12}(\lambda,n)$ 和 $f_{21}(\lambda,n)$ 均为 λ 的二次多项式，而 $f_{22}(\lambda,n)=0$. 于是可将式（4.3.24）重新写成

$$T_{n+1}U_n T_n^* = (\det T_n)P_n, \tag{4.3.25}$$

式中，

$$P_n = \begin{pmatrix} P_{11}^{(1)}(n)\lambda + P_{11}^{(0)}(n) & P_{12}^{(0)}(n) \\ P_{21}^{(0)}(n) & 0 \end{pmatrix}. \tag{4.3.26}$$

利用式（4.3.25）和式（4.3.26）得

$$T_{n+1}U_n = P_n T_n, \tag{4.3.27}$$

然后比较式（4.3.27）中 λ^2、λ 和 λ^0 的系数得

$$P_{11}^{(1)}(n) = \frac{r_n(1+b_{n+1})}{1+b_n}, \quad P_{11}^{(0)}(n) = \frac{s_n(1+b_{n+1})+r_n a_{n+1}-\dfrac{a_n r_n(1+b_{n+1})}{1+b_n}}{1+b_n}, \tag{4.3.28}$$

$$P_{12}^{(0)}(n) = \frac{r_n(1+b_{n+1})}{1+b_n}, \quad P_{21}^{(0)}(n) = \frac{r_n c_{n+1}}{b_n}. \tag{4.3.29}$$

考虑到式（4.3.20）～式（4.3.23）得

$$P_{11}^{(1)}(n) = \bar{r}_n, \quad P_{11}^{(0)}(n) = \bar{s}_n, \quad P_{12}^{(0)}(n) = \bar{r}_n, \quad P_{21}^{(0)}(n) = 1, \tag{4.3.30}$$

即 $P_n = \bar{U}_n$. 证毕.

定理 4.3.2 在变换式（4.3.7）和式（4.3.23）的作用下，由式（4.3.11）所确定的式（4.3.9）中的矩阵 $\bar{V}_n$ 和式（4.3.6）中的 V_n 有相同的形式.

证 一方面，令 $T_n^{-1}=T_n^*/\det T_n$，且

$$(T_{n,t}+T_n V_n)T_n^* = \begin{pmatrix} g_{11}(\lambda,n) & g_{12}(\lambda,n) \\ g_{21}(\lambda,n) & g_{22}(\lambda,n) \end{pmatrix}, \tag{4.3.31}$$

则通过计算我们可知 $g_{11}(\lambda,n)$ 和 $g_{22}(\lambda,n)$ 均为 λ 的三次多项式，而 $g_{12}(\lambda,n)$ 和 $g_{21}(\lambda,n)$ 均为 λ 的二次多项式. 从式（4.3.3）和式（4.3.4）容易看出

$$\sigma_{j,t} = \frac{1}{r_{n-1}} - \left(\lambda_j + \frac{s_n}{r_n}\right)\sigma_j(n) - \sigma_j^2(n) \quad (j=1,2). \tag{4.3.32}$$

利用式（4.3.17）、式（4.3.18）和式（4.3.32）得

$$a_{n,t} = \frac{(\lambda_2\sigma_{1,t}-\lambda_1\sigma_{2,t})(\lambda_2-\lambda_1+\sigma_2-\sigma_1)-(\lambda_2\sigma_1-\lambda_1\sigma_2)(\sigma_{2,t}-\sigma_{1,t})}{(\lambda_2-\lambda_1+\sigma_2-\sigma_1)^2}, \tag{4.3.33}$$

$$b_{n,t} = \frac{(\lambda_2-\lambda_1)(\sigma_{2,t}-\sigma_{1,t})}{(\lambda_2-\lambda_1+\sigma_2-\sigma_1)^2}, \quad c_{n,t} = \frac{(\lambda_1-\lambda_2)(\sigma_1^2\sigma_{2,t}-\sigma_2^2\sigma_{1,t})}{(\sigma_1-\sigma_2)^2}, \tag{4.3.34}$$

$$d_{n,t} = \frac{(\lambda_1-\lambda_2)(\sigma_2\sigma_{1,t}-\sigma_1\sigma_{2,t})}{(\sigma_2-\sigma_1)^2}. \tag{4.3.35}$$

另一方面，易见 $(T_{n,t}+T_nV_n)T_n^* = (\det T_n)R_n$，这里

$$R_n = \begin{pmatrix} R_{11}^{(1)}(n)\lambda + R_{11}^{(0)}(n) & R_{12}^{(0)}(n) \\ R_{21}^{(0)}(n) & R_{22}^{(1)}(n)\lambda + R_{22}^{(0)}(n) \end{pmatrix}, \tag{4.3.36}$$

由此得

$$T_{n,t}+T_nV_n = R_nT_n. \tag{4.3.37}$$

比较式（4.3.37）中 λ^2、λ 和 λ^0 的系数得

$$R_{11}^{(0)}(n) = \frac{s_n}{r_n} + \frac{b_{n,t}}{1+b_n}, \quad R_{21}^{(0)}(n) = \frac{c_n}{b_n} + \frac{d_{n,t}}{b_n}, \tag{4.3.38}$$

$$R_{11}^{(1)}(n) = \frac{1}{2}, \quad R_{12}^{(0)}(n) = 1, \quad R_{22}^{(1)}(n) = -\frac{1}{2}, \quad R_{22}^{(0)}(n) = 0, \tag{4.3.39}$$

$$a_{n,t}+\frac{a_ns_n}{r_n}+\frac{b_n}{r_{n-1}} = \left(\frac{s_n}{r_n}+\frac{b_{n,t}}{1+b_n}\right)a_n+c_n, \quad \frac{s_n}{r_n}+\frac{b_{n,t}}{1+b_n} = \frac{a_n-d_n}{b_n}+\frac{b_{n,t}}{b_n}, \tag{4.3.40}$$

$$\frac{c_n}{b_n}+\frac{d_{n,t}}{b_n} = \frac{c_n}{1+b_n}+\frac{1}{(1+b_n)r_{n-1}}, \quad \frac{c_{n,t}}{a_n}+\frac{c_ns_n}{a_nr_n}+\frac{d_n}{a_nr_{n-1}} = \frac{c_n}{b_n}+\frac{d_{n,t}}{b_n}, \tag{4.3.41}$$

将式（4.3.33）～式（4.3.35）代入式（4.3.40）和式（4.3.41），我们可以验证式（4.3.40）和式（4.3.41）均成立. 与此同时，通过直接计算可以得到

$$R_{11}^{(0)}(n) = \frac{\overline{s_n}}{\overline{r_n}}, \quad R_{21}^{(0)}(n) = \frac{1}{\overline{r_{n-1}}}. \tag{4.3.42}$$

很明显，式（4.3.36）、式（4.3.39）和式（4.3.42）说明 $R_n = \overline{V}_n$. 证毕.

4.3.2 精确解

本小节利用 DT 表达式（4.3.7）与式（4.3.23）来构造半离散方程（4.3.1）和方程（4.3.2）的精确解. 首先，我们选择一对种子解 $r_n = s_n = 1$. 其次，我们求得式（4.3.3）和式（4.3.4）的两个基本解

$$\varphi_n(\lambda_j) = \begin{pmatrix} \varphi_{1,n}(\lambda_j) \\ \varphi_{2,n}(\lambda_j) \end{pmatrix} = \begin{pmatrix} \tau_1^n e^{\rho_1 t} \\ \tau_1^{n-1} e^{\rho_1 t} \end{pmatrix}, \ \psi_n(\lambda_j) = \begin{pmatrix} \psi_{1,n}(\lambda_j) \\ \psi_{2,n}(\lambda_j) \end{pmatrix} = \begin{pmatrix} \tau_2^n e^{\rho_2 t} \\ \tau_2^{n-1} e^{\rho_2 t} \end{pmatrix}, \quad (4.3.43)$$

式中，

$$\tau_1 = \frac{(\lambda_j + 1) + \sqrt{(\lambda_j + 1)^2 + 4}}{2}, \ \tau_2 = \frac{(\lambda_j + 1) - \sqrt{(\lambda_j + 1)^2 + 4}}{2}, \quad (4.3.44)$$

$$\rho_1 = \frac{1 + \sqrt{(\lambda_j + 1)^2 + 4}}{2}, \ \rho_2 = \frac{1 - \sqrt{(\lambda_j + 1)^2 + 4}}{2}. \quad (4.3.45)$$

由式（4.3.20）～式（4.3.22）得

$$a_{n+1} = \frac{(1 + b_{n+1})[(1 + b_n)(b_n + d_n) - a_n b_n]}{1 + b_n}, \quad (4.3.46)$$

$$b_{n+1} = \frac{(b_n + d_n - a_n)(1 + b_n - a_n) - c_n}{(a_n - b_n - d_n)(1 + b_n - a_n) + c_n - (1 + b_n)}. \quad (4.3.47)$$

将种子解 $r_n = s_n = 1$ 代入式（4.3.23）得

$$\overline{r}_n = \frac{1 + b_{n+1}}{1 + b_n}, \ \overline{s}_n = \frac{1 + b_{n+1} + a_{n+1} - a_n \overline{r}_n}{1 + b_n}, \quad (4.3.48)$$

式中，a_n、b_n、c_n 和 d_n 由式（4.3.15）确定，a_{n+1} 和 b_{n+1} 由式（4.3.46）和式（4.3.47）确定，而 $\sigma_j \ (j=1,2)$ 由式（4.3.16）确定. 因此，通过式（4.3.7）和式（4.3.23）可获得半离散方程（4.3.1）和方程（4.3.2）的新解 $\overline{r}_n$ 和 $\overline{s}_n$.

4.3.3 无穷多守恒律

从式（4.3.3）和式（4.3.5）容易得到 $\varphi_{1,n+1} = (\lambda r_n + s_n)\varphi_{1,n} + r_n \varphi_{1,n-1}$，我们再利用 $\theta_n = \varphi_{1,n}/\varphi_{1,n+1}$ 将其写成

$$1 = (\lambda r_n + s_n)\theta_n + r_n \theta_{n-1}\theta_n. \quad (4.3.49)$$

从式（4.3.3）、式（4.3.4）和式（4.3.6）得

$$\varphi_{1,n,t} = \left(\frac{\lambda}{2} + \frac{s_n}{r_n}\right)\varphi_{1,n} + \varphi_{1,n-1}, \quad \varphi_{2,n,t} = \frac{1}{r_{n-1}}\varphi_{1,n} - \frac{\lambda}{2}\varphi_{2,n}, \quad （4.3.50）$$

由此得

$$-(\ln\theta_n)_t = \frac{\varphi_{1,n+1,t}}{\varphi_{1,n+1}} - \frac{\varphi_{1,n,t}}{\varphi_{1,n}}, \quad （4.3.51）$$

即

$$-(\ln\theta_n)_t = (E-1)\left(\frac{\lambda}{2} + \frac{s_n}{r_n} + \theta_{n-1}\right). \quad （4.3.52）$$

若令

$$\theta_n = \sum_{j=1}^{\infty}\theta_n^{(j)}\lambda^{-j}, \quad （4.3.53）$$

则式（4.3.49）变为

$$1 = (\lambda r_n + s_n)\sum_{j=1}^{\infty}\theta_n^{(j)}\lambda^{-j} + r_n\left[\sum_{j=1}^{\infty}\theta_{n-1}^{(j)}\lambda^{-j}\right]\sum_{j=1}^{\infty}\theta_n^{(j)}\lambda^{-j}. \quad （4.3.54）$$

比较式（4.3.54）中 λ 的同次幂系数得到

$$\theta_n^{(1)} = \frac{1}{r_n}, \quad \theta_n^{(2)} = -\frac{s_n}{r_n^2}, \quad \theta_n^{(3)} = \frac{s_n^2}{r_n^3} - \frac{1}{r_n r_{n-1}}, \quad （4.3.55）$$

并由此得到如下递推关系：

$$\theta_n^{(m+1)} = -\frac{1}{r_n}\left[s_n\theta_n^{(m)} + r_n\sum_{k=1}^{m-1}\theta_{n-1}^{(k)}\theta_n^{(m-k)}\right] \quad (m \geq 2). \quad （4.3.56）$$

将式（4.3.53）代入式（4.3.52）得

$$-\left[\ln\sum_{j=1}^{\infty}\theta_n^{(j)}\lambda^{-j}\right]_t = (E-1)\left[\frac{\lambda}{2} + \frac{s_n}{r_n} + \sum_{j=1}^{\infty}\theta_{n-1}^{(j)}\lambda^{-j}\right], \quad （4.3.57）$$

可将其写成

$$(\ln r_n)_t + \left\{\sum_{k=1}^{\infty}(-1)^k\frac{1}{k}\left[r_n\sum_{j=1}^{\infty}\theta_n^{(j+1)}\lambda^{-j}\right]^k\right\}_t = (E-1)\left[\frac{\lambda}{2} + \frac{s_n}{r_n} + \sum_{j=1}^{\infty}\theta_{n-1}^{(j)}\lambda^{-j}\right]. \quad （4.3.58）$$

最后比较式（4.3.58）中 λ 的同次幂系数，我们可以得到半离散方程（4.3.1）和方程（4.3.2）的无穷多守恒律，其中前三个为

$$(\ln r_n)_t = (E-1)\frac{s_n}{r_n}, \tag{4.3.59}$$

$$\left(\frac{s_n}{r_n}\right)_t = (E-1)\frac{1}{r_{n-1}}, \tag{4.3.60}$$

$$\left(\frac{1}{r_{n-1}} - \frac{1}{2}\frac{s_n^2}{r_n^2}\right)_t = -(E-1)\frac{s_{n-1}}{r_{n-1}^2}. \tag{4.3.61}$$

第 5 章　数学机械化的应用与 HBM 的修正

在数学机械化方法的启发下，人们获得了非线性微分系统大量的精确解. 从中显示出数学机械化在求解复杂方程和构造复杂波解等方面所具有的强大力量. 本章基于数学机械化的两个基本任务，一方面概述数学机械化的发展概况和计算机代数的产生，另一方面简要介绍非线性微分系统精确解的机械化乃至完全自动化的研究工作以及与其密切相关的 "*AC=BD*" 理论和吴特征列方法. 在大多数机械化求解算法中，重要的一步是平衡方程的最高阶导数项和最高次非线性项，进而初步确定拟解形式，为此本章还要对平衡过程的蓝本——HBM 进行简述并修正. 修正后的 HBM 可以用来构造变系数 Gardner 方程的多孤子解.

5.1　数学机械化简述

数学机械化在吴文俊大力倡导下，彰显出中国特色，受到世人瞩目. 究其根源，这得益于吴文俊继承和发展了中国古代数学算法化思想的传统. 本节对数学机械化的概念性描述、基本任务和发展历程以及与数学机械化相互促进共同发展的计算机代数进行简述.

5.1.1　什么是数学机械化

吴文俊对数学机械化给出这样的描述[235]："所谓数学机械化，其思想实质在于以构造性与算法化的方式从事数学研究，使数学的推理过程机械化以至自动化，以尽量减少聪明才智的要求，并由此减轻艰难的重脑力劳动." 数学机械化的思想贯穿古代中国数学，并极大地推动着科学的发展，无论是微积分的产生还是现代纯粹数学研究均与其有关[236].

5.1.2　数学机械化的基本任务与发展历程

数学的脑力劳动主要有数值计算和定理证明两种形式. 刻板枯燥的计算虽然运算过程烦琐但比较容易完成，因为它可以机械化. 然而灵活美妙的证明即使推理过程简明往往却很难实现，其根本原因在于它并不能像计算那样容易机械化.

这就促使人们想方设法地去实现"用机械化的方法解方程"和"用解方程的方式证定理"——数学机械化的两个基本任务. 张鸿庆给出机械化产生并证明定理的一般模式和为完成数学机械化基本任务所需要的基本原理[237].

证明机械化的设想可追溯到 17 世纪[235]. 尽管当时 Descartes 的宏伟"设想"未能实现,但其产生的影响却是深远的,至少他所创立的解析几何使初等几何问题实现代数化. Leibniz 设想过的"推理机器"被认为是机械化思想的初步尝试[238]. 19 世纪末期,由 Hilbert 等倡导的数理逻辑使机械化设想的数学形式得以明确[235]. 随着 20 世纪 40 年代电子计算机的出现,Hilbert 提出的由代数化通向机械化的构想有了实现的可能性[235]. 1951 年,Tarski 在理论上证明了限于初等几何与初等代数范围内的定理证明是可以机械化的[239]. 1960 年,Wang 用其所设计的一个机械化方法在计算机上证明了《数学原理》中的几百条定理[240].

被称为"吴方法"的几何定理机器证明是国际自动推理界的先驱性工作,不但为自动推理研究"奠定"基础,还提供评价其余推理方法好坏的"标准",结果导致该领域研究方法产生"革命性变化". 20 世纪 70 年代,吴文俊以几何定理的机器证明为突破口开始从事数学机械化研究. 1977 年,吴文俊提出初等几何定理机械化证明的一个切实可行算法[241]. 1978 年,该算法又被吴文俊推广至初等微分几何定理的机械化证明[242].

Wu-Ritt 零点分解定理[243,244]是吴文俊关于数学机械化工作的理论核心,标志着求解多元多项式方程组吴代数消元法的正式建立. 1989 年,吴文俊提出吴微分消元法[245],使特征集理论得到进一步完善与发展. "吴方法"启发下的"消点法"[246-249]实现了用计算机自动生成几何定理的可读性证明,达到在多数情形下可以和人工证明相媲美的境地. 机器证明的"吴方法"不但能有效地证明初等几何与微分几何中的大部分定理,还可以证明力学中的定理和自动发现新定理[250],极大地促进数学机械化的快速发展[251-259].

软件开发也是数学机械化的有机组成部分. 自从吴文俊在 20 世纪 80 年代初编写的"China-Prover"实现几何定理的机器证明以来,其课题组曾在方程求解、机器证明、几何作图、混合计算等方面成功地开发多个专用机械化软件. 由支撑系统、符号计算系统、核心模块与应用模块四个部分组成的利用 C++语言开发的具有自主知识产权的数学机械化平台(mathematics mechanization platform,MMP)[260]不但实现了数学机械化的基本内容,而且还为数学机械化与自动推理研究提供了一个强有力的通用软件平台.

在吴文俊的开创性工作影响下和大力倡导下,具有中国特色的数学机械化和推理自动化理论被广泛地应用于数学、物理、化学、人工智能、模式识别、数控技术等诸多领域,使一系列关键问题得以解决. 但面对以人工智能、机器学习、深度学习、大数据分析、云计算等高新技术手段为代表的日新月异的智能时代,数学机械化在未来发展中任务艰巨，其中主要任务仍旧离不开算法设计与应用研究. 因为如果行之有效的算法可以或者在某种程度上能弥补因计算机目前无法处理无限性事物和计算容量有限等方面带来的不足，那么数学机械化就一定能发挥出更大的作用. 与此同时，发展数学机械化不仅仅是为数学研究服务的，其最终目的还是实际应用，这是吴文俊所着重强调的[261]. 计算机代数也是如此.

5.1.3　数学机械化与计算机代数

数学机械化的实现，计算机当然是不可或缺的强大工具. 因计算机参与，数学的机械化首先要将待研究的问题算法化以便于利用计算机，其次还要在计算机上检验所设计的算法并使之得以实现. 在数学机械化的研究过程中经常会遇到如何让计算机表示和处理数学概念与符号、进行抽象计算与推理、显示和分析数据与图形、用有限的形式表达有限和无限的数学对象与结构等问题，计算机代数这门数学与计算机科学的交叉学科应运而生[262]. 可以说，数学机械化与计算机代数在相互促进中得到了共同发展.

计算机代数的兴起可追溯到 20 世纪 60 年代初，以 1961 年 Slagle 利用 Lisp 语言写成的第一个自动符号积分程序 SAINT[263]为标志. 随后相继出现由 Lisp 语言编写的 Macsyma、Reduce 和由 C 语言开发的 Maple 与 Mathematica 等通用计算机代数软件，这为数学机械化提供了有力工具. 由于用计算机表示数的对象还是很有限，计算机代数软件也会有它的局限性. 计算机代数软件无法表达不能用根式及四则运算表示的实数，对精确表示非代数数的能力更是甚微. 在使用计算机代数软件进行大规模的符号计算时，常会出现"中间表达式膨胀"问题. 为了解决这样的问题，往往需要修改并寻找有效的算法，但有时也行不通. 计算机代数软件的另一个缺陷是难于管理的输出，常需要人为整理才能得到简洁的结果.

符号计算是计算机代数所处理的主要对象，它能够按确定的规则对一些符号进行精确的演算，如公式推导、表达式化简等. 因此，我们也可以将符号计算说成是代数计算. 计算机代数能为那些以数学公式表达的问题提供精确求解算法，并使这些算法借助于软件在计算机上实现. 精确解的优点之一是可以通过它来计算满足任意精度要求的近似解，还能给出解的一般形式. 相对于符号计算而言，数值计算最终只求得逼近真实值的一个近似值[264].

5.2　数学机械化在非线性微分系统求解中的应用

方程求解与自动推理是数学机械化关注的主要对象之一，也是科学研究中经常遇到的问题. 受到吴文俊数学机械化思想的影响，计算机代数系统 Maple 和

Mathematica 在微分方程求解尤其是非线性模型及相关问题研究中得到广泛应用，一大批非线性演化方程的精确解得以求出，部分机械化求解方法的程序软件包和完全自动化有了较大进步. 与此同时，跟非线性演化方程解的机械化方法密切相关的"*AC=BD*"理论与吴特征列方法也取得进一步发展.

5.2.1 求解软件包与完全自动化

李志斌等[265-267]借助吴代数消元法得到一些非线性波动方程的精确行波解. Parkes 和 Duffy 在 Mathematica 上编写的 tanh 函数方法的软件包 ATFM[268]在人工干预下能自动给出非线性演化方程的孤波解. Li 和 Liu[269,270]基于吴方法在 Maple 上编制出自动求解软件包 RATH，实现 tanh 函数法求孤波解的完全自动化. Liu 和 Li[271]编制出软件包 AJTM，实现 Jacobi 椭圆函数法完全自动化.

范恩贵在微分方程求解和可积系统的计算机代数研究中做了大量工作[45]，他对 tanh 函数法进行推广[272]，并基于符号计算提出以统一方式构造非线性微分方程的孤波解、有理函数解、三角函数周期解、Weierstrass 和 Jacobi 椭圆函数双周期解的代数方法[273-275]，其中的许多解无法由传统的直接积分法和 tanh 方法得到. 范恩贵的这项成果被国际同行们称为"Fan sub-equation method"，并得到广泛应用与推广. Baldwin 等[276]通过将范恩贵的工作进一步算法化编写出 Mathematica 软件包 PDESpecialSolutions.m，实现自动求解，同时他们还编制出全自动软件包 DDESpecialSolutions.m[277]，将 tanh 方法离散化来求解微分-差分方程. Yong 等[278]在 Maple 上编制出全自动软件包 JACOBI.mws，以机械化的方式获得微分-差分方程的 Jacobi 椭圆函数解.

5.2.2 机械化求解中的"*AC=BD*"理论与吴特征列方法

张鸿庆提出并发展起来的"*AC=BD*"理论与机械化求解非线性微分系统相辅相成[279-281]，相关工作成为数学机械化的有机组成部分. 受其影响，闫振亚[46,170]基于符号计算在复杂非线性波解的构造性理论、Painlevé 分析、Bäcklund 变换、Darboux 变换、非古典对称和条件对称、可积系统生成、混沌控制与同步等方面做了许多研究工作；特木尔朝鲁等[153,282,283]在求微分方程的对称方面取得一些进展，其中给出的确定和分类（偏）微分方程古典和非古典对称的机械化统一算法理论克服了传统 Lie 方法存在的缺陷；夏铁成等[284]基于 Reid 标准型与楔子形理论解决了一些偏微分方程组的维数问题（解的规模），给出了形式幂级数解及其可机械化算法，并得到了验证恰当解的优序（II-型序）；Xie 等[285]提出的偏微分方程 Painlevé 性质检测可实现全程机械化的一个算法克服了 WTC 方法的缺点，其中 Wu-Ritt 消元法起到重要作用.

作为数学机械化理论的核心算法，吴特征列方法不但是机器证明"吴方法"的基础，也是方程求解吴消元法的基础. Zhang 等[286]将吴微分特征集理论用于研究偏微分代数方程组解的完备性问题，给出线性情况下解完备性的一个机械化判定方法. 陈玉福等[287]给出将微分多项式系统约化为特征集的一类算法和计算对合特征集的一个新方法，从而简化了 Wu-Ritt 特征集方法的计算程序，这为"吴方法"的应用研究提供了更多的选择空间.

5.3　修正 HBM 构造变系数 Gardner 方程的多孤子解

一般地，在构造性求解非线性微分方程过程中要平衡方程的最高阶导数项和最高次非线性项. 若这样的平衡达不到，则所期待的解无从获得，这与孤子在色散项与非线性项两者间的相互作用失衡而发生坍塌的现象在本质上是一致的. 求解非线性可积系统的很多方法中都涉及平衡方程中这样的最高阶导数项和最高次非线性项，多以 HBM 为蓝本，但也要具体问题具体分析.

5.3.1　HBM 简述

HBM[161]有时也称为齐次平衡原则，其出发点是判断非线性偏微分方程是否存在某种形式的精确解，后来被推广用于构造非线性可积系统的多孤子解、BT 和求解非线性偏微分方程的初边值问题. 为简述 HBM 的主要思想与基本步骤，我们考虑含有两个变量 x 与 t 和非零常系数 σ 的 Burgers 方程[288]

$$u_t + uu_x - \sigma u_{xx} = 0 \,. \tag{5.3.1}$$

步骤 1　假设寻找 Burgers 方程（5.3.1）如下形式的解：

$$u = \frac{\partial^{m+n} f(\varphi)}{\partial_x^m \partial_t^n} + F(\varphi), \tag{5.3.2}$$

式中，$f(\varphi)$ 是 φ 的待定函数；φ 是 x 和 t 的待定函数；$F(\varphi)$ 是 $f(\varphi)$ 关于 x 和 t 的低于 $m+n$ 阶偏导数的一个适当线性组合. 将式（5.3.2）进一步整理为

$$u = f^{(m+n)}(\varphi)\varphi_x^m \varphi_t^n + G(\varphi), \quad \varphi = \varphi(x,t), \tag{5.3.3}$$

式中，$G(\varphi)$ 是 φ 关于 x 和 t 的各阶导数的低于 $m+n$ 次的一个多项式.

步骤 2　令 Burgers 方程（5.3.1）中最高阶导数项和最高次非线性项中包含 φ 的偏导数的最高幂次相等，得到两个分别关于 m 和 n 的关系式，从中确定 m 和 n 的具体非负整数值. 若出现 m 和 n 的数值为分数或负数时，则可对 Burgers 方程（5.3.1）进行因变量的适当变换，使转化后的方程所确定的 m 和 n 满足要求.

步骤3 收集 φ 关于 x 和 t 的各阶偏导数中的最高幂次项，然后令其系数为零，得到 $f(\varphi)$ 所满足的一个常微分方程，一般容易从中解得 $f(\varphi)$ 的具体形式，多为对数函数.

步骤4 利用步骤3所求得的 $f(\varphi)$ 表达式，将步骤2中 $f(\varphi)$ 关于 φ 的各阶导数中的全部非线性项分别用 $f(\varphi)$ 的较高阶导数项来替代，之后将 $f(\varphi)$ 关于 φ 的所有同阶导数项合并，再分别令这些同阶导数项的系数为零，得到 φ 关于 x 和 t 的各阶偏导数的齐次型超定偏微分方程组.

步骤5 通过适当选取式（5.3.2）中 $f(\varphi)$ 关于 x 和 t 的低于 $m+n$ 阶偏导数适当线性组合 $F(\varphi)$ 的系数，使步骤4中所得的齐次型方程组 φ 有解，再将所求得的解 φ 连带上述所求得的 m、n 和 $f(\varphi)$ 一并代入式（5.3.2），最终获得 Burgers 方程（5.3.1）的精确解.

对于 Burgers 方程（5.3.1），设其解具有形式

$$u = \frac{\partial^{m+n}}{\partial_x^m \partial_t^n} f(\varphi) + \cdots = f^{(m+n)} \varphi_x^m \varphi_t^n + \cdots. \tag{5.3.4}$$

由式（5.3.4）得

$$u_{xx} = f^{(m+n+2)} \varphi_x^{m+2} \varphi_t^n + \cdots, \tag{5.3.5}$$

$$uu_x = f^{(m+n)} f^{(m+n+1)} \varphi_x^{2m+1} \varphi_t^{2n} + \cdots. \tag{5.3.6}$$

平衡式（5.3.5）和式（5.3.6）得

$$m + 2 = 2m + 1, \quad n = 2n, \tag{5.3.7}$$

即 $m=1$ 且 $n=0$. 因此，可简单地假设式（5.3.4）为

$$u = f'(\varphi) \varphi_x, \tag{5.3.8}$$

然后利用式（5.3.8）得

$$u_t = f'' \varphi_t \varphi_x + f' \varphi_{xt}, \tag{5.3.9}$$

$$uu_x = ff'' \varphi_x^3 + f'^2 \varphi_x \varphi_{xx}, \tag{5.3.10}$$

$$-\sigma u_{xx} = -\sigma f''' \varphi_x^3 - 3\sigma f'' \varphi_x \varphi_{xx} - \sigma f' \varphi_{xxx}. \tag{5.3.11}$$

把式（5.3.9）～式（5.3.11）代入式（5.3.1），经整理后得

$$u_t + uu_x - \sigma u_{xx} = (ff'' - \sigma f''') \varphi_x^3 + (f'' \varphi_t \varphi_x + f'^2 \varphi_x \varphi_{xx} - 3\sigma f'' \varphi_x \varphi_{xx})$$
$$+ (\varphi_{xt} - \sigma \varphi_{xxx}) f'. \tag{5.3.12}$$

令式（5.3.12）中 φ_x^3 前的系数为零，得

$$ff'' - \sigma f''' = 0. \tag{5.3.13}$$

从式（5.3.13）解得

$$f = -2\sigma \ln\varphi, \tag{5.3.14}$$

而且有

$$f'^2 = 2\sigma f''. \tag{5.3.15}$$

将式（5.3.15）代入式（5.3.12），借助于式（5.3.13）得

$$u_t + uu_x - \sigma u_{xx} = (\varphi_t\varphi_x - \sigma\varphi_{xx}\varphi_x)f'' + (\varphi_{xt} - \sigma\varphi_{xxx})f'. \tag{5.3.16}$$

再令式（5.3.16）中 f' 和 f'' 前的系数分别为零，得

$$\varphi_x(\varphi_t - \sigma\varphi_{xx}) = 0, \tag{5.3.17}$$

$$(\varphi_t - \sigma\varphi_{xx})_x = 0, \tag{5.3.18}$$

若假设

$$\varphi_t - \sigma\varphi_{xx} = 0, \tag{5.3.19}$$

即 φ 满足线性热传导方程，则式（5.3.16）右端为零. 将式（5.3.14）代入式（5.3.8）得

$$u = -2\sigma\frac{\varphi_x}{\varphi}. \tag{5.3.20}$$

这正是著名的 Cole-Hopf 变换. 由于式（5.3.19）是线性的，容易从中解得

$$\varphi = 1 + e^{x+\sigma t}, \tag{5.3.21}$$

进而得到 Burgers 方程（5.3.1）的扭结型孤子解

$$u = -2\sigma\frac{e^{x+\sigma t}}{1+e^{x+\sigma t}} = -\sigma\tanh\left(\frac{1}{2}x + \frac{\sigma}{2}t\right) - \sigma. \tag{5.3.22}$$

若不失一般性，我们假设式（5.3.4）为

$$u = f'(\varphi)\varphi_x + u_1(x,t), \tag{5.3.23}$$

式中，$u_1(x,t)$ 是 x 和 t 的待定函数. 将式（5.3.23）代入 Burgers 方程（5.3.1）得

$$u_t + uu_x - \sigma u_{xx} = (f'f'' - \sigma f''')\varphi_x^3 + (f''\varphi_t\varphi_x + f'^2\varphi_x\varphi_{xx} + u_1f''\varphi_x^2 - 3\sigma f''\varphi_x\varphi_{xx})$$
$$+ (\varphi_{xt} + u_{1x}\varphi_x + u_1\varphi_{xx} - \sigma\varphi_{xxx})f' + (u_{1t} + u_1u_{1x} - \sigma u_{1xx}). \tag{5.3.24}$$

经上述同样过程得 $f = -2\sigma\ln\varphi$，并且 φ 和 u_1 满足

$$\varphi_x(\varphi_t + u_1\varphi_x - \sigma\varphi_{xx}) = 0, \tag{5.3.25}$$

$$(\varphi_t + u_1\varphi_x - \sigma\varphi_{xx})_x = 0, \tag{5.3.26}$$

$$u_{1t} + u_1u_{1x} - \sigma u_{1xx} = 0. \tag{5.3.27}$$

再假设

$$\varphi_t + u_1\varphi_x - \sigma\varphi_{xx} = 0,\qquad(5.3.28)$$

可得到 Burgers 方程（5.3.1）的 BT

$$u = -2\sigma\frac{\varphi_x}{\varphi} + u_1(x,t),\qquad(5.3.29)$$

式中，φ 满足式（5.3.28）；u_1 是 Burgers 方程（5.3.1）的一个解. 取 u_1 为常数种子解 u_0，并设

$$\varphi(x,t) = 1 + \sum_{i=1}^{N} e^{k_i x + c_i t + d_i},\qquad(5.3.30)$$

式中，k_i 和 c_i 是待定常数；d_i 是任意常数. 将式（5.3.30）代入式（5.3.28）并将 u_1 替换成 u_0，我们从中解得

$$c_i = k_i(k_i\sigma - u_0)\quad(i = 1, 2, \cdots, N),\qquad(5.3.31)$$

从而得到 Burgers 方程（5.3.1）的扭结型 N-孤子解

$$u = -2\sigma\frac{\displaystyle\sum_{i=1}^{N} k_i e^{\xi_i}}{1 + \displaystyle\sum_{i=1}^{N} e^{\xi_i}} + u_0,\quad \xi_i = k_i[x + (k_i\sigma - u_0)t] + d_i.\qquad(5.3.32)$$

我们利用线性方程的叠加原理，通过选取 φ 为指数函数和的表达式（5.3.30）获得了 Burgers 方程（5.3.1）的 N-孤子解，但不能说明 φ 的这种形式拟解对其他方程也同样适合. 下一小节将推广 φ 为两个多重指数函数和之比的形式来构造变系数 Gardner 方程的 N-孤子解，并由此对 HBM 进行修正，以适用于构造多波解.

5.3.2 变系数 Gardner 方程的多孤子解

Gardner 方程[289]

$$u_t + 2auu_x - 3bu^2u_x + u_{xxx} = 0\qquad(5.3.33)$$

是由 Gardner 在 1968 年推广 KdV 方程得到的一个非线性偏微分方程，常见于流体力学、等离子体物理学和量子场论，也有文献称其为 KdV-MKdV 方程.

本节考虑更具有一般性的变系数 Gardner 方程[290]

$$u_t + a(t)uu_x + b(t)u^2u_x + c(t)u_{xxx} + d(t)u_x + f(t)u = 0,\qquad(5.3.34)$$

式中，$u = u(x,t)$ 表示分层海洋中内波（internal waves）等相关波模型的振幅；x 是水平坐标；t 是时间；$a(t)$、$b(t)$、$c(t)$、$d(t)$ 和 $f(t)$ 都是与背景密度和剪切流分

层相关的光滑函数. 若右端增加外力项 $\Gamma(t)$ 时，变系数 Gardner 方程（5.3.34）变成扩展 KdV 方程（3.4.1）.

根据 HBM，假设变系数 Gardner 方程（5.3.34）解的形式为

$$u = \mathrm{i}\alpha(t)\frac{\partial}{\partial x}g[w(x,t)] + \beta(t) = \mathrm{i}\alpha(t)g'(w)w_x + \beta(t)，\tag{5.3.35}$$

式中，i 是虚数单位；$g[w(x,t)]$、$w(x,t)$、$\alpha(t)$ 和 $\beta(t)$ 是待定函数. 将式（5.3.35）代入变系数 Gardner 方程（5.3.34）得

$$u_t + a(t)uu_x + b(t)u^2u_x + c(t)u_{xxx} + d(t)u_x + f(t)u$$

$$= [\mathrm{i}\alpha(t)c(t)g^{(4)} - \mathrm{i}\alpha^3(t)b(t)g'^2g'']w_x^4 + \cdots，\tag{5.3.36}$$

式中，未写部分为 $w(x,t)$ 关于 x 和 t 的各种偏导数的次数低于 4 的一个多项式. 令 w_x^4 的系数为零，得到 $g(w)$ 的如下常微分方程：

$$\alpha(t)c(t)g^{(4)} - \alpha^3(t)b(t)g'^2g'' = 0.\tag{5.3.37}$$

当下述限制条件

$$c(t) = \frac{1}{6}\alpha^2(t)b(t)\tag{5.3.38}$$

成立时，式（5.3.37）的一个解为

$$g(w) = \ln w.\tag{5.3.39}$$

利用式（5.3.39）得

$$g'^2g'' = \frac{1}{6}g^{(4)}，\quad g'g'' = -\frac{1}{2}g'''，\quad g'^3 = \frac{1}{2}g'''，\quad g'^2 = -g''.\tag{5.3.40}$$

将式（5.3.38）和式（5.3.40）代入式（5.3.36），然后合并 $g^{(4)}$、g'''、g'' 和 g' 得

$$u_t + a(t)uu_x + b(t)u^2u_x + c(t)u_{xxx} + d(t)u_x + f(t)u$$

$$= \left[\frac{1}{2}\alpha^2(t)a(t)w_x^3 + \alpha^2(t)\beta(t)b(t)w_x^3 + \frac{1}{2}\mathrm{i}\alpha^3(t)b(t)w_x^2w_{xx}\right]g'''$$

$$+ \left[\mathrm{i}\alpha(t)w_xw_t + \mathrm{i}\alpha(t)d(t)w_x^2 + \mathrm{i}\alpha(t)\beta(t)a(t)w_x^2 + \mathrm{i}\alpha(t)\beta^2(t)b(t)w_x^2 + \alpha^2(t)a(t)w_xw_{xx}\right.$$

$$\left. + 2\alpha^2(t)\beta(t)b(t)w_xw_{xx} + \frac{1}{2}\mathrm{i}\alpha^3(t)b(t)w_{xx}^2 + \frac{2}{3}\mathrm{i}\alpha^3(t)b(t)w_xw_{xxx}\right]g''$$

$$+ \left[\mathrm{i}\alpha(t)f(t)w_x + \mathrm{i}\alpha'(t)w_x + \mathrm{i}\alpha(t)w_{xt} + \mathrm{i}\alpha(t)d(t)w_{xx} + \mathrm{i}\alpha(t)a(t)\beta(t)w_{xx}\right.$$

$$\left. + \mathrm{i}\alpha(t)b(t)\beta^2(t)w_{xx} + \frac{1}{6}\mathrm{i}\alpha^3(t)b(t)w_{xxxx}\right]g' + \beta'(t) + f(t)\beta(t) = 0.\tag{5.3.41}$$

再令式（5.3.41）中 g'''、g'' 和 g' 的系数为零，得到 $w(x,t)$ 的偏微分方程组

$$\frac{1}{2}\alpha^2(t)a(t)w_x^3+\alpha^2(t)\beta(t)b(t)w_x^3+\frac{1}{2}i\alpha^3(t)b(t)w_x^2w_{xx}=0, \tag{5.3.42}$$

$$i\alpha(t)w_xw_t+i\alpha(t)d(t)w_x^2+i\alpha(t)\beta(t)a(t)w_x^2+i\alpha(t)\beta^2(t)b(t)w_x^2+\alpha^2(t)a(t)w_xw_{xx}$$

$$+2\alpha^2(t)\beta(t)b(t)w_xw_{xx}+\frac{1}{2}i\alpha^3(t)b(t)w_{xx}^2+\frac{2}{3}i\alpha^3(t)b(t)w_xw_{xxx}=0, \tag{5.3.43}$$

$$i\alpha(t)f(t)w_x+i\alpha'(t)w_x+i\alpha(t)w_{xt}+i\alpha(t)d(t)w_{xx}$$

$$+i\alpha(t)a(t)\beta(t)w_{xx}+i\alpha(t)b(t)\beta^2(t)w_{xx}+\frac{1}{6}i\alpha^3(t)b(t)w_{xxxx}=0, \tag{5.3.44}$$

$$\beta'(t)+f(t)\beta(t)=0. \tag{5.3.45}$$

进一步假设

$$w=1+\theta e^{kx+h(t)+i\frac{\pi}{2}}, \tag{5.3.46}$$

式中，k、θ 和 $h(t)$ 分别是待定常数和函数. 将式（5.3.46）代入式（5.3.42）～式（5.3.44），从式（5.3.42）～式（5.3.45）解得

$$\alpha(t)=Ae^{-\int f(t)dt}, \quad \beta(t)=Be^{-\int f(t)dt}, \tag{5.3.47}$$

$$h(t)=k\int\left[\left(A^2+ikB-\frac{1}{6}k^2B^2\right)b(t)e^{-2\int f(t)dt}-d(t)\right]dt, \tag{5.3.48}$$

$$a(t)=-(2A+ikB)b(t)e^{-\int f(t)dt}, \tag{5.3.49}$$

式中，A 和 B 是常数. 进而得到变系数 Gardner 方程（5.3.34）在 $a(t)$、$b(t)$ 和 $c(t)$ 满足限制条件式（5.3.38）和式（5.3.49）时的孤子解

$$u=i4e^{-\int f(t)dt}\frac{k\theta e^{kx+k\int\left[\left(A^2+ikB-\frac{1}{6}k^2B^2\right)b(t)e^{-2\int f(t)dt}-d(t)\right]dt+i\frac{\pi}{2}}}{1+\theta e^{kx+k\int\left[\left(A^2+ikB-\frac{1}{6}k^2B^2\right)b(t)e^{-2\int f(t)dt}-d(t)\right]dt+i\frac{\pi}{2}}}+Be^{-\int f(t)dt}. \tag{5.3.50}$$

受到 MKdV 方程 $u_t+6u^2u_x+u_{xxx}=0$ 的多孤子解形式[3]的启发，下面来构造变系数 Gardner 方程（5.3.34）的多孤子解. 首先，假设

$$w=\frac{1+e^{\xi_1-i\frac{\pi}{2}}}{1+e^{\xi_1+i\frac{\pi}{2}}}, \quad \xi_1=k_1x+h_1(t), \tag{5.3.51}$$

式中，k_1 和 $h_1(t)$ 分别为待定的常数和函数，则式（5.3.42）可整理为

$$[ia(t) + 2i\beta(t)b(t) + k\alpha(t)b(t)]e^{\xi_1} + ia(t) + 2i\beta(t)b(t) - k\alpha(t)b(t) = 0，\quad （5.3.52）$$

这表明 $k\alpha(t)b(t) = 0$．显然，当 $k\alpha(t) = 0$ 时，式（5.3.35）是平凡解．否则，这就要求 $b(t) = 0$，再从式（5.3.52）可看出 $a(t) = 0$．但在此情况下，变系数 Gardner 方程（5.3.34）是线性的，这不是我们的出发点．因此，无法从式（5.3.42）～式（5.3.45）和式（5.3.51）构造出单孤子解．然而，若将式（5.3.35）、式（5.3.38）、式（5.3.39）和式（5.3.51）代入式（5.3.36）并消去公分母 $(e^{2\xi_1} + 1)^3$，然后式（5.3.36）转化为 e^{ξ_1} 的一个多项式．收集并令这个多项式中 e^{ξ_1} 同次幂的系数为零，得到如下常微分方程组：

$$\beta'(t) + f(t)\beta(t) = 0，\quad （5.3.53）$$

$$-2k_1^2\alpha(t)d(t) + 2k\alpha(t)f(t) - 2k_1^2\alpha(t)\beta(t)a(t) - 2k_1^2\alpha(t)\beta^2(t)b(t)$$

$$-\frac{1}{3}k_1^4\alpha^3(t)b(t) - 2k_1\alpha(t)h_1'(t) + 2k_1\alpha'(t) = 0，\quad （5.3.54）$$

$$3\beta(t)f(t) - 4k_1^3\alpha^2(t)a(t) - 8k_1^3\alpha^2(t)\beta(t)b(t) + 3\beta'(t) = 0，\quad （5.3.55）$$

$$4k_1\alpha(t)f(t) + 4k_1\alpha'(t) = 0，\quad （5.3.56）$$

$$3\beta(t)f(t) + 4k_1^3\alpha^2(t)a(t) + 8k_1^3\alpha^2(t)\beta(t)b(t) + 3\beta'(t) = 0，\quad （5.3.57）$$

$$2k_1^2\alpha(t)d(t) + 2k_1\alpha(t)f(t) + 2k_1^2\alpha(t)\beta(t)a(t) + 2k_1^2\alpha(t)\beta^2(t)b(t)$$

$$+\frac{1}{3}k_1^4\alpha^3(t)b(t) + 2k_1\alpha(t)h_1'(t) + 2k_1\alpha'(t) = 0．\quad （5.3.58）$$

求解式（5.3.53）～式（5.3.58）得

$$\alpha(t) = Ae^{-\int f(t)dt}，\quad \beta(t) = Be^{-\int f(t)dt}，\quad （5.3.59）$$

$$h_1(t) = k_1\int\left[\left(A^2 - \frac{1}{6}k_1^2B^2\right)b(t)e^{-2\int f(t)dt} - d(t)\right]dt，\quad （5.3.60）$$

$$a(t) = -2Ab(t)e^{-\int f(t)dt}，\quad （5.3.61）$$

并由此可以得到变系数 Gardner 方程（5.3.34）在 $a(t)$、$b(t)$ 和 $c(t)$ 满足限制条件式（5.3.38）和式（5.3.61）时的单孤子解

$$u = iAe^{-\int f(t)dt}\left(\ln\frac{1 + e^{\xi_1 - i\frac{\pi}{2}}}{1 + e^{\xi_1 + i\frac{\pi}{2}}}\right)_x + Be^{-\int f(t)dt}，\quad （5.3.62）$$

式中，

$$\xi_1 = k_1 x + k_1 \int \left[\left(A^2 - \frac{1}{6} k_1^2 B^2 \right) b(t) e^{-2\int f(t)dt} - d(t) \right] dt . \tag{5.3.63}$$

其次为构造双孤子解，我们假设

$$w = \frac{1 + e^{\xi_1 - i\frac{\pi}{2}} + e^{\xi_2 - i\frac{\pi}{2}} + e^{\xi_1 + \xi_2 - i\pi + \theta_{12}}}{1 + e^{\xi_1 + i\frac{\pi}{2}} + e^{\xi_2 + i\frac{\pi}{2}} + e^{\xi_1 + \xi_2 + i\pi + \theta_{12}}}, \tag{5.3.64}$$

式中，$\xi_j = k_j x + h_j(t)$ $(j = 1, 2)$；k_1、k_2、θ_{12}、$h_1(t)$ 和 $h_2(t)$ 为待定的常数和函数. 将式（5.3.64）代入式（5.3.42），收集 $e^{3\xi_1 + \xi_2}$ 和 $e^{4\xi_1 + \xi_2}$ 的同次幂系数并令其为零，得

$$-k_1^3 \alpha^2(t) a(t) - 2k_1^3 \alpha^2(t) \beta(t) b(t) - i k_1^4 \alpha^3(t) b(t) = 0 , \tag{5.3.65}$$

$$-i k_1^3 \alpha^2(t) a(t) - 2i k_1^3 \alpha^2(t) \beta(t) b(t) - k_1^4 \alpha^3(t) b(t) = 0 , \tag{5.3.66}$$

这表明 $k_1 \alpha(t) b(t) = 0$. 但 $k_1 \alpha(t) = 0$ 时，式（5.3.35）是平凡解，为此令 $b(t) = 0$. 于是从式（5.3.42）容易看出 $a(t) = 0$. 在此种情况下，变系数 Gardner 方程（5.3.34）再次变为线性的. 因此，从式（5.3.42）～式（5.3.45）和式（5.3.64）不能构造出双孤子解. 换种方式，将式（5.3.35）、式（5.3.38）、式（5.3.39）和式（5.3.64）代入式（5.3.36）并消去公分母

$$[\theta_{12}^2 e^{2\xi_1 + 2\xi_2} + 2(1 - \theta_{12}) e^{\xi_1 + \xi_2} + e^{2\xi_1} + e^{2\xi_2} + 1]^3 , \tag{5.3.67}$$

将式（5.3.36）转化为 e^{ξ_1} 和 e^{ξ_2} 的一个多项式. 收集并令 $e^{p\xi_1 + q\xi_2}$ $(p, q = 0, 1, 2, \cdots, 6)$ 的同次幂系数为零，得到一个非线性的常微分方程组. 从此方程组解得

$$\alpha(t) = A e^{-\int f(t)dt} , \quad \beta(t) = B e^{-\int f(t)dt} , \tag{5.3.68}$$

$$h_j(t) = k_j \int \left[\left(A^2 - \frac{1}{6} k_j^2 B^2 \right) b(t) e^{-2\int f(t)dt} - d(t) \right] dt \quad (j = 1, 2) , \tag{5.3.69}$$

$$a(t) = -2Ab(t) e^{-\int f(t)dt} , \quad e^{\theta_{12}} = \frac{(k_1 - k_2)^2}{(k_1 + k_2)^2} . \tag{5.3.70}$$

并由此得到变系数 Gardner 方程（5.3.34）在 $a(t)$、$b(t)$ 和 $c(t)$ 满足限制条件式（5.3.38）和式（5.3.70）时的双孤子解

$$u = i A e^{-\int f(t)dt} \left(\ln \frac{1 + e^{\xi_1 - i\frac{\pi}{2}} + e^{\xi_2 - i\frac{\pi}{2}} + e^{\xi_1 + \xi_2 - i\pi + \theta_{12}}}{1 + e^{\xi_1 + i\frac{\pi}{2}} + e^{\xi_2 + i\frac{\pi}{2}} + e^{\xi_1 + \xi_2 + i\pi + \theta_{12}}} \right)_x + B e^{-\int f(t)dt} , \tag{5.3.71}$$

式中，

$$\xi_j = k_j x + k_j \int \left[\left(A^2 - \frac{1}{6} k_j^2 B^2 \right) b(t) e^{-2\int f(t)dt} - d(t) \right] dt \quad (j=1,2). \quad (5.3.72)$$

最后，我们再来构造三孤子解. 假设

$$w = (1 + e^{\xi_1 - i\frac{\pi}{2}} + e^{\xi_2 - i\frac{\pi}{2}} + e^{\xi_3 - i\frac{\pi}{2}} + e^{\xi_1 + \xi_2 - i\pi + \theta_{12}} + e^{\xi_1 + \xi_3 - i\pi + \theta_{13}} + e^{\xi_2 + \xi_3 - i\pi + \theta_{23}}$$

$$+ e^{\xi_1 + \xi_2 + \xi_3 - i\frac{3\pi}{2} + \theta_{12} + \theta_{13} + \theta_{23}}) / (1 + e^{\xi_1 + i\frac{\pi}{2}} + e^{\xi_2 + i\frac{\pi}{2}} + e^{\xi_3 + i\frac{\pi}{2}} + e^{\xi_1 + \xi_2 + i\pi + \theta_{12}}$$

$$+ e^{\xi_1 + \xi_3 + i\pi + \theta_{13}} + e^{\xi_2 + \xi_3 + i\pi + \theta_{23}} + e^{\xi_1 + \xi_2 + \xi_3 + i\frac{3\pi}{2} + \theta_{12} + \theta_{13} + \theta_{23}}), \quad (5.3.73)$$

式中，$\xi_j = k_j x + h_j(t)$ $(j=1,2,3)$，k_1、k_2、k_3、θ_{12}、θ_{13}、θ_{23}、$h_1(t)$、$h_2(t)$ 和 $h_3(t)$ 分别是待定常数和函数. 类似的计算和分析表明，从式（5.3.42）～式（5.3.45）和式（5.3.73）不能构造出三孤子解. 但经过调整，将式（5.3.35）、式（5.3.38）、式（5.3.39）和式（5.3.73）代入式（5.3.36），然后消去公分母并收集所得多项式中各指数函数的同次幂系数并令其为零，得到一个非线性常微分方程组，从此方程组解得

$$\alpha(t) = A e^{-\int f(t)dt}, \quad \beta(t) = B e^{-\int f(t)dt}, \quad (5.3.74)$$

$$h_j(t) = k_j \int \left[\left(A^2 - \frac{1}{6} k_j^2 B^2 \right) b(t) e^{-2\int f(t)dt} - d(t) \right] dt \quad (j=1,2,3), \quad (5.3.75)$$

$$a(t) = -2Ab(t) e^{-\int f(t)dt}, \quad e^{\theta_{jl}} = \frac{(k_j - k_l)^2}{(k_j + k_l)^2} \quad (1 \leqslant j < l \leqslant 3). \quad (5.3.76)$$

借助于式（5.3.35）、式（5.3.39）和式（5.3.74）～式（5.3.76），我们获得变系数 Gardner 方程（5.3.34）在 $a(t)$、$b(t)$ 和 $c(t)$ 满足限制条件式（5.3.38）和式（5.3.76）时的三孤子解[290].

一般地，可归纳得到变系数 Gardner 方程（5.3.34）在 $a(t)$、$b(t)$ 和 $c(t)$ 满足限制条件式（5.3.38）和

$$a(t) = -2Ab(t) e^{\int f(t)dt}, \quad e^{\theta_{jl}} = \frac{(k_j - k_l)^2}{(k_j + k_l)^2} \quad (1 \leqslant j < l \leqslant N) \quad (5.3.77)$$

时的 N-孤子解

$$u = \mathrm{i}A\mathrm{e}^{-\int f(t)\mathrm{d}t}\left(\ln\frac{\displaystyle\sum_{\mu=0,1}\mathrm{e}^{\sum_{j=1}^{N}\mu_j\left(\xi_j-\mathrm{i}\frac{\pi}{2}\right)+\sum_{1\leq j<l}^{N}\mu_j\mu_l\theta_{jl}}}{\displaystyle\sum_{\mu=0,1}\mathrm{e}^{\sum_{j=1}^{N}\mu_j\left(\xi_j+\mathrm{i}\frac{\pi}{2}\right)+\sum_{1\leq j<l}^{N}\mu_j\mu_l\theta_{jl}}}\right)_x + B\mathrm{e}^{-\int f(t)\mathrm{d}t}, \qquad (5.3.78)$$

式中,

$$\xi_j = k_j x + k_j\int\left[\left(A^2 - \frac{1}{6}k_j^2 B^2\right)b(t)\mathrm{e}^{-2\int f(t)\mathrm{d}t} - d(t)\right]\mathrm{d}t \quad (j = 1,2,\cdots,N). \qquad (5.3.79)$$

5.3.3 修正 HBM 构造多波解的步骤

对给定的非线性偏微分方程,不妨假设有两自变量 x 和 t,

$$P(u, u_x, u_t, u_{xt}, u_{xx}, u_{tt}, \cdots) = 0, \qquad (5.3.80)$$

式中,P 为 u 及其关于 x 和 t 的各阶导数的一个多项式或经适当变换后满足条件的多项式. 修正 HBM 构造 N-波解的主要步骤如下.

步骤 1 假设方程(5.3.80)的解具有如下形式:

$$u(x,t) = \frac{\partial^{m+s} f(w)}{\partial_x^m \partial_t^s} + \sum_{i=0}^{m+s-1} a_i(x,t) f^{(i)}[w(x,t)], \qquad (5.3.81)$$

式中,$m \geq 0$ 和 $s \geq 0$ 是通过平衡原则确定的整数;$a_i(x,t)$ 是在收集合并 $f(w)$ 的 i 阶导数项 $f^{(i)}(w)$ 的过程中出现的关于 $w(x,t)$ 各阶导数的一个多项式.

步骤 2 将式(5.3.81)代入方程(5.3.80),然后收集 $f(w)$ 关于 $w(x,t)$ 的各阶导数的最高次幂项并令其系数为零,得到关于 $f(w)$ 的一个常微分方程,解此方程一般会得到 $f(w)$ 为对数函数形式的解.

步骤 3 假设

$$w(x,t) = \frac{\displaystyle\sum_{i_1=0}^{p_1}\sum_{i_2=0}^{p_2}\cdots\sum_{i_N=0}^{p_N} a_{i_1 i_2\cdots i_N}\mathrm{e}^{\sum_{g=1}^{N}i_g\xi_g}}{\displaystyle\sum_{j_1=0}^{q_1}\sum_{j_2=0}^{q_2}\cdots\sum_{j_N=0}^{q_N} b_{j_1 j_2\cdots j_N}\mathrm{e}^{\sum_{g=1}^{N}j_g\xi_g}}, \qquad (5.3.82)$$

式中,$\xi_g = k_g x + c_g t$;p_1,p_2,$\cdots$,p_N 和 q_1,q_2,$\cdots$,q_N 是通过齐次平衡适当选择的整数;$a_{i_1 i_2\cdots i_N}$、$b_{j_1 j_2\cdots j_N}$、k_g 和 c_g 为待定常数.

步骤 4　将步骤 2 中确定的 $f(w)$ 连带式（5.3.82）一同代入方程（5.3.80），然后消去公分母，再收集所得多项式中各指数函数的同次幂系数并令其为零，得到一个非线性常微分方程组，解此方程组从中确定 $a_{i_1 i_2 \cdots i_N}$、$b_{j_1 j_2 \cdots j_N}$、k_g 和 c_g.

步骤 5　将以上各步确定的 $f(w)$、$w(x,t)$、m 和 s 代入式（5.3.81），最终获得方程（5.3.80）的 N-波解.

很明显，上述步骤 1、2 和 5 与 HBM[161,291] 的相应步骤相同，但步骤 3 和 4 却不相同. 差异表现在两方面：其一，式（5.3.82）是两个多重指数函数和的比（简称为多重有理指数函数）；其二，齐次平衡法在确定 $w(x,t)$ 时，一般是找指数函数和或多重指数函数和的形式，而非多重有理指数函数形式.

第 6 章　基于多重有理拟形的多波解与怪波解

本章在介绍指数函数法和有理指数函数解的 *H*-秩判定法基础上，设计多重有理指数函数拟解，并用之构造 2+1 维 BK 方程和变系数 KdV 方程的 *N*-波解，讨论 BK 方程的正反孤子相干结构的裂变与聚变，然后将多重有理指数函数拟解推广至其半离散形式和复变量形式，在应用中得到了 Toda 链方程和变系数 NLS 方程的多波解和怪波解.

6.1　指数函数法与有理指数函数解

2006 年，He 等[165]提出指数函数法用于构造非线性波动方程的孤波解和周期解. 指数函数法已被应用到多种类型方程[165,292-314]，比如 SG 方程[292]、耦合方程[293]、变系数方程[294]、高维方程[295]、微分-差分方程[296]. 2008 年，Marinakis[297]给出指数函数法构造 KdV 方程的双孤子解和三孤子解的拟解形式. Zhang 等[298,299]进一步推广 Marinakis 的工作，获得变系数 KdV 方程和变系数 BK 方程的 *N*-波解. 2010 年，Ma 等[315]基于有理拟解提出多重指数函数法构造非线性偏微分方程的多波解，获得势 Yu-Toda-Sasa-Fukuyama 方程的一波解、二波解和三波解. 同年，Zhang 等[300]将指数函数法推广用于构造微分-差分方程的 *N*-波解. 2015 年，Malik 等[301]将指数函数法与启发式计算相结合，得到广义 Burgers-Fisher 方程的数值解.

6.1.1　指数函数法简述

对于给定的方程，不妨假设其为含两自变量 *x* 和 *t* 的式（5.3.80）. 指数函数法的基本思路是先用行波变换 $u(x,t)=u(\xi)$，这里 $\xi=kx+\lambda t+\mu$，*k* 和 *λ* 是待定常数，*μ* 是任意常数，将方程（5.3.80）化成常微分方程

$$P(u,ku_\xi,\lambda u_\xi,k\lambda u_{\xi\xi},k^2u_{\xi\xi},\lambda^2u_{\xi\xi},\cdots)=0 . \tag{6.1.1}$$

假设方程（6.1.1）的解可表示成

$$u(\xi) = \frac{\sum_{n=-c}^{d} a_n e^{n\xi}}{\sum_{m=-p}^{q} b_m e^{m\xi}}, \qquad (6.1.2)$$

并将其代入方程（6.1.1），然后平衡方程（6.1.1）中最高阶导数项和最高次非线性项以确定整数 c、d、p 和 q 的值，再把确定 c、d、p 和 q 值后的拟解（6.1.2）代入方程（6.1.1），经过去分母收集指数函数同次幂的系数得到一个关于 a_n、b_m、k 和 λ 的超定代数方程组. 解这个方程组得 a_n、b_m、k 和 λ 的具体数值，最终获得方程（5.3.80）的解. 一些具体的算例[165,292-295]表明，当整数 c、d、p 和 q 的数值较高时，待定系数的个数也随之增加，符号运算过程中出现的"中间表达式膨胀"的速度加快，相应的计算量也随之加大. 在这种情况下，一般会选取某些系数为特值，但最终所构造出来的解可约化为由 $c = d = p = q = 1$ 时的拟解所得到的解. 这在一定程度上说明，利用拟解（6.1.2）最终所构造出的解不强依赖于 c、d、p 和 q 的选取. 正因如此，确定拟解（6.1.2）常选择 $c = d = p = q = 1$ 时比较简洁的形式

$$u(\xi) = \frac{a_1 e^{\xi} + a_0 + a_{-1} e^{-\xi}}{e^{\xi} + b_0 + b_{-1} e^{-\xi}} = \frac{a_1 e^{2\xi} + e^{\xi} a_0 + a_{-1}}{e^{2\xi} + b_0 e^{\xi} + b_{-1}}. \qquad (6.1.3)$$

对于 c、d、p 和 q 为较大数值时的拟解（6.1.3）能否构造出更有一般性的解值得探索.

　　能够求解多种类型方程是指数函数法的优点之一. 最终所求得的解（6.1.3）通常含有任意常数是指数函数法的另一个优点. 对这样的任意常数赋予特值，能得到 tanh 方法、双曲函数方法等多种方法所构造的解. 指数函数法之所以能求解多种类型方程并获得丰富形式的解，得益于多数方程拥有的指数函数解、双曲函数解、三角函数解及其组合形式解恰好包含于拟解（6.1.3）中.

6.1.2　有理指数函数解的 H-秩判定法

　　对于给定的微分方程，一个自然的问题是：如何判断它的精确解能否表示成有限个指数函数的解析形式？基于乘法算子方法（multiplicative operator method）生成序列的 H-秩，Navickas 等[316]给出一个判别准则. 这个准则不但可以用来判断方程是否存在这种形式的解，还可以给出解的构成形式. 为了叙述这个准则，有必要引入 H-秩的概念.

考虑一个序列

$$p_0, p_1, \cdots := (p_j; j \in \mathbb{N}), \tag{6.1.4}$$

式中，元素 p_j $(j = 0,1,\cdots)$ 可以是实数、复数，也可以是参数 $\{s,t,\cdots\}$ 的代数式. 利用序列（6.1.4）构造一列 Hankel 矩阵

$$H_n = H_n(p_j; j \in \mathbb{N}) := \begin{pmatrix} p_0 & p_1 & \cdots & p_{n-1} \\ p_1 & p_2 & \cdots & p_n \\ \cdots & \cdots & \cdots & \cdots \\ p_{n-1} & p_n & \cdots & p_{2n-2} \end{pmatrix} \quad (n = 1, 2, \cdots), \tag{6.1.5}$$

再生成 Hankel 矩阵列（6.1.5）的行列式序列 $(d_n; n \in \mathbb{N}^+)$

$$d_n := \det H_n. \tag{6.1.6}$$

若行列式序列（6.1.6）具有如下结构

$$(d_1, d_2, \cdots, d_m, 0, 0, \cdots) \quad (m \in \mathbb{N} < +\infty), \tag{6.1.7}$$

式中，$d_m \neq 0$；$d_{m+1} = d_{m+2} = \cdots = 0$. 则称序列（6.1.4）存在 H-秩[316]，记为

$$\mathrm{Hr}(p_j; j \in \mathbb{N}) = m. \tag{6.1.8}$$

对于一个已知序列，假定 $\mathrm{Hr}(p_j; j \in \mathbb{N}) = m$，则成立关系式

$$p_j = \sum_{r=1}^{l} \sum_{k=0}^{m_r-1} \mu_{rk} \quad (\rho_r^{j-k}, \rho_r, \mu_{rk} \in \mathbb{C}), \tag{6.1.9}$$

式中，ρ_r 是该序列特征方程

$$\begin{vmatrix} p_0 & p_1 & \cdots & p_m \\ p_1 & p_2 & \cdots & p_{m+1} \\ \cdots & \cdots & \cdots & \cdots \\ p_{n-1} & p_n & \cdots & p_{2m-1} \\ 1 & \rho & \cdots & \rho^m \end{vmatrix} = 0 \tag{6.1.10}$$

的 m_r 重根，这里 $\sum\limits_{r=1}^{l} m_r = m$，而 μ_{rk} 可以通过求解下面的线性代数方程组

$$\sum_{r=1}^{l} \sum_{k=0}^{m_r-1} \mu_{rk} \binom{j}{k} \rho_r^{j-k} = p_j \quad (j = 0, 1, \cdots, m-1) \tag{6.1.11}$$

来确定，此方程组总是存在唯一解.

利用 Navickas 等[316]的乘法算子方法构造给定微分方程如下形式的级数解

$$u(x;s,t) = \sum_{j=0}^{+\infty} p_j(s,t)\frac{(x-a)^j}{j!} \quad (a,s,t\in\mathbb{R}),\qquad(6.1.12)$$

首先要计算序列 $(p_j(s,t); j\in\mathbb{N})$ 的 H-秩. 若这个 H-秩存在，则方程的精确解可以表示成有限多个指数函数和的形式. 当这个 H-秩不存在时，先用变量变换 $e^x=z$ 和 $v(z;s,t)=u(x;s,t)$ 将原方程转化，然后再用乘法算子方法构造转化后所得新方程的如下形式级数解

$$v(z;s,t,a) = \sum_{j=0}^{+\infty} \hat{p}_j(s,t,e^a)\frac{(z-e^a)^j}{j!} \quad (a,s,t\in\mathbb{R}).\qquad(6.1.13)$$

如果序列 $(\hat{p}_j(s,t,e^a)/j!; j\in\mathbb{N})$ 的 H-秩存在，那么原方程的精确解可以表示成两个由有限多个指数函数组成和的比. 若不然，则不能.

6.2　多重有理指数函数拟解构造多波解

本节给出一个多重有理指数函数形式的拟解. 为验证所给多重有理指数函数拟解的有效性，我们将其用于构造 2+1 维 BK 方程和变系数 KdV 的多波解.

6.2.1　多重有理指数函数拟解

为推广指数函数法来构造非线性演化方程，比如含变量 x、y 和 t 的

$$P(u,u_x,u_y,u_t,u_{xy},u_{xt},u_{yt},u_{xx},u_{yy},u_{tt},\cdots)=0\qquad(6.2.1)$$

的多波解，本节将带有系数函数形式的多重有理指数函数拟解[298]进一步嵌入系数函数，将其写成

$$u = \frac{\sum_{i_1=0}^{p_1}\sum_{i_2=0}^{p_2}\cdots\sum_{i_N=0}^{p_N} a_{i_1 i_2\cdots i_N}(x,y,t)e^{\sum_{g=1}^{N}i_g\xi_g(x,y,t)}}{\sum_{j_1=0}^{q_1}\sum_{j_2=0}^{q_2}\cdots\sum_{j_N=0}^{q_N} b_{j_1 j_2\cdots j_N}(x,y,t)e^{\sum_{g=1}^{N}j_g\xi_g(x,y,t)}},\qquad(6.2.2)$$

式中，p_1、p_2、$\cdots$、p_N 和 q_1、q_2、$\cdots$、q_N 是通过平衡方程中最高阶导数项和最高次非线性项而适当选择的整数；$a_{i_1 i_2\cdots i_N}(x,y,t)$、$b_{j_1 j_2\cdots j_N}(x,y,t)$ 和 $\xi_g(x,y,t)$ 均为 x、y 和 t 的待定函数. 当 $N=1$ 时，式（6.2.2）给出单波拟解

$$u = \frac{\sum\limits_{i_1=0}^{p_1} a_{i_1}(x,y,t) \mathrm{e}^{i_1 \xi_1(x,y,t)}}{\sum\limits_{j_1=0}^{q_1} b_{j_1}(x,y,t) \mathrm{e}^{j_1 \xi_1(x,y,t)}}, \tag{6.2.3}$$

当 $N=2$ 时，式（6.2.2）给出双波拟解

$$u = \frac{\sum\limits_{i_1=0}^{p_1} \sum\limits_{i_2=0}^{p_2} a_{i_1 i_2}(x,y,t) \mathrm{e}^{\sum\limits_{g=1}^{2} i_g \xi_g(x,y,t)}}{\sum\limits_{j_1=0}^{q_1} \sum\limits_{j_2=0}^{q_2} b_{j_1 j_2}(x,y,t) \mathrm{e}^{\sum\limits_{g=1}^{2} j_g \xi_g(x,y,t)}}, \tag{6.2.4}$$

当 $N=3$ 时，式（6.2.2）给出三波拟解

$$u = \frac{\sum\limits_{i_1=0}^{p_1} \sum\limits_{i_2=0}^{p_2} \sum\limits_{i_3=0}^{p_3} a_{i_1 i_2 i_3}(x,y,t) \mathrm{e}^{\sum\limits_{g=1}^{3} i_g \xi_g(x,y,t)}}{\sum\limits_{j_1=0}^{q_1} \sum\limits_{j_2=0}^{q_2} \sum\limits_{j_3=0}^{q_3} b_{j_1 j_2 j_3}(x,y,t) \mathrm{e}^{\sum\limits_{g=1}^{3} j_g \xi_g(x,y,t)}}. \tag{6.2.5}$$

选取合适的整数值 p_1、p_2、p_3、q_1、q_2 和 q_3，然后借助 Mathematica 将式（6.2.3）～式（6.2.5）分别代入方程（6.2.1）并去分母，再收集指数函数的同次幂得到三个方程组，通过解这三个方程组我们可以依次得到单波解、双波解和三波解，进而归纳出 N-波解的一般表达式，这里事先假设存在这样的解. 需要说明三点：其一，当 $a_{i_1 i_2 \cdots i_N}(x,y,t)$、$b_{j_1 j_2 \cdots j_N}(x,y,t)$ 和 $\xi_g(x,y,t)$ 是 x、y 和 t 的线性函数时，式（6.2.4）和式（6.2.5）等价于 Marinakis 的拟解[297]；其二，当构造 $N \geqslant 4$ 波解时，相应的运算比较复杂，但通过分析所获得的单波解、双波解和三波解的结构特点，一般可以归纳出 N-波解公式；其三，因最终所求得多波解的分母通常含有任意常数或函数，使得这样的多波解不但会包含多孤子解为特例，同时还会包含奇异解，当然也不能排除所求得的解本身就不是孤子解，一般要对获得的解进行分析或模拟，这就是称这样的解为多波解的主要缘故.

6.2.2 2+1 维 BK 方程的 N-波解

考虑 2+1 维 BK 方程

$$u_{yt} - \alpha[u_{xxy} - 2(uu_x)_y - 2v_{xx}] = 0, \tag{6.2.6}$$

$$v_t + \alpha[v_{xx} + 2(uv)_x] = 0, \tag{6.2.7}$$

式中，α 是非零的常数. 当 $\alpha=1$ 时，BK 方程（6.2.6）和方程（6.2.7）变成可从

KP 模型的内部相关参数的对称约束中得到的 2+1 维 BK 方程[317]. 当 $\alpha = -1$ 时，BK 方程（6.2.6）和方程（6.2.7）成为 2+1 维色散水波方程[318]. 当 $y = x$ 时，BK 方程（6.2.6）和方程（6.2.7）可约化为常用来描述长波在浅水中传播的 1+1 维 BK 方程[319].

为方便起见，假设 BK 方程（6.2.6）和方程（6.2.7）中的 u 和 v 有如下关系：

$$v = u_y.\tag{6.2.8}$$

利用上述关系，BK 方程（6.2.6）和方程（6.2.7）可约化为

$$u_{yt} + \alpha[2(uu_x)_y + u_{xxy}] = 0.\tag{6.2.9}$$

对式（6.2.9）关于 y 积分一次并令积分常数为零，我们得到

$$u_t + \alpha(2uu_x + u_{xx}) = 0.\tag{6.2.10}$$

不失一般性，假设式（6.2.10）的单波解为

$$u = \frac{a_1(y)\mathrm{e}^{\xi_1}}{1 + b_1(y)\mathrm{e}^{\xi_1} + \eta_1(y)},\tag{6.2.11}$$

式中，$\xi_1 = k_1(y)x + p_1(y)q_1(t) + w_1(y)$；$a_1(y)$、$b_1(y)$、$k_1(y)$、$p_1(y)$、$w_1(y)$、$\eta_1(y)$ 和 $q_1(t)$ 分别是 y 与 t 的待定函数. 将式（6.2.11）代入式（6.2.10），得到如下方程组

$$a_1(y)[1 + \eta_1(y)]^2[\alpha k_1^2(y) + p_1(y)q_1'(t)] = 0,\tag{6.2.12}$$

$$a_1(y)[1 + \eta_1(y)][2\alpha a_1(y)k_1(y) - \alpha b_1(y)k_1^2(y)\alpha + b_1(y)p_1(y)q_1'(t)] = 0,\tag{6.2.13}$$

解此方程组得

$$a_1(y) = b_1(y)k_1(y),\quad p_1(y) = -k_1^2(y),\quad q_1(t) = -\alpha t,\tag{6.2.14}$$

进而得到 BK 方程（6.2.6）和方程（6.2.7）的单波解

$$u = \frac{b_1(y)k_1(y)\mathrm{e}^{\xi_1}}{1 + b_1(y)\mathrm{e}^{\xi_1} + \eta_1(y)},\tag{6.2.15}$$

$$\begin{aligned}v =& \frac{b_1(y)k_1'(y)\mathrm{e}^{\xi_1} + b_1'(y)k_1(y)\mathrm{e}^{\xi_1} + b_1(y)k_1(y)\zeta_1\mathrm{e}^{\xi_1}}{1 + b_1(y)\mathrm{e}^{\xi_1} + \eta_1(y)}\\ &- \frac{b_1(y)k_1(y)\mathrm{e}^{\xi_1}[b_1'(y)\mathrm{e}^{\xi_1} + b_1(y)\zeta_1\mathrm{e}^{\xi_1} + \eta_1'(y)]}{[1 + b_1(y)\mathrm{e}^{\xi_1} + \eta_1(y)]^2},\end{aligned}\tag{6.2.16}$$

式中，$\xi_1 = k_1(y)x - \alpha k_1^2(y)t + w_1(y)$；$\zeta_1 = xk_1'(y) - 2\alpha k_1(y)k_1'(y)t + w_1'(y)$；$b_1(y)$、$k_1(y)$、$w_1(y)$ 和 $\eta_1(y)$ 都是 y 的任意函数.

假设式（6.2.10）有如下形式的双波解：

$$u = \frac{a_1(y)\mathrm{e}^{\xi_1} + a_2(y)\mathrm{e}^{\xi_2}}{1 + b_1(y)\mathrm{e}^{\xi_1} + b_2(y)\mathrm{e}^{\xi_2} + \eta_1(y) + \eta_2(y)}, \tag{6.2.17}$$

式中，$\xi_1 = k_1(y)x + p_1(y)q_1(t) + w_1(y)$；$\xi_2 = k_2(y)x + p_2(y)q_2(t) + w_2(y)$；$a_1(y)$、$a_2(y)$、$b_1(y)$、$b_2(y)$、$k_1(y)$、$k_2(y)$、$p_1(y)$、$p_2(y)$、$w_1(y)$、$w_2(y)$、$\eta_1(y)$、$\eta_2(y)$ 以及 $q_1(t)$ 和 $q_2(t)$ 分别是 y 与 t 的待定函数. 将式（6.2.17）代入式（6.2.10）得到关于待定函数的方程组，解此方程组得

$$a_i(y) = b_i(y)k_i(y), \quad p_i(y) = -k_i^2(y), \quad q_i(t) = -\alpha t \quad (i=1,2), \tag{6.2.18}$$

进而得到 BK 方程（6.2.6）和方程（6.2.7）的双波解

$$u = \frac{\displaystyle\sum_{i=1}^{2} b_i(y)k_i(y)\mathrm{e}^{\xi_i}}{1 + \displaystyle\sum_{i=1}^{2}[b_i(y)\mathrm{e}^{\xi_i} + \eta_i(y)]}, \tag{6.2.19}$$

$$v = \frac{\displaystyle\sum_{i=1}^{2}[b_i'(y)k_i(y)\mathrm{e}^{\xi_i} + b_i(y)k_i'(y)\mathrm{e}^{\xi_i} + b_i(y)k_i(y)\zeta_i\mathrm{e}^{\xi_i}]}{1 + \displaystyle\sum_{i=1}^{2}[b_i(y)\mathrm{e}^{\xi_i} + \eta_i(y)]}$$

$$- \frac{\left[\displaystyle\sum_{i=1}^{2} b_i(y)k_i(y)\mathrm{e}^{\xi_i}\right]\displaystyle\sum_{i=1}^{2}[b_i'(y)\mathrm{e}^{\xi_i} + b_i(y)\zeta_i\mathrm{e}^{\xi_i} + \eta_i'(y)]}{\left\{1 + \displaystyle\sum_{i=1}^{2}[b_i(y)\mathrm{e}^{\xi_i} + \eta_i(y)]\right\}^2}, \tag{6.2.20}$$

式中，$\xi_i = k_i(y)x - \alpha k_i^2(y)t + w_i(y)$；$\zeta_i = xk_i'(y) - 2\alpha k_i(y)k_i'(y)\mathrm{d}t + w_i'(y)$；$b_i(y)$、$k_i(y)$、$w_i(y)$ 以及 $\eta_i(y)$ 都是 y 的任意函数.

图 6.2.1 描述了二波解（6.2.20）相干结构的一个裂变过程，其中参数选取为

$$\alpha = 1, \quad b_1(y) = 1 + \operatorname{sech} y, \quad b_2(y) = 1 + 0.2\operatorname{sech} y, \tag{6.2.21}$$

$$k_1(y) = 1, \quad k_2(y) = 2, \quad \eta_1(y) = 0, \quad \eta_2(y) = 0, \quad w_1(y) = 0, \quad w_2(y) = 0, \tag{6.2.22}$$

当我们选取

$$k_1(y) = \operatorname{sech}(0.03y + 0.1), \quad k_2(y) = \operatorname{sech}(0.04y - 0.2), \tag{6.2.23}$$

而其他参数都保持不变时，由图 6.2.2 描述了二波解（6.2.20）相干结构的一个聚变现象.

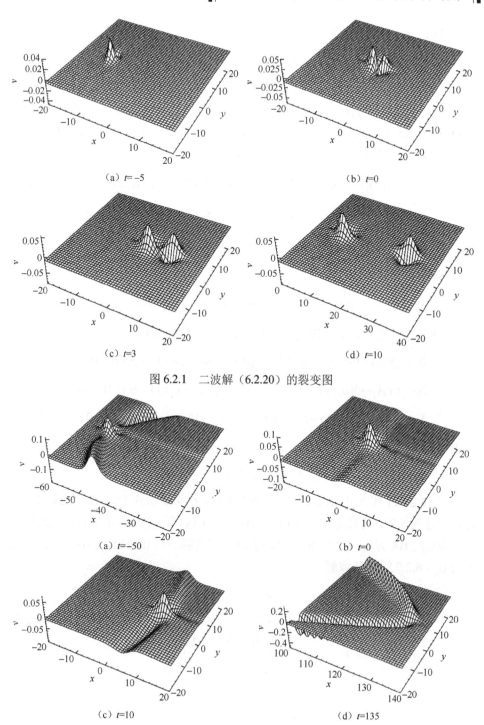

（a）$t=-5$　　　　　　　　　　（b）$t=0$

（c）$t=3$　　　　　　　　　　（d）$t=10$

图 6.2.1　二波解（6.2.20）的裂变图

（a）$t=-50$　　　　　　　　　　（b）$t=0$

（c）$t=10$　　　　　　　　　　（d）$t=135$

图 6.2.2　二波解（6.2.20）的聚变图

再假设式（6.2.10）的三波解为

$$u = \frac{a_1(y)\mathrm{e}^{\xi_1} + a_2(y)\mathrm{e}^{\xi_2} + a_3(y)\mathrm{e}^{\xi_3}}{1 + b_1(y)\mathrm{e}^{\xi_1} + b_2(y)\mathrm{e}^{\xi_2} + b_3(y)\mathrm{e}^{\xi_3} + \eta_1(y) + \eta_2(y) + \eta_3(y)}, \quad (6.2.24)$$

式中，$\xi_i = k_i(y)x + p_i(y)q_i(t) + w_i(y)$；$a_i(y)$、$b_i(y)$、$k_i(y)$、$p_i(y)$、$w_i(y)$ 和 $q_i(t)$ $(i = 1, 2, 3)$ 分别是 y 与 t 的待定函数. 将式（6.2.24）代入式（6.2.10）得到一个含有 18 个方程的方程组，其中 3 个简单方程为

$$a_1(y)[1 + \eta_1(y) + \eta_2(y) + \eta_3(y)]^2[\alpha k_1^2(y) + p_1(y)q_1'(t)] = 0, \quad (6.2.25)$$

$$a_2(y)[1 + \eta_1(y) + \eta_2(y) + \eta_3(y)]^2[\alpha k_2^2(y) + p_2(y)q_2'(t)] = 0, \quad (6.2.26)$$

$$a_3(y)[1 + \eta_1(y) + \eta_2(y) + \eta_3(y)]^2[\alpha k_3^2(y) + p_3(y)q_3'(t)] = 0. \quad (6.2.27)$$

从中解得

$$q_i(t) = -\alpha t, \quad p_i(y) = -k_i^2(y) \quad (i = 1, 2, 3). \quad (6.2.28)$$

将式（6.2.28）代入其余的各方程，其中的 3 个方程化为

$$2\alpha a_1(y)k_1(y)[a_1(y) - b_1(y)k_1(y)][1 + \eta_1(y) + \eta_2(y) + \eta_3(y)] = 0, \quad (6.2.29)$$

$$2\alpha a_2(y)k_2(y)[a_2(y) - b_2(y)k_2(y)][1 + \eta_1(y) + \eta_2(y) + \eta_3(y)] = 0, \quad (6.2.30)$$

$$2\alpha a_3(y)k_3(y)[a_3(y) - b_3(y)k_3(y)][1 + \eta_1(y) + \eta_2(y) + \eta_3(y)] = 0, \quad (6.2.31)$$

从中得到

$$a_i(y) = b_i(y)k_i(y) \quad (i = 1, 2, 3). \quad (6.2.32)$$

再将式（6.2.32）代入其余已被化简的各个方程，结果显示式（6.2.28）和式（6.2.32）正是要寻找的解，而且 $b_i(y)$、$k_i(y)$、$p_i(y)$、$w_i(y)$ 和 $\eta_i(y)$ 都是 y 的任意函数. 这样就可确定 BK 方程（6.2.6）和方程（6.2.7）的三波解，并由此归纳出 BK 方程（6.2.6）和方程（6.2.7）的 N-波解

$$u = \frac{\displaystyle\sum_{i=1}^{N} b_i(y)k_i(y)\mathrm{e}^{\xi_i}}{1 + \displaystyle\sum_{i=1}^{N}[b_i(y)\mathrm{e}^{\xi_i} + \eta_i(y)]}, \quad (6.2.33)$$

$$v = \frac{\displaystyle\sum_{i=1}^{N}[b_i'(y)k_i(y)\mathrm{e}^{\xi_i} + b_i(y)k_i'(y)\mathrm{e}^{\xi_i} + b_i(y)k_i(y)\zeta_i\mathrm{e}^{\xi_i}]}{1+\displaystyle\sum_{i=1}^{N}[b_i(y)\mathrm{e}^{\xi_i} + \eta_i(y)]}$$

$$-\frac{\left[\displaystyle\sum_{i=1}^{N}b_i(y)k_i(y)\mathrm{e}^{\xi_i}\right]\displaystyle\sum_{i=1}^{N}[b_i'(y)\mathrm{e}^{\xi_i} + b_i(y)\zeta_i\mathrm{e}^{\xi_i} + \eta_i'(y)]}{\left\{1+\displaystyle\sum_{i=1}^{N}[b_i(y)\mathrm{e}^{\xi_i} + \eta_i(y)]\right\}^2}, \qquad （6.2.34）$$

式中，　$\xi_i = k_i(y)x - \alpha k_i^2(y)t + w_i(y)$；　$\zeta_i = xk_1'(y) - 2\alpha k_1(y)k_1'(y)t + w_1'(y)$；　$b_i(y)$、$k_i(y)$、$w_i(y)$ 和 $\eta_i(y)$ 为 y 的任意函数.

对于如下形式的变系数 KdV 方程[320]

$$u_t + K_0(t)(u_{xxx} + 6uu_x) + 4K_1(t)u_x - h(t)(xu_x + 2u) = 0, \qquad （6.2.35）$$

我们同样可得到其 N-波解[309]，其中的双波解拟解为

$$u = \frac{a_{10}(t)\mathrm{e}^{\xi_1} + a_{01}(t)\mathrm{e}^{\xi_2} + a_{11}(t)\mathrm{e}^{\xi_1+\xi_2} + a_{21}(t)\mathrm{e}^{2\xi_1+\xi_2} + a_{12}(t)\mathrm{e}^{\xi_1+2\xi_2}}{(1+b_1\mathrm{e}^{\xi_1} + b_2\mathrm{e}^{\xi_2} + b_3\mathrm{e}^{\xi_1+\xi_2})^2}, \qquad （6.2.36）$$

式中，$\xi_1 = l_1(t)x + s_1(t) + w_1$；$\xi_2 = l_2(t)x + s_2(t) + w_2$；$l_1(t)$、$l_2(t)$、$s_1(t)$、$s_2(t)$、$a_{10}(t)$、$a_{01}(t)$、$a_{11}(t)$、$a_{21}(t)$ 和 $a_{12}(t)$ 是 t 的待定函数；b_1、b_2 和 b_3 是待定常数；w_1 和 w_2 是任意常数. 通过计算可求得

$$a_{10}(t) = 2b_1 l_1^2 \mathrm{e}^{2\int h(t)\mathrm{d}t}, \quad a_{01}(t) = 2b_2 l_2^2 \mathrm{e}^{2\int h(t)\mathrm{d}t}, \qquad （6.2.37）$$

$$a_{11}(t) = 4b_1 b_2 \mathrm{e}^{2\int h(t)\mathrm{d}t}(l_1 - l_2)^2, \quad a_{21}(t) = \frac{2b_1^2 b_2 l_2^2 \mathrm{e}^{2\int h(t)\mathrm{d}t}(l_1 - l_2)^2}{(l_1 + l_2)^2}, \qquad （6.2.38）$$

$$a_{12}(t) = \frac{2b_1 b_2^2 l_1^2 \mathrm{e}^{2\int h(t)\mathrm{d}t}(l_1 - l_2)^2}{(l_1 + l_2)^2}, \quad b_3 = \frac{b_1 b_2(l_1 - l_2)^2}{(l_1 + l_2)^2}, \qquad （6.2.39）$$

$$l_i(t) = l_i \mathrm{e}^{\int h(t)\mathrm{d}t}, \quad s_i(t) = -\int\left[l_i^3 K_0(t)\mathrm{e}^{3\int h(t)\mathrm{d}t} + 4l_i K_1(t)\mathrm{e}^{\int h(t)\mathrm{d}t}\right]\mathrm{d}t \quad (i=1,2), \qquad （6.2.40）$$

式中，b_1、b_2、b_3、l_1 和 l_2 是任意常数.

6.3 半离散多重有理指数函数拟解构造多波解

2010 年，Zhang 等[300]为推广指数函数法构造半离散方程的多波解，将多重有理指数函数形式的拟解进一步半离散化，并通过实际算例阐述了半离散多重有理指数函数拟解的有效性与可行性. 本节具体介绍该半离散多重有理指数函数拟解及其在 1+1 维 Toda 链方程中的应用.

6.3.1 半离散多重有理指数函数拟解

考虑非线性的半离散方程

$$\Delta(u_{n+p_1}(x),\cdots,u_{n+p_k}(x),\cdots,u_{n+p_1,rx}(x),\cdots,u_{n+p_k,rx}(x))=0,\qquad(6.3.1)$$

式中，$u_{n+p_1}(x)=(u_{1,n+p_1}(x),u_{2,n+p_1}(x),\cdots,u_{M,n+p_1}(x))$ 是因变量；$x=(x_1,x_2,\cdots,x_N)$ 是连续变量；$n=(n_1,n_2,\cdots,n_Q)$ 是离散变量；$p_s=(p_{s1},p_{s2},\cdots,p_{sQ})\in\mathbb{Z}^Q$ 是位移向量 $(s=1,2,\cdots,k)$；$u_{n+p_s,rx}(x)$ 表示 $\partial^r u_{n+p_s}(x)/\partial x_1^{r_1}\partial x_2^{r_2}\cdots\partial x_N^{r_N}$；$\sum_{i=1}^{N}r_i=r\in\mathbb{N}^+$. 我们将拟解（6.2.2）推广为如下半离散多重有理指数函数形式

$$u_{l,n+p_s}=\frac{\sum_{i_1=0}^{p_{l1}}\sum_{i_2=0}^{p_{l2}}\cdots\sum_{i_N=0}^{p_{lN}}a_{l_{i_1i_2\cdots i_N}}e^{\sum_{g=1}^{N}i_g[\xi_{g,n}+\varphi(s)]}}{\sum_{j_1=0}^{q_{l1}}\sum_{j_2=0}^{q_{l2}}\cdots\sum_{j_N=0}^{q_{lN}}b_{l_{j_1j_2\cdots j_N}}e^{\sum_{g=1}^{N}j_g[\xi_{g,n}+\varphi(s)]}}\quad(l=1,2,\cdots,M),\qquad(6.3.2)$$

式中，p_{lm} 和 q_{lm} $(m=1,2,\cdots,N)$ 是通过平衡原则适当选取的常数，且

$$\xi_{g,n}=\sum_{i=1}^{Q}d_{gi}n_i+\sum_{j=1}^{N}c_{gj}x_j+w_g,\quad\varphi(s)=\sum_{i=1}^{Q}d_{gi}p_{si},\qquad(6.3.3)$$

式中，d_{gi} $(i=1,2,\cdots,Q)$ 和 c_{gj} $(j=1,2,\cdots,N)$ 是待定常数；w_g $(g=1,2,\cdots,N)$ 是任意常数.

6.3.2 Toda 链方程的多波解

利用式（6.3.2）构造半离散方程（6.3.1）的多波解的具体过程与 6.2 节类似，这里不再详述. 作为例子，我们考虑 1+1 维 Toda 链方程[3]

$$\frac{\mathrm{d}^2 y_n}{\mathrm{d} t^2} = \mathrm{e}^{y_{n-1}} - 2\mathrm{e}^{y_n} + \mathrm{e}^{y_{n+1}}. \tag{6.3.4}$$

为构造 Toda 链方程（6.3.4）的多波解，我们取变换

$$\frac{\mathrm{d} u_n}{\mathrm{d} t} = \mathrm{e}^{y_n} - 1, \tag{6.3.5}$$

则

$$\mathrm{e}^{y_n} = \frac{\mathrm{d} u_n}{\mathrm{d} t} + 1, \quad \mathrm{e}^{y_{n-1}} = \frac{\mathrm{d} u_{n-1}}{\mathrm{d} t} + 1, \quad \mathrm{e}^{y_{n+1}} = \frac{\mathrm{d} u_{n+1}}{\mathrm{d} t} + 1. \tag{6.3.6}$$

将式（6.3.6）代入式（6.3.4）得

$$\frac{\mathrm{d}^2 y_n}{\mathrm{d} t^2} = \frac{\mathrm{d} u_{n-1}}{\mathrm{d} t} - 2\frac{\mathrm{d} u_n}{\mathrm{d} t} + \frac{\mathrm{d} u_{n+1}}{\mathrm{d} t}. \tag{6.3.7}$$

对式（6.3.7）关于 t 积分一次并令积分常数为零，我们得到

$$\frac{\mathrm{d} y_n}{\mathrm{d} t} = u_{n-1} - 2u_n + u_{n+1}. \tag{6.3.8}$$

式（6.3.5）对 t 求导，由式（6.3.6）的第一式和式（6.3.8）得到 Toda 晶格方程

$$\frac{\mathrm{d}^2 u_n}{\mathrm{d} t^2} = \left(\frac{\mathrm{d} u_n}{\mathrm{d} t} + 1 \right)(u_{n-1} - 2u_n + u_{n+1}). \tag{6.3.9}$$

在式（6.3.9）中，$p_1 = -1$，$p_2 = 0$，$p_3 = 1$. 接下来由式（6.3.9）间接构造 Toda 链方程（6.3.4）的多波解. 对于单波解，我们假设

$$u_n = \frac{a_1 \mathrm{e}^{\xi_1}}{1 + b_1 \mathrm{e}^{\xi_1}}, \quad u_{n-1} = \frac{a_1 \mathrm{e}^{\xi_1 - d_1}}{1 + b_1 \mathrm{e}^{\xi_1 - d_1}}, \quad u_{n+1} = \frac{a_1 \mathrm{e}^{\xi_1 + d_1}}{1 + b_1 \mathrm{e}^{\xi_1 + d_1}}, \tag{6.3.10}$$

式中，$\xi_1 - d_1 n + c_1 t + w_1$；$u_1$、$b_1$、$c_1$ 和 d_1 是待定常数；w_1 是任意常数. 利用 Mathematica 将式（6.3.10）代入式（6.3.9），然后去分母，再收集指数函数同次幂的系数并令其为零，得到一个关于待定常数的代数方程组

$$-a_1 + 2a_1 \mathrm{e}^{d_1} + a_1 c_1^2 \mathrm{e}^{d_1} - a_1 \mathrm{e}^{2d_1} = 0, \tag{6.3.11}$$

$$-a_1 b_1 - a_1^2 c_1 + a_1 b_1 c_1^2 + 2a_1 b_1 \mathrm{e}^{d_1} + 2a_1^2 c_1 \mathrm{e}^{d_1} - a_1 b_1 c_1^2 \mathrm{e}^{d_1} - a_1 b_1 \mathrm{e}^{2d_1}$$

$$-a_1^2 c_1 \mathrm{e}^{2d_1} + a_1 b_1 c_1^2 \mathrm{e}^{2d_1} = 0, \tag{6.3.12}$$

$$a_1 b_1^2 + a_1^2 b_1 c_1 - a_1 b_1^2 c_1^2 - 2a_1 b_1^2 \mathrm{e}^{d_1} - 2a_1^2 b_1 c_1 \mathrm{e}^{d_1} + a_1 b_1^2 c_1^2 \mathrm{e}^{d_1} + a_1 b_1^2 \mathrm{e}^{2d_1}$$

$$+a_1^2 b_1 c_1 \mathrm{e}^{2d_1} - a_1 b_1^2 c_1^2 \mathrm{e}^{2d_1} = 0, \tag{6.3.13}$$

$$a_1 b_1^3 - 2a_1 b_1^3 \mathrm{e}^{d_1} - a_1 b_1^3 c_1^2 \mathrm{e}^{d_1} + a_1 b_1^3 \mathrm{e}^{2d_1} = 0. \tag{6.3.14}$$

解此方程组并经整理后得

$$a_1 = 2b_1 \sinh\frac{d_1}{2}, \quad c_1 = 2\sinh\frac{d_1}{2}, \tag{6.3.15}$$

进而得 Toda 链方程（6.3.4）的单波解

$$y_n = \ln\left[2b_1 \sinh\frac{k_1}{2}\left(\frac{e^{\xi_1}}{1+b_1 e^{\xi_1}}\right)_t + 1\right] = \ln\left\{[\ln(1+b_1 e^{\xi_1})]_{tt} + 1\right\}, \tag{6.3.16}$$

式中，$\xi_1 = d_1 n + 2\sinh(d_1 t/2)t + w_1$；$b_1$、$d_1$ 和 w_1 为任意常数．

对于双波解，我们假设

$$u_n(t) = \frac{a_{10}e^{\xi_1} + a_{01}e^{\xi_2} + a_{11}e^{\xi_1+\xi_2}}{1 + b_1 e^{\xi_1} + b_2 e^{\xi_2} + b_3 e^{\xi_1+\xi_2}}, \tag{6.3.17}$$

$$u_{n-1}(t) = \frac{a_{10}e^{\xi_1-d_1} + a_{01}e^{\xi_2-d_2} + a_{11}e^{\xi_1+\xi_2-d_1-d_2}}{1 + b_1 e^{\xi_1-d_1} + b_2 e^{\xi_2-d_2} + b_3 e^{\xi_1+\xi_2-d_1-d_2}}, \tag{6.3.18}$$

$$u_{n+1}(t) = \frac{a_{10}e^{\xi_1+d_1} + a_{01}e^{\xi_2+d_2} + a_{11}e^{\xi_1+\xi_2+d_1+d_2}}{1 + b_1 e^{\xi_1+d_1} + b_2 e^{\xi_2+d_2} + b_3 e^{\xi_1+\xi_2+d_1+d_2}}, \tag{6.3.19}$$

式中，$\xi_1 = d_1 n + c_1 t + w_1$；$\xi_2 = d_2 n + c_2 t + w_2$；$a_{10}$、$a_{01}$、$b_1$、$b_2$、$b_3$、$c_1$、$c_2$、$d_1$ 和 d_2 是待定常数；w_1 和 w_2 是任意常数．将式（6.3.17）～式（6.3.19）代入式（6.3.9），得到关于待定常数的含有 32 个方程的代数方程组．先考虑其中的 9 个方程

$$-a_{10}e^{d_1}e^{2d_2} + 2a_{10}e^{2d_1}e^{2d_2} + a_{10}c_1^2 e^{2d_1}e^{2d_2} - a_{10}e^{3d_1}e^{2d_2} = 0, \tag{6.3.20}$$

$$-a_{10}b_1 e^{d_1}e^{2d_2} - a_{10}^2 c_1 e^{d_1}e^{2d_2} + a_{10}b_1 c_1^2 e^{d_1}e^{2d_2} + 2a_{10}b_1 e^{2d_1}e^{2d_2} + 2a_{10}^2 c_1 e^{2d_1}e^{2d_2}$$

$$+a_{101}e^{\xi_1+\xi_3+d_1+k_3} + a_{011}e^{\xi_2+\xi_3+d_2+k_3} + a_{111}e^{\xi_1+\xi_2+\xi_3+d_1+d_2+k_3}$$

$$-a_{10}b_1 c_1^2 e^{2d_1}e^{2d_2} - a_{10}b_1 e^{2d_1}e^{2d_2} - a_{10}^2 c_1 e^{3d_1}e^{2d_2} + a_{10}b_1 c_1^2 e^{3d_1}e^{2d_2} = 0, \tag{6.3.21}$$

$$a_{10}b_1^2 e^{d_1}e^{2d_2} + a_{10}^2 b_1 c_1 e^{d_1}e^{2d_2} - a_{10}b_1^2 c_1^2 e^{d_1}e^{2d_2} - 2a_{10}b_1^2 e^{2d_1}e^{2d_2} - 2a_{10}^2 b_1 c_1 e^{2d_1}e^{2d_2}$$

$$+a_{10}b_1^2 c_1^2 e^{2d_1}e^{2d_2} + a_{10}b_1^2 e^{3d_1}e^{2d_2} + a_{10}^2 b_1 c_1 e^{3d_1}e^{2d_2} - a_{10}b_1^2 c_1^2 e^{3d_1}e^{2d_2} = 0, \tag{6.3.22}$$

$$a_{10}b_1^3 e^{d_1}e^{2d_2} - 2a_{10}b_1^3 e^{2d_1}e^{2d_2} - a_{10}b_1^3 c_1^2 e^{2d_1}e^{2d_2} + a_{10}b_1^3 e^{3d_1}e^{2d_2} = 0, \tag{6.3.23}$$

$$-a_{01}e^{2d_1}e^{d_2} + 2a_{01}e^{2d_1}e^{2d_2} + a_{01}c_2^2 e^{2d_1}e^{2d_2} - a_{01}e^{2d_1}e^{3d_2} = 0, \tag{6.3.24}$$

$$-a_{01}b_2 e^{2d_1}e^{d_2} - a_{01}^2 c_2 e^{2d_1}e^{d_2} + a_{01}b_2 c_2^2 e^{2d_1}e^{d_2} + 2a_{01}b_2 e^{2d_1}e^{2d_2} + 2a_{01}^2 c_2 e^{2d_1}e^{2d_2}$$

$$-a_{01}b_2 c_2^2 e^{2d_1}e^{2d_2} - a_{01}b_2 e^{2d_1}e^{3d_2} - a_{01}^2 c_2 e^{2d_1}e^{3d_2} + a_{01}b_2 c_2^2 e^{2d_1}e^{3d_2} = 0, \tag{6.3.25}$$

$$a_{01}b_2^2 e^{2d_1}e^{d_2} + a_{01}^2 b_2 c_2 e^{2d_1}e^{d_2} - a_{01}b_2^2 c_2^2 e^{2d_1}e^{d_2} - 2a_{01}b_2^2 e^{2d_1}e^{2d_2} - 2a_{01}^2 b_2 c_2 e^{2d_1}e^{2d_2}$$

$$+a_{01}b_2^2 c_2^2 e^{2d_1}e^{2d_2} + a_{01}b_2^2 e^{2d_1}e^{3d_2} + a_{01}^2 b_2 c_2 e^{2d_1}e^{3d_2} - a_{01}b_2^2 c_2^2 e^{2d_1}e^{3d_2} = 0, \tag{6.3.26}$$

$$a_{01}b_2^3 e^{2d_1}e^{d_2} - 2a_{01}b_2^3 e^{2d_1}e^{2d_2} - a_{01}b_2^3 c_2^2 e^{2d_1}e^{2d_2} + a_{01}b_2^3 e^{2d_1}e^{3d_2} = 0, \quad (6.3.27)$$

$$-a_{11}e^{d_1}e^{d_2} - 3a_{01}b_1 e^{2d_1}e^{d_2} + 2a_{10}b_2 e^{2d_1}e^{d_2} - a_{01}a_{10}c_1 e^{2d_1}e^{d_2} + a_{10}b_2 c_1^2 e^{2d_1}e^{d_2}$$

$$-a_{01}b_1 e^{3d_1}e^{d_2} - a_{10}b_2 e^{3d_1}e^{d_2} + 2a_{01}b_1 e^{d_1}e^{2d_2} - 3a_{10}b_2 e^{d_1}e^{2d_2}$$

$$-a_{01}a_{10}c_2 e^{d_1}e^{2d_2} + a_{01}b_1 c_2^2 e^{d_1}e^{2d_2} + 2a_{11}e^{2d_1}e^{2d_2} + 4a_{01}b_1 e^{2d_1}e^{2d_2}$$

$$+4a_{10}b_2 e^{2d_1}e^{2d_2} + 2a_{01}a_{10}c_1 e^{2d_1}e^{2d_2} + a_{11}c_1^2 e^{2d_1}e^{2d_2} - a_{01}b_1 c_1^2 e^{2d_1}e^{2d_2}$$

$$+2a_{10}b_2 c_1^2 e^{2d_1}e^{2d_2} + 2a_{01}a_{10}c_2 e^{2d_1}e^{2d_2} + 2a_{11}c_1 c_2 e^{2d_1}e^{2d_2} - 2a_{01}b_1 c_1 c_2 e^{2d_1}e^{2d_2}$$

$$-2a_{10}b_2 c_1 c_2 e^{2d_1}e^{2d_2} + a_{11}c_2^2 e^{2d_1}e^{2d_2} + 2a_{01}b_1 c_2^2 e^{2d_1}e^{2d_2} - a_{10}b_2 c_2^2 e^{2d_1}e^{2d_2}$$

$$+2a_{01}b_1 e^{3d_1}e^{2d_2} - 3a_{10}b_2 e^{3d_1}e^{2d_2} - a_{01}a_{10}c_2 e^{3d_1}e^{2d_2} + a_{01}b_1 c_2^2 e^{3d_1}e^{2d_2}$$

$$-a_{01}b_1 e^{d_1}e^{3d_2} - a_{10}b_2 e^{d_1}e^{3d_2} - 3a_{01}b_1 e^{2d_1}e^{3d_2} + 2a_{10}b_2 e^{2d_1}e^{3d_2} - a_{01}a_{10}c_1 e^{2d_1}e^{3d_2}$$

$$+a_{10}b_2 c_1^2 e^{2d_1}e^{3d_2} - a_{11}e^{3d_1}e^{3d_2} = 0, \quad (6.3.28)$$

我们可以从中得到

$$c_1 = e^{\frac{1}{2}d_1} - e^{-\frac{1}{2}d_1}, \quad c_2 = e^{\frac{1}{2}d_2} - e^{-\frac{1}{2}d_2}, \quad a_{10} = b_1(e^{\frac{1}{2}d_1} - e^{-\frac{1}{2}d_1}), \quad (6.3.29)$$

$$a_{01} = b_2(e^{\frac{1}{2}d_2} - e^{-\frac{1}{2}d_2}), \quad a_{11} = \frac{b_1 b_2(e^{\frac{1}{2}d_1} - e^{\frac{1}{2}d_2})^2(e^{\frac{1}{2}d_1} + e^{\frac{1}{2}d_2})}{e^{d_1+d_2} - e^{\frac{1}{2}(d_1+d_2)}}, \quad (6.3.30)$$

然后再把上述结果分别代入其余的每一个方程，其中一个复杂方程被简化为

$$\frac{b_1^3 e^{d_2}(e^{d_1}+1)(e^{d_2}-1)(e^{\frac{1}{2}d_1} - e^{\frac{1}{2}d_2})(e^{d_1}-1)^2[b_1 b_2(e^{\frac{1}{2}d_1} - e^{\frac{1}{2}d_2})^2 - b_3(e^{\frac{1}{2}(d_1+d_2)}-1)^2]}{e^{\frac{1}{2}(d_1+d_2)}-1} = 0.$$

$$(6.3.31)$$

由式（6.3.31）解得

$$b_3 = \frac{b_1 b_2(e^{\frac{1}{2}d_1} - e^{\frac{1}{2}d_2})^2}{(e^{\frac{1}{2}(d_1+d_2)}-1)^2}, \quad (6.3.32)$$

并将 b_3 代入到其余各个方程，从中解得

$$a_{10} = 2b_1 \sinh\frac{d_1}{2}, \quad a_{01} = 2b_2 \sinh\frac{d_2}{2}, \quad a_{11} = 2b_1 b_2 e^{B_{12}}(\sinh\frac{d_1}{2} + \sinh\frac{d_2}{2}), \quad (6.3.33)$$

$$b_3 = b_1 b_2 e^{B_{12}}, \quad c_1 = 2\sinh\frac{d_1}{2}, \quad c_2 = 2\sinh\frac{d_2}{2}, \quad e^{B_{12}} = \frac{\sinh^2\frac{d_1-d_2}{4}}{\sinh^2\frac{d_1+d_2}{4}}. \quad (6.3.34)$$

进而得到 Toda 链方程（6.3.4）的双波解

$$y_n = \ln\left\{2\left[\frac{b_1\sinh\dfrac{d_1}{2}\mathrm{e}^{\xi_1} + b_2\sinh\dfrac{d_2}{2}\mathrm{e}^{\xi_2} + b_1b_2\left(\sinh\dfrac{d_1}{2} + \sinh\dfrac{d_2}{2}\right)\mathrm{e}^{\xi_1+\xi_2+B_{12}}}{1 + b_1\mathrm{e}^{\xi_1} + b_2\mathrm{e}^{\xi_2} + b_1b_2\mathrm{e}^{\xi_1+\xi_2+B_{12}}}\right]_t + 1\right\}$$

$$= \ln\left\{[\ln(1 + b_1\mathrm{e}^{\xi_1} + b_2\mathrm{e}^{\xi_2} + b_1b_2\mathrm{e}^{\xi_1+\xi_2+B_{12}})]_{tt} + 1\right\}, \qquad (6.3.35)$$

式中，$\xi_i = d_i n + 2\sinh(d_i t/2)t + w_i \ (i=1,2)$；$b_1$、$b_2$、$d_1$、$d_2$、$w_1$ 和 w_2 都是任意常数；$\mathrm{e}^{B_{12}}$ 由式（6.3.34）确定.

类似地，我们可构造出三波解. 若取

$$\xi_i = d_i n + 2\sinh\frac{d_i}{2}t + w_i \quad (i=1,2,\cdots,N), \qquad (6.3.36)$$

$$\mathrm{e}^{B_{ij}} = \frac{\sinh^2\dfrac{d_i - d_j}{4}}{\sinh^2\dfrac{d_i + d_j}{4}} \quad (1\leqslant i < j \leqslant N), \qquad (6.3.37)$$

则可归纳出 Toda 链方程（6.3.4）的 N-波解

$$y_n = \ln\left\{\left[\ln\left(\sum_{\mu=0,1}\prod_{i=1}^{N}b_i^{\mu_i}\mathrm{e}^{\sum\limits_{i=1}^{N}\mu_i\xi_i + \sum\limits_{1\leqslant i<j\leqslant N}\mu_i\mu_j B_{ij}}\right)\right]_{tt} + 1\right\}, \qquad (6.3.38)$$

式中，b_i 是任意非零常数. 当 $b_i = 1$ 时，式（6.3.38）变成由双线性方法得到的已知解[3].

6.4 复多重有理指数函数拟解构造孤波解、多波解和怪波解

KdV 方程、SG 方程和 NLS 方程是三个最经典的完全可积非线性模型，同时拥有 N-孤子解为它们的显著共性之一. 具有强非线性的 NLS 方程不但在模拟怪波中最具代表性，还在量子力学中占据异常重要的地位. 构造非线性可积系统的怪波解已有一些比较合适的方法，其中主要有 DT、IST、代数几何约化、双线性方法等. 2019 年，Zhang 等[321] 所给出的多重有理指数函数拟解不但可以构造非线性可积系统的孤波解等多种类型的精确解，还可以用来构造怪波解. 作为例子，我们具体考虑如下形式的变系数 NLS 方程[322]：

$$\mathrm{i}\phi_x + \frac{1}{2}\alpha(x)\phi_{tt} + \beta(x)|\phi|^2\,\phi = \mathrm{i}\gamma(x)\phi, \qquad (6.4.1)$$

式中，$\phi(x,t)$ 是传播距离 x 与迟滞时间 t 的二元函数；$\alpha(x)$、$\beta(x)$、$\gamma(x)$ 分别表示群速色散、非线性和分布增益. 若我们取 $\alpha(x)=2$、$\beta(x)=\mp1$、$\gamma(x)=0$，则变系数 NLS 方程（6.4.1）转化为常系数的散焦和非散焦 NLS 方程[17]

$$\mathrm{i}\phi_x + \phi_{tt} \pm |\phi|^2\,\phi = 0. \qquad (6.4.2)$$

6.4.1　复多重有理指数函数拟解

为便于统一构造 NLS 方程（6.4.2）的孤波解、多波解和怪波解，我们调整并推广多重有理指数函数拟解（6.2.2）为

$$\phi = \frac{\displaystyle\sum_{i_1=0}^{p_1}\sum_{i_2=0}^{p_2}\cdots\sum_{i_{2N}=0}^{p_{2N}} a_{i_1 i_2\cdots i_{2N}}\,\mathrm{e}^{\sum\limits_{g=1}^{N}(i_g\xi_g+i_{g+N}\xi_g^*)}}{\displaystyle\sum_{j_1=0}^{q_1}\sum_{j_2=0}^{q_2}\cdots\sum_{j_{2N}=0}^{q_{2N}} b_{j_1 j_2\cdots j_{2N}}\,\mathrm{e}^{\sum\limits_{g=1}^{N}(j_g\xi_g+j_{g+N}\xi_g^*)}} \qquad (N\geqslant 1), \qquad (6.4.3)$$

式中，p_1，p_2，$\cdots$，p_{2N} 和 q_1，q_2，$\cdots$，q_{2N} 是由齐次平衡过程确定的合适整数；$a_{i_1 i_2\cdots i_{2N}}$ 和 $b_{j_1 j_2\cdots j_{2N}}$ 是待定复常数；$*$ 表示复共轭，且

$$\xi_g = k_g t + c_g x + d_g, \quad \xi_g^* = k_g^* t + c_g^* x + d_g^*, \qquad (6.4.4)$$

其中，c_g 和 k_g 是待定复常数，d_g 是任意复常数.

根据不同需要，下面给出式（6.4.3）的三个特殊情形.

情形 1　间接孤波拟解：

$$\phi = \frac{a_0 + a_1\mathrm{e}^{\xi_1} + a_2\mathrm{e}^{2\xi_1}}{b_0 + b_1\mathrm{e}^{\xi_1} + b_2\mathrm{e}^{2\xi_1}}. \qquad (6.4.5)$$

直接用于 NLS 方程（6.4.2）经分离实部和虚部变换后所得的两个实方程，从而式（6.4.3）实现以间接的方式用于构造 NLS 方程（6.4.2）的孤波解.

情形 2　直接多波解拟解. 以直接方式用于构造式（6.4.2）的多孤波解，而式（6.4.2）事先不必分离实部与虚部.

当 $N=1$ 时，式（6.4.3）成为直接单波拟解

$$\phi = \frac{\sum\limits_{i_1=0}^{p_1}\sum\limits_{i_2=0}^{p_2} a_{i_1 i_2}\, \mathrm{e}^{i_1\xi_1 + i_2\xi_1^*}}{\sum\limits_{j_1=0}^{q_1}\sum\limits_{j_2=0}^{q_2} b_{j_1 j_2}\, \mathrm{e}^{j_1\xi_1 + j_2\xi_1^*}},$$
（6.4.6）

以直接的方式用于构造 NLS 方程（6.4.2）的单波解.

当 $N=2$ 时，式（6.4.3）成为直接双波拟解

$$\phi = \frac{\sum\limits_{i_1=0}^{p_1}\sum\limits_{i_2=0}^{p_2}\sum\limits_{i_3=0}^{p_3}\sum\limits_{i_4=0}^{p_4} a_{i_1 i_2 i_3 i_4}\, \mathrm{e}^{\sum\limits_{g=1}^{2}(i_g\xi_g + i_{g+2}\xi_g^*)}}{\sum\limits_{j_1=0}^{q_1}\sum\limits_{j_2=0}^{q_2}\sum\limits_{j_3=0}^{q_3}\sum\limits_{j_4=0}^{q_4} b_{j_1 j_2 j_3 j_4}\, \mathrm{e}^{\sum\limits_{g=1}^{2}(j_g\xi_g + j_{g+2}\xi_g^*)}},$$
（6.4.7）

以直接的方式用于构造 NLS 方程（6.4.2）的双波解.

当 $N=3$ 时，式（6.4.3）成为直接三波拟解

$$\phi = \frac{\sum\limits_{i_1=0}^{p_1}\sum\limits_{i_2=0}^{p_2}\sum\limits_{i_3=0}^{p_3}\sum\limits_{i_4=0}^{p_4}\sum\limits_{i_5=0}^{p_5}\sum\limits_{i_6=0}^{p_6} a_{i_1 i_2 i_3 i_4 i_5 i_6}\, \mathrm{e}^{\sum\limits_{g=1}^{3}(i_g\xi_g + i_{g+3}\xi_g^*)}}{\sum\limits_{j_1=0}^{q_1}\sum\limits_{j_2=0}^{q_2}\sum\limits_{j_3=0}^{q_3}\sum\limits_{j_4=0}^{q_4}\sum\limits_{j_5=0}^{q_5}\sum\limits_{j_6=0}^{q_6} b_{j_1 j_2 j_3 j_4 j_5 j_6}\, \mathrm{e}^{\sum\limits_{g=1}^{3}(j_g\xi_g + j_{g+3}\xi_g^*)}},$$
（6.4.8）

以直接的方式用于构造 NLS 方程（6.4.2）的三波解.

情形 3 直接怪波拟解：

$$\phi = \frac{a_0 + a_1\cos\frac{1}{2}(\xi_1 - \xi_1^*)\mathrm{e}^{\xi_1 - k_1 t} + a_2\mathrm{e}^{\xi_1 + \xi_1^*}}{b_0 + b_1\cos\frac{1}{2}(\xi_1 - \xi_1^*)\mathrm{e}^{\xi_1 - k_1 t} + b_2\mathrm{e}^{\xi_1 + \xi_1^*}}$$
（6.4.9）

以直接的方式用于构造 NLS 方程（6.4.2）的怪波解，这里 $\xi_1 = k_1 t + c_1 x + d_1$ 和 $\xi_1^* = k_1^* t + c_1^* x + d_1^*$ 中的待定参数满足关系式 $k_1 = -k_1^*$ 和 $c_1 = c_1^*$.

6.4.2 变系数 NLS 方程的孤波解

定理 6.4.1 设群速色散项、非线性项和分布增益项的系数函数 $\alpha(x)$、$\beta(x)$ 和 $\gamma(x)$ 之间满足关系

$$\gamma(x) = -\frac{\alpha(x)}{f_0 + 2\int \alpha(x)\mathrm{d}x} + \frac{\alpha'(x)}{2\alpha(x)} - \frac{\beta'(x)}{2\beta(x)},$$
（6.4.10）

则变系数 NLS 方程（6.4.1）存在如下形式的孤波解：

$$\phi = \pm \frac{q_0(1 - b_1 e^{\xi})}{2\left[f_0 + 2\int \alpha(x)\mathrm{d}x\right](1 + b_1 e^{\xi})} \sqrt{-\frac{\alpha(x)}{\beta(x)}} e^{i\left\{\frac{2(2t+g_0)^2 + q_0^2}{8\left[f_0 + 2\int \alpha(x)\mathrm{d}x\right]} + h_0\right\}}, \qquad (6.4.11)$$

式中，b_1、f_0、h_0、g_0 和 q_0 是常数，且

$$\xi = \frac{g_0 q_0}{f_0 + 2\int \alpha(x)\mathrm{d}x} + \frac{q_0}{2\left[f_0 + 2\int \alpha(x)\mathrm{d}x\right]}t. \qquad (6.4.12)$$

证　取变换

$$\phi = A e^{i\theta}, \quad A = A(x,t), \quad \theta = \theta(x,t), \qquad (6.4.13)$$

式中，振幅 A 和相位函数 θ 待定，分离变系数 NLS 方程（6.4.1）的实部与虚部

$$-A\theta_x + \frac{1}{2}\alpha(x)(A_{tt} - A\theta_t^2) + \beta(x)A^3 = 0, \qquad (6.4.14)$$

$$A_x + \frac{1}{2}\alpha(x)(2A_t\theta_t + A\theta_{tt}) - \gamma(x)A = 0. \qquad (6.4.15)$$

假设

$$A = \frac{a_0(x) + a_1(x)e^{\xi}}{1 + b_1 e^{\xi}}, \qquad (6.4.16)$$

$$\xi = p(x) + q(x)t, \qquad (6.4.17)$$

$$\theta = f(x)t^2 + g(x)t + h(x), \qquad (6.4.18)$$

式中，$a_0(x)$、$a_1(x)$、$p(x)$、$q(x)$、$f(x)$、$g(x)$ 和 $h(x)$ 是 x 的待定函数；b_1 是待定的常数. 将式（6.4.16）～式（6.4.18）代入式（6.4.14）和式（6.4.15），然后收集 $t^\vartheta e^{j\xi}$（$\vartheta = 0,1,2; j = 0,1,2,\cdots$）的同次项系数，并令这些系数为零，得到一个关于 $a_0(x)$、$a_1(x)$、$p(x)$、$q(x)$、$f(x)$、$g(x)$ 和 $h(x)$ 的非线性微分方程组. 通过解此方程组即可得到 $a(x)$、$\beta(x)$ 和 $\gamma(x)$ 满足关系（6.4.10）时的孤波解（6.4.11）.

6.4.3 变系数 NLS 方程的多波解

为方便起见，我们令

$$X = \frac{1}{2}\int \alpha(x)\mathrm{d}x, \ \ T = t, \ \ \phi = \lambda \mathrm{e}^{(1+\mathrm{i}\lambda^2)X}\psi(x,t), \tag{6.4.19}$$

$$\beta(x) = \frac{1}{2}\alpha(x)\mathrm{e}^{-\int \alpha(x)\mathrm{d}x}, \ \ \gamma(x) = \frac{1}{2}\alpha(x), \tag{6.4.20}$$

则变系数 NLS 方程（6.4.1）约化为

$$\mathrm{i}\psi_X + \psi_{TT} + \lambda^2(|\psi|^2 - 1)\psi = 0. \tag{6.4.21}$$

我们接下来构造方程（6.4.21）的多波解. 对于单波解，我们假设

$$\psi = \frac{1}{\lambda}\mathrm{e}^{-\mathrm{i}\lambda^2 X}\frac{a_0 + a_1 \mathrm{e}^{\xi_1} + a_2 \mathrm{e}^{\xi_1^*} + a_3 \mathrm{e}^{\xi_1+\xi_1^*}}{1 + b_1 \mathrm{e}^{\xi_1} + b_2 \mathrm{e}^{\xi_1^*} + b_3 \mathrm{e}^{\xi_1+\xi_1^*}}, \tag{6.4.22}$$

式中，

$$\xi_1 = k_1 T + c_1 X + d_1, \ \ \xi_1^* = k_1^* T + c_1^* X + d_1^*. \tag{6.4.23}$$

将式（6.4.22）代入方程（6.4.21），收集并令 $\mathrm{e}^{\theta\xi_1+\vartheta\xi_1^*}$ $(\theta,\vartheta = 0,1,2,\cdots)$ 的同次幂系数为零，得到一个关于 a_0、a_1、a_2、a_3、b_1、b_2、b_3、c_1 和 k_1 的代数方程组，从中解得

$$a_0 = 0, \ \ a_2 = 0, \ \ b_1 = 0, \ \ b_2 = 0, \ \ c_1 = \mathrm{i}k_1^2, \ \ b_3 = \frac{a_1 a_1^*}{2(k_1 + k_1^*)^2}, \tag{6.4.24}$$

由此得到方程（6.4.21）的单波解

$$\psi = \frac{1}{\lambda}\mathrm{e}^{-\mathrm{i}\lambda^2 X}\frac{a_1 \mathrm{e}^{\xi_1}}{1 + a_1 a_1^* \mathrm{e}^{\xi_1+\xi_1^*+A_{13}}}, \tag{6.4.25}$$

式中，a_1、k_1 和 d_1 为常数，且

$$\xi_1 = k_1 T + \mathrm{i}k_1^2 X + d_1, \ \ \xi_1^* = k_1 T - \mathrm{i}k_1^2 X + d_1, \ \ \mathrm{e}^{A_{13}} = \frac{1}{2(k_1 + k_1^*)^2}. \tag{6.4.26}$$

对于双波解，我们假设

$$\psi = \frac{1}{\lambda} e^{-i\lambda^2 X} \frac{a_1 e^{\xi_1} + a_2 e^{\xi_2} + a_3 e^{\xi_1 + \xi_2 + \xi_1^*} + a_4 e^{\xi_1 + \xi_2 + \xi_2^*}}{1 + b_1 e^{\xi_1 + \xi_1^*} + b_2 e^{\xi_1 + \xi_2^*} + b_3 e^{\xi_2 + \xi_1^*} + b_4 e^{\xi_2 + \xi_2^*} + b_5 e^{\xi_1 + \xi_2 + \xi_1^* + \xi_2^*}}, \quad (6.4.27)$$

式中，$\xi_2 = k_2 T + c_2 X + d_2$；$\xi_2^* = k_2^* T + c_2^* X + d_2^*$．将式（6.4.27）代入方程（6.4.21），收集 $e^{\theta\xi_1 + \vartheta\xi_2 + \mu\xi_1^* + \rho\xi_2^*}$（$\theta, \vartheta, \mu, \rho = 0, 1, 2, \cdots$）的同次幂系数并令其为零，得到一个代数方程组，解此方程组得

$$a_3 = \frac{a_1 a_2 a_1^* (k_1 - k_2)^2}{2(k_1 + k_1^*)^2 (k_2 + k_1^*)^2}, \quad a_4 = \frac{a_1 a_2 a_2^* (k_1 - k_2)^2}{2(k_1 + k_2^*)^2 (k_2 + k_2^*)^2}, \quad (6.4.28)$$

$$b_1 = \frac{a_1 a_1^*}{2(k_1 + k_1^*)^2}, \quad b_2 = \frac{a_1 a_2^*}{2(k_1 + k_2^*)^2}, \quad b_3 = \frac{a_2 a_1^*}{2(k_2 + k_1^*)^2}, \quad b_4 = \frac{a_2 a_2^*}{2(k_2 + k_2^*)^2}, \quad (6.4.29)$$

$$b_5 = \frac{a_1 a_2 a_1^* a_2^* (k_1 - k_2)^2 (k_1^* - k_2^*)^2}{4(k_1 + k_1^*)^2 (k_2 + k_1^*)^2 (k_1 + k_2^*)^2 (k_2 + k_2^*)^2}, \quad (6.4.30)$$

$$c_2 = i k_2^2, \quad (6.4.31)$$

进而得到方程（6.4.21）的双波解[321]．

类似地，我们可以得到方程（6.4.21）的三波解[321]．若引入

$$\xi_j = k_j T + i k_j^2 X + d_j, \quad \xi_{N+j} = \xi_j^* = k_j^* T - i k_j^{*2} X + d_j^* \quad (j = 1, 2, \cdots, N), \quad (6.4.32)$$

$$e^{A_{jl}} = 2(k_j - k_l)^2 \quad (j < l = 2, 3, \cdots, N), \quad (6.4.33)$$

$$e^{A_{j,N+l}} = \frac{1}{2(k_j + k_l^*)^2} \quad (j, l = 1, 2, \cdots, N), \quad (6.4.34)$$

$$e^{A_{N+j,N+l}} = e^{A_{j,l}^*} = 2(k_j^* - k_l^*)^2 \quad (j < l = 2, 3, \cdots, N), \quad (6.4.35)$$

$$a_{N+j} = a_j^* \quad (j = 1, 2, \cdots, N), \quad (6.4.36)$$

则可归纳出方程（6.4.21）的 N-波解

$$\psi = \frac{1}{\lambda} e^{-i\lambda^2 X} \frac{\sum\limits_{\mu=0,1} Z_1(\mu) \prod\limits_{j=1}^{2N} a_j^{\mu_j} a_j^{*\mu_j} e^{\sum\limits_{j=1}^{2N} \mu_j \xi_j + \sum\limits_{j=1}^{2N} \mu_j \mu_l A_{jl}}}{\sum\limits_{\mu=0,1} Z_2(\mu) \prod\limits_{j=1}^{2N} a_j^{\mu_j} a_j^{*\mu_j} e^{\sum\limits_{j=1}^{2N} \mu_j \xi_j + \sum\limits_{j=1}^{2N} \mu_j \mu_l A_{jl}}}. \quad (6.4.37)$$

6.4.4 变系数 NLS 方程的怪波解

为了便于构造怪波解，我们利用式（6.4.9）并假设

$$\psi = \frac{a_0 + a_1 \cos(kT)e^{cX+d} + a_2 e^{2cX+2d}}{1 + b_1 \cos(kT)e^{cX+d} + b_2 e^{2cX+2d}}. \tag{6.4.38}$$

将式（6.4.38）代入方程（6.4.21），然后收集 $\cos^{\mu}(kT)e^{\theta(cX+d)}$（$\mu, \theta = 0,1,2,\cdots$）同次幂的系数并令其为零，得到一个代数方程组，解此方程组得到两种情形

情形 1

$$a_0 = 1, \quad a_1 = \frac{\lambda\sqrt{2b_2(2\lambda^2 - k^2)}}{\lambda^2 - k^2 \pm \mathrm{i}k\sqrt{2\lambda^2 - k^2}}, \quad a_2 = \frac{b_2(\lambda^2 - k^2 \mp \mathrm{i}k\sqrt{2\lambda^2 - k^2})}{\lambda^2 - k^2 \pm \mathrm{i}k\sqrt{2\lambda^2 - k^2}}, \tag{6.4.39}$$

$$b_1 = \frac{\sqrt{2b_2(2\lambda^2 - k^2)}}{\lambda}, \quad c = \pm k\sqrt{2\lambda^2 - k^2}. \tag{6.4.40}$$

情形 2

$$a_0 = 1, \quad a_1 = -\frac{\lambda\sqrt{2b_2(2\lambda^2 - k^2)}}{\lambda^2 - k^2 \pm \mathrm{i}k\sqrt{2\lambda^2 - k^2}}, \quad a_2 = \frac{b_2(\lambda^2 - k^2 \mp \mathrm{i}k\sqrt{2\lambda^2 - k^2})}{\lambda^2 - k^2 \pm \mathrm{i}k\sqrt{2\lambda^2 - k^2}}, \tag{6.4.41}$$

$$b_1 = -\frac{\sqrt{2b_2(2\lambda^2 - k^2)}}{\lambda}, \quad c = \pm k\sqrt{2\lambda^2 - k^2}. \tag{6.4.42}$$

进而得到方程（6.4.21）的两对有理指数函数形式解

$$\psi = \frac{1 + \dfrac{\lambda\sqrt{2b_2(2\lambda^2 - k^2)}}{\lambda^2 - k^2 \pm \mathrm{i}k\sqrt{2\lambda^2 - k^2}}\cos(kT)e^{\pm k\sqrt{2\lambda^2 - k^2}X+d} + a_2 e^{\pm 2k\sqrt{2\lambda^2 - k^2}X+2d}}{1 + \dfrac{\sqrt{2b_2(2\lambda^2 - k^2)}}{\lambda}\cos(kT)e^{\pm k\sqrt{2\lambda^2 - k^2}X+d} + b_2 e^{\pm 2k\sqrt{2\lambda^2 - k^2}X+2d}}, \tag{6.4.43}$$

$$\psi = \frac{1 - \dfrac{\lambda\sqrt{2b_2(2\lambda^2 - k^2)}}{\lambda^2 - k^2 \pm \mathrm{i}k\sqrt{2\lambda^2 - k^2}}\cos(kT)e^{\pm k\sqrt{2\lambda^2 - k^2}X+d} + a_2 e^{\pm 2k\sqrt{2\lambda^2 - k^2}X+2d}}{1 - \dfrac{\sqrt{2b_2(2\lambda^2 - k^2)}}{\lambda}\cos(kT)e^{\pm k\sqrt{2\lambda^2 - k^2}X+d} + b_2 e^{\pm 2k\sqrt{2\lambda^2 - k^2}X+2d}}, \tag{6.4.44}$$

式中，a_2 由式（6.4.39）或式（6.4.41）确定. 容易看出，当 $b_2 = 1$、$d = 0$、$k = 0$ 且 $\lambda < 0$ 时，式（6.4.43）的分子与分母分别趋于零. 对式（6.4.43）关于 k 求导两

次，则由式（6.4.43）在 $k \to 0$ 时的极限得到方程（6.4.21）的两个如下形式的有理怪波解：

$$\psi = \frac{9 - 8\mathrm{i}\lambda^2 t - 12\lambda^4 t^2 + 2\lambda^2 x^2}{1 + 4\lambda^4 t^2 + 2\lambda^2 x^2}, \tag{6.4.45}$$

$$\psi = \frac{-3 - 24\mathrm{i}\lambda^2 t + 4\lambda^4 t^2 + 2\lambda^2 x^2}{1 + 4\lambda^4 t^2 + 2\lambda^2 x^2}. \tag{6.4.46}$$

类似地，当 $b_2 = 1$、$d = 0$ 且 $\lambda > 0$ 时，由式（6.4.44）在 $k \to 0$ 时的极限得到与式（6.4.45）和式（6.4.46）相同的两个怪波解，这里略之.

上述所得结果说明，多重有理指数函数拟解在构造变系数方程、半离散方程和复系数方程的多波解和怪波解中没有涉及方程的双性化过程，这比 Hirota 双线性方法更直接、更易于实现机械化. 除此之外，利用指数函数法可直接求得给定非线性方程的有理指数函数形式解，再对解的形式进行结构分析，不但可以判断所得解是否为孤子解，还可以为双线性方法寻找因变量的变换提供参考. 因此，指数函数法在判定方程的可积性方面会发挥其作用. 客观地说，每一种方法都有其优缺点，指数函数法也不例外. 由于指数函数法的拟解包含多个双曲函数和三解函数，会增加运算的复杂性. 借助于 Mathematica 或 Maple，我们能够解决较为复杂的运算. 即使这样，解决更复杂的运算还会有一定的困难，只依赖于一定的技巧是远远不够的. 同时，指数函数法也可能会漏掉一些其他类型解，如 Jacobi 椭圆函数解. Kudryashov 等[323-325]对应用指数函数法时所得到的一些不正确的论断和结果给出具体分析，并提出建设性的意见和建议. 基于这些建议，我们给出应用指数函数法的两个主要注意事项：第一，为了确保所求得解的正确性，有必要将它们回代原方程进行验证；第二，为了避免形式"新解"，要对所求得的解进行化简，必要时可以通过画解的图像来与已知解进行比较.

第 7 章 负幂展开法及其推广应用

本章介绍构造非线性系统精确解的负幂展开法，并将其推广用于构造高阶方程、耦合方程、特殊类型方程的行波解和高维方程、变系数方程的非行波解以及晶格方程的半离散解.

7.1 负幂展开法

为有效地解决指数函数法的符号计算所带来的"中间表达式膨胀"问题，文献[326]、[327]分别提出以"a direct algorithm of the exp-function method"（指数函数法的一个直接算法）和"simplest exp-function method"（最简指数函数法）为称谓的构造性求解方法，Xu 等[328]后来将其进一步推广并统称为负幂展开法（negative power expansion method）.

7.1.1 负幂展开法的主要步骤

对于给定的 $m+1$ 维非线性偏微分方程

$$P(u,u_t,u_{x_1},u_{x_2},\cdots,u_{x_m},u_{x_1t},u_{x_2t}\cdots,u_{x_mt},u_{tt},u_{x_1x_1},u_{x_2x_2},\cdots,u_{x_mx_m},\cdots)=0, \quad (7.1.1)$$

式中，P 为因变量 u 及其关于自变量 x_1，x_2，$\cdots$，x_m 和 t 的各阶导数的一个多项式或经适当变换后满足条件的多项式. 负幂展开法的一般步骤如下.

步骤 1 假设方程（7.1.1）的拟解为

$$u=\sum_{i=0}^n u_i\phi^{i-n}, \ u_0\neq 0, \ \phi=\mathrm{e}^\xi+a, \quad (7.1.2)$$

式中，ξ 和 u_i $(i=0,1,2,\cdots,n)$ 为 x_1，x_2，$\cdots$，x_m 和 t 的待定函数；a 是常数参数；n 是通过平衡方程（7.1.1）中 u 的最高阶导数项和 u 的最高次非线性项中出现 ϕ 的最高负次幂而确定的非负整数.

步骤 2 将拟解（7.1.2）代入方程（7.1.1），然后方程（7.1.1）成为一个以 $\mathrm{e}^{m\xi}$ $(m=1,2,\cdots)$、u_i 及其各阶导数和因取 ξ 的一个简化形式而嵌入拟解（7.1.2）中的其他待定函数或参数的组合为系数的 ϕ^{-j} $(j=0,1,2,\cdots)$ 的一个展开式，再收集

ϕ^{-j} $(j=0,1,2,\cdots)$ 的系数并令其为零,从中得到一个关于 u_i 和其他必要参数的超定微分方程组.

步骤 3 借助 Mathematia 或 Maple 等符号计算系统,求解步骤 2 中导出的超定微分方程组,进而得到上述待定的 u_i 和其他必要的函数或参数的具体表达式,并最终确定拟解(7.1.2),即方程(7.1.1)的解.

7.1.2 拟解负幂展开的平衡公式

定理 7.1.1 假设非线性偏微分方程(7.1.1)中的最高阶导数项和最高次非线性项分别为 $u_{x_1}^{(s)}$ 和 $(u_{x_1}^{(p)})^q(u_{x_1}^{(r)})^l u^h$,则拟解(7.1.2)中的非负整数 n 值有如下公式:

$$n=\frac{s-lr-pq}{h+l+q-1},\tag{7.1.3}$$

式中,h、l、p、q、r 和 s 均为非负整数.

证 由拟解(7.1.2)得

$$u_{x_1}^{(s)}=-n(-n-1)\cdots(-n-s+1)u_0\phi^{-n-s}\phi'^s+\cdots,\tag{7.1.4}$$

则 $u_{x_1}^{(s)}$、$(u_{x_1}^{(p)})^q$ 和 $(u_{x_1}^{(r)})^l$ 的展开式中关于 ϕ 的最高负次幂分别为

$$\deg(u_{x_1}^{(s)})=-n-s,\ \deg[(u_{x_1}^{(p)})^q]=q(-n-p),\ \deg[(u_{x_1}^{(r)})^l]=l(-n-r).\tag{7.1.5}$$

又 $\deg(u^h)=-hn$,于是

$$\deg[(u_{x_1}^{(p)})^q(u_{x_1}^{(r)})^l u^h]=q(-n-p)+l(-n-r)-hn.\tag{7.1.6}$$

故当 $u_{x_1}^{(s)}$ 和 $(u_{x_1}^{(p)})^q(u_{x_1}^{(r)})^l u^h$ 得到平衡时,其展开式中关于 ϕ 的最高负次幂项的次数之间必有关系式

$$-n-s=q(-n-s)+l(-n-r)-hn,\tag{7.1.7}$$

即为式(7.1.3).

定理 7.1.1 说明,确定拟解(7.1.2)中的 n 值的方法与辅助方程法不同,辅助方程法确定 n 值时要与辅助方程有关联. 主要原因在于两者展开方式不同,拟解(7.1.2)是 ϕ 的负方幂展开,而辅助方程对应的拟解一般则是辅助方程因变量的多项式展开.

负幂展开法可以不必经过行波变换过程,其优点主要表现在:与指数函数法比较,其拟解的待定参数少,计算过程中出现"中间表达式膨胀"的速度慢,收集 ϕ 的同次幂系数而非指数函数同次幂的系数;与 Painlevé 截断展开法比较,拟解在形式上虽然比较相似,但负幂展开法的拟解却不是无限展开,而且 ϕ 事先有简单而具体的表达式 $\phi=\mathrm{e}^{\xi}+a$,这使得 ϕ 关于 ξ 的各阶导数均为 e^{ξ},进而能降低

Painlevé 截断展开法因 ϕ 在计算过程中一直待定导致的计算复杂性,同时负幂展开法收集 ϕ 的同次幂系数得到的偏微分方程没有 Painlevé 截断展开法复杂,而且无须共振点分析过程;与齐次平衡法比较,负幂展开法拟解的假设展开形式易于通过平衡拟定,不必经历齐次平衡法为确定拟解的假设展开式而要事先寻找多数情况下为对数函数的 f;与辅助方程法比较,负幂展开法无论是在平衡拟解的展开次数 n 时,还是在将拟解代入待解方程的过程中,均没有涉及辅助方程法所要借助的辅助方程,而且负幂展开法最终得到的解也不需要辅助方程的一些特解. 负幂展开法的缺点:尽管所获得的指数函数解可转化为双曲函数解、三角函数解和平凡解,但由于 ϕ 的事先假设形式使得解的类型相对比较单一,不能得到其他类型解;由于拟解展开式的系数均为函数,拟解会将待解方程转化为偏微分方程(常微分方程)或微分-差分方程而非代数方程,这在一定程度上增加了计算的复杂性.

7.1.3 算例

考虑 KdV 方程(1.1.4). 首先,利用定理 7.1.1 平衡 u_{xxx} 与 uu_x 得 $n=2$. 假设 KdV 方程(1.1.4)的拟解为

$$u = u_0(x,t)\phi^{-2} + u_1(x,t)\phi^{-1} + u_2(x,t), \quad \phi = \mathrm{e}^{\xi} + a, \tag{7.1.8}$$

式中, $\xi = kx + ct + w$, k 和 c 是待定常数, w 为任意常数.

其次,将式(7.1.8)代入 KdV 方程(1.1.4),收集 ϕ^{-j} $(j=0,1,2,\cdots,5)$ 的同次幂系数并令其为零,得到偏微分方程组

$$\phi^{-5}: \quad -24k^3\mathrm{e}^{3\xi}u_0 - 12k\mathrm{e}^{\xi}u_0^2 = 0, \tag{7.1.9}$$

$$\phi^{-4}: \quad 18k^3\mathrm{e}^{2\xi}u_0 - 6k^3\mathrm{e}^{3\xi}u_1 - 18k\mathrm{e}^{\xi}u_0u_1 + 18k^2\mathrm{e}^{2\xi}u_{0x} + 6u_0u_{0x} = 0, \tag{7.1.10}$$

$$\phi^{-3}: \quad -2c\mathrm{e}^{\xi}u_0 - 2k^3\mathrm{e}^{\xi}u_0 + 6k^3\mathrm{e}^{2\xi}u_1 - 6k\mathrm{e}^{\xi}u_1^2 - 12k\mathrm{e}^{\xi}u_0u_2 - 6k^2\mathrm{e}^{\xi}u_{0,x}$$
$$+ 6u_1u_{0,x} + 6k^2\mathrm{e}^{2\xi}u_{1,x} + 6u_0u_{1,x} - 6k\mathrm{e}^{\xi}u_{0,xx} = 0, \tag{7.1.11}$$

$$\phi^{-2}: \quad -c\mathrm{e}^{\xi}u_1 - k^3\mathrm{e}^{\xi}u_1 - 6k\mathrm{e}^{\xi}u_1u_2 + u_{0,t} + 6u_2u_{0,x} - 3k^2\mathrm{e}^{\xi}u_{1,x} + 6u_1u_{1,x}$$
$$+ 6u_0u_{2,x} - 3k\mathrm{e}^{\xi}u_{1,xx} + u_{0,xxx} = 0, \tag{7.1.12}$$

$$\phi^{-1}: \quad u_{1,t} + 6u_2u_{1,x} + 6u_1u_{2,x} + u_{1,xxx} = 0, \tag{7.1.13}$$

$$\phi^{0}: \quad u_{2,t} + 6u_2u_{2,x} + u_{2,xxx} = 0. \tag{7.1.14}$$

解上述方程(7.1.9)~方程(7.1.14)得

$$u_0 = -2k^2\mathrm{e}^{2\xi}, \quad u_1 = 2k^2\mathrm{e}^{\xi}, \quad u_2 = -\frac{k^3+c}{6k}, \tag{7.1.15}$$

故 KdV 方程（1.1.4）的解可整理为

$$u = \frac{2ak^2 \mathrm{e}^\xi}{(\mathrm{e}^\xi + a)^2} - \frac{k^3 + c}{6k},\qquad (7.1.16)$$

式中，$\xi = kx + ct + w$，k、c 和 w 为常数. 当 $a = \pm 1$ 时，由式（7.1.16）得双曲函数解

$$u = \frac{k^2}{2}\mathrm{sech}^2\frac{\xi}{2} - \frac{k^3 + c}{6k},\ \ u = -\frac{k^2}{2}\mathrm{csch}^2\frac{\xi}{2} - \frac{k^3 + c}{6k}.\qquad (7.1.17)$$

当 $a = 0$ 时，式（7.1.16）即为常数解 $u = -(k^3 + c)/6k$. 取 $k = \mathrm{i}\hat{k}$ 且 $c = \mathrm{i}\hat{c}$，则式（7.1.17）变为三角函数解

$$u = -\frac{\hat{k}^2}{2}\sec^2\frac{\xi}{2} + \frac{\hat{k}^3 - \hat{c}}{6\hat{k}},\ \ u = -\frac{\hat{k}^2}{2}\csc^2\frac{\xi}{2} + \frac{\hat{k}^3 - \hat{c}}{6\hat{k}}.\qquad (7.1.18)$$

7.2　构造行波解

负幂展开法的适用面比较广，大多数非线性演化方程均可用之求解. 本节介绍负幂展开法在高阶方程、耦合方程、复方程和特殊类型方程中的应用.

7.2.1　Mikhauilov-Novikov-Wang 方程的行波解

对于 Mikhauilov-Novikov-Wang（MNW）方程[329]

$$u_t = 18v_{xxx} - 36(vu)_x - u_{7x} + 49u_x u_{xxxx} + 14uu_{5x} + 84u_{xx}u_{xxx} - 70u_x^3$$

$$-252uu_x u_{xx} - 56u^2 u_{xxx} + \frac{224}{3}u^3 u_x,\qquad (7.2.1)$$

$$v_t = -36vv_x + v_x v_{xxxx} + 3vu_{5x} - 12v_x uu_{xx} - 72vu_x u_{xx} - 36vuu_{xxx}$$

$$-6v_x u_x^2 + \frac{32}{3}u^3 v_x + 96vu^2 u_x,\qquad (7.2.2)$$

我们考虑用负幂展开法求解其两个简化情形.

首先考虑 MNW 方程（7.2.1）和方程（7.2.2）在 $v = 0$ 的简化方程

$$u_t = -u_{7x} + 49u_x u_{xxxx} + 14uu_{5x} + 84u_{xx}u_{xxx} - 70u_x^3 - 252uu_x u_{xx} - 56u^2 u_{xxx} + \frac{224}{3}u^3 u_x.$$

$$(7.2.3)$$

平衡方程（7.2.3）中的 u_{7x} 和 $u^3 u_x$ 得 $n=2$. 假设

$$u = u_0(x,t)\phi^{-2} + u_1(x,t)\phi^{-1} + u_2(x,t), \tag{7.2.4}$$

式中，$\phi = e^\xi + a$，$\xi = kx + ct + w$，k、c 和 w 为待定常数.

将式（7.2.4）代入方程（7.2.3），收集 ϕ^{-j} $(j=0,1,2,\cdots,9)$ 的系数并令其为零，得到一个偏微分方程组[327]，从中解得

$$u_0 = \frac{3k^2}{2}e^{2\xi}, \quad u_1 = -\frac{3k^2}{2}e^\xi, \quad u_2 = \frac{k^2}{8}, \quad c = \frac{k^7}{48}, \tag{7.2.5}$$

故 MNW 方程（7.2.1）和方程（7.2.2）当 $v=0$ 时的解可整理为

$$u = -\frac{3ak^2 e^\xi}{2(e^\xi + a)^2} + \frac{k^2}{8}, \quad \xi = kx + \frac{k^7}{48}t + w. \tag{7.2.6}$$

接下来考虑 MNW 方程（7.2.1）和方程（7.2.2）在 $v=1$ 时的简化方程组

$$u_t = -36u_x - u_{7x} + 49u_x u_{xxxx} + 14uu_{5x} + 84u_{xx}u_{xxx} - 70u_x^3$$

$$-252uu_x u_{xx} - 56u^2 u_{xxx} + \frac{224}{3}u^3 u_x, \tag{7.2.7}$$

$$3u_{5x} - 72u_x u_{xx} - 36uu_{xxx} + 96u^2 u_x = 0. \tag{7.2.8}$$

平衡方程（7.2.7）中的 u_{7x} 和 $u^3 u_x$ 得 $n=2$. 假设

$$u = u_0(x,t)\phi^{-2} + u_1(x,t)\phi^{-1} + u_2(x,t), \quad \phi = e^\xi + 1, \quad \xi = kx + ct. \tag{7.2.9}$$

类似地，将式（7.2.9）代入方程（7.2.7）和方程（7.2.8），收集 ϕ^{-j} $(j=0,1,2,\cdots,9)$ 的系数并令其为零，得到一个偏微分方程组[327]. 解此方程组得

$$u_0 = \frac{3k^2}{2}e^{2\xi}, \quad u_1 = -\frac{3k^2}{2}e^\xi, \quad u_2 = \frac{k^2}{8}, \quad c = \frac{k(k^6 - 1728)}{48}. \tag{7.2.10}$$

故 MNW 方程（7.2.1）和方程（7.2.2）当 $v=1$ 时的解可整理为

$$u = -\frac{3ak^2 e^\xi}{2(e^\xi + a)^2} + \frac{k^2}{8}, \quad \xi = kx + \frac{k(k^6 - 1728)}{48}t + w. \tag{7.2.11}$$

7.2.2　2+1 维色散长波方程的行波解

考虑 2+1 维色散长波方程[45]

$$u_{yt} + H_{xx} + \frac{1}{2}(u^2)_{xy} = 0, \tag{7.2.12}$$

$$H_t + (uH + u + u_{xy})_x = 0. \tag{7.2.13}$$

记 $\deg H = m$ ， $\deg u = n$ ．平衡方程（7.2.13）中的 uH 和 u_{xy} 得 $-n-m=-n-2$ ，即 $m=2$ ．平衡方程（7.2.12）中的 H_{xx} 和 $(u^2)_{xy}$ 得 $-m-2=-2n-2$ ，即 $n=1$ ．假设

$$H = H_0(x,y,t)\phi^{-2} + H_1(x,y,t)\phi^{-1} + H_2(x,y,t) , \tag{7.2.14}$$

$$u = u_0(x,y,t)\phi^{-1} + u_1(x,y,t) , \tag{7.2.15}$$

式中， $\phi = e^\xi + a$ ，其中， $\xi = kx + ly + ct + w$ ， k 、 l 和 c 为待定常数， w 为任意常数．将式（7.2.14）和式（7.2.15）代入方程（7.2.12）和方程（7.2.13），收集 ϕ^{-j} $(j=0,1,2,\cdots,4)$ 的系数并令其为零，得到偏微分方程组

$$\phi^{-4}: \quad 6k^2 e^{2\xi} H_0 + 3kl e^{2\xi} u_0^2 = 0 , \tag{7.2.16}$$

$$\phi^{-3}: \quad -2k^2 e^\xi H_0 + 2k^2 e^{2\xi} H_1 + 2cl e^{2\xi} u_0 - kl e^\xi u_0^2 + 2kl e^{2\xi} u_0 u_1$$
$$-2ke^\xi u_0 u_{0,y} - 4ke^\xi H_{0,x} - 2le^\xi u_0 u_{0,x} = 0 , \tag{7.2.17}$$

$$\phi^{-2}: \quad -k^2 e^\xi H_1 - cl e^\xi u_0 - kl e^\xi u_0 u_1 - le^\xi u_{0,t} - ce^\xi u_{0,y} - ke^\xi u_1 u_{0,y} - ke^\xi u_0 u_{1,y}$$
$$-2ke^\xi H_{1,x} - le^\xi u_1 u_{0,x} + u_{0,y} u_{0,x} - le^\xi u_0 u_{1,x} + u_0 u_{0,xy} + H_{0,xx} = 0 , \tag{7.2.18}$$

$$\phi^{-1}: \quad u_{0,yt} + u_{1,y} u_{0,x} + u_{0,y} u_{1,x} + u_1 u_{0,xy} + u_0 u_{1,xy} + H_{1,xx} = 0 , \tag{7.2.19}$$

$$\phi^0: \quad u_{1,yt} + u_{1,y} u_{1,x} + u_1 u_{1,xy} + H_{2,xx} = 0 , \tag{7.2.20}$$

$$\phi^{-4}: \quad -6k^2 le^{3\xi} u_0 - 3ke^\xi H_0 u_0 = 0 , \tag{7.2.21}$$

$$\phi^{-3}: \quad -2ce^\xi H_0 + 6k^2 le^{2\xi} u_0 - 2ke^\xi H_1 u_0 - 2ke^\xi H_0 u_1 + 2k^2 e^{2\xi} u_{0,y}$$
$$+H_{0,x} u_0 + 4kl e^{2\xi} u_{0,x} + H_0 u_{0,x} = 0 , \tag{7.2.22}$$

$$\phi^{-2}: \quad -ce^\xi H_1 - ke^\xi u_0 - k^2 le^\xi u_0 - ke^\xi H_2 u_0 - ke^\xi H_1 u_1 + H_{0,t} - k^2 e^\xi u_{0,y} + u_1 H_{0,x}$$
$$+u_0 H_{1,x} - 2kl e^\xi u_{0,x} + H_1 u_{0,x} + H_0 u_{1,x} - 2ke^\xi u_{0,xy} - le^\xi u_{0,xx} = 0 , \tag{7.2.23}$$

$$\phi^{-1}: \quad H_{1,t} + u_1 H_{1,x} + u_0 H_{2,x} + u_{0,x} + H_2 u_{0,x} + H_1 u_{1,x} + u_{0,xy} = 0 , \tag{7.2.24}$$

$$\phi^0: \quad H_{2,t} + H_{2,x} u_1 + u_{1,x} + H_2 u_1 + u_{1,xy} = 0 . \tag{7.2.25}$$

解上述方程（7.2.16）～方程（7.2.25）得

$$H_0 = -2kl e^{2\xi} , \quad H_1 = 2kl e^\xi , \quad H_2 = -1 , \quad u_0 = \pm 2ke^\xi , \quad u_1 = \frac{\pm k^2 - c}{k} . \tag{7.2.26}$$

故色散长波方程（7.2.12）和方程（7.2.13）的解为

$$H = \frac{2akl e^\xi}{(e^\xi + a)^2} + \frac{\pm k^2 - c}{k} , \tag{7.2.27}$$

$$u = \pm \frac{2ke^{\xi}}{e^{\xi}+a} + \frac{\pm k^2 - c}{k}, \tag{7.2.28}$$

式中，$\xi = kx + ly + ct + w$，k、l、c 和 w 为常数.

7.2.3 Maccari 方程的行波解

考虑 Maccari 方程[330]

$$iQ_t + Q_{xx} + QR = 0, \tag{7.2.29}$$

$$R_t + R_y + (|Q|^2)_x = 0. \tag{7.2.30}$$

假设

$$Q = u(x,y,t)e^{i(px+qy+ct+d)}, \tag{7.2.31}$$

式中，p、q 和 c 是待定常数；d 是任意常数. 将式（7.2.31）代入方程（7.2.29）和方程（7.2.30）得

$$i(u_t + 2pu_x) + u_{xx} - (c + p^2)u + uR = 0, \tag{7.2.32}$$

$$R_t + R_y + (u^2)_x = 0. \tag{7.2.33}$$

令 $\xi = k(x + ly - 2pt + w)$，这里 k 和 l 是待定常数，w 是任意常数，则式（7.2.32）和式（7.2.33）变成

$$k^2 u'' - (c + k^2)u + uR = 0, \tag{7.2.34}$$

$$(l - 2p)R' + (u^2)' = 0. \tag{7.2.35}$$

将式（7.2.35）关于 ξ 积分并取积分常数为零，我们得到

$$R = -\frac{1}{l - 2p}u^2. \tag{7.2.36}$$

将式（7.2.36）代入式（7.2.34）得

$$l^2 u'' - (c + k^2)u - \frac{1}{l - 2p}u^3 = 0. \tag{7.2.37}$$

平衡式（7.2.37）中的 u'' 和 u^3 得 $-n - 2 = -3n$，即 $n = 1$. 假设

$$u = u_0(\xi)\phi^{-1} + u_1(\xi), \tag{7.2.38}$$

式中，$\phi = e^{\xi} + a$. 将式（7.2.38）代入式（7.2.37），收集 ϕ^{-j}（$j = 0,1,2,3$）的系数并令其为零，得到常微分方程组

$$\phi^{-3}: \quad 2e^{2\xi}u_0 - \frac{u_0^3}{l - 2p} = 0, \tag{7.2.39}$$

$$\phi^{-2}: \quad -e^{\xi}u_0 - \frac{3u_0^2 u_1}{l-2p} - 2e^{\xi}u_0' = 0, \tag{7.2.40}$$

$$\phi^{-1}: \quad u_0\left(-c - k^2 - \frac{3u_0^2}{l-2p}\right) + u_0'' = 0, \tag{7.2.41}$$

$$\phi^{0}: \quad -(c+k^2)u_1 - \frac{u_1^3}{l-2p} + u_1'' = 0. \tag{7.2.42}$$

解上述方程（7.2.39）～方程（7.2.42）得

$$u_0 = \pm\sqrt{2l-4p}\,e^{\xi}, \quad u_1 = \mp\frac{\sqrt{2l-4p}}{2}, \quad c = -\frac{1+2k^2}{2}. \tag{7.2.43}$$

故 Maccari 方程（7.2.29）和方程（7.2.30）的解为

$$Q = \pm\sqrt{2l-4p}\left(\frac{e^{\xi}}{e^{\xi}+a} - \frac{1}{2}\right)e^{i\left(px+qy-\frac{1+2k^2}{2}t+d\right)}, \tag{7.2.44}$$

$$R = \mp 2\left(\frac{e^{\xi}}{e^{\xi}+a} - \frac{1}{2}\right)^2, \tag{7.2.45}$$

式中，$\xi = kx + ly - 2pt + w$，k、l、d 和 w 为常数.

7.2.4　Tzitzeica-Dodd-Bullough 方程的行波解

定理 7.2.1　基于负幂展开法，Tzitzeica-Dodd-Bullough（TDB）方程[292]

$$u_{xt} = e^{-u} + e^{-2u}, \tag{7.2.46}$$

有解

$$u = \operatorname{arcsinh}\frac{v^{-1}-v}{2}, \tag{7.2.47}$$

式中，

$$v = \pm\frac{e^{\xi}}{e^{\xi}+a} - \frac{1\pm1}{2}, \quad \xi = kx - \frac{t}{k} + w, \tag{7.2.48}$$

其中，k 和 w 为常数.

证　取变换

$$u = \operatorname{arcsinh}\frac{v^{-1}(x,t) - v(x,t)}{2}, \tag{7.2.49}$$

则 TDB 方程（7.2.46）化为

$$-vv_{xt} + v_x v_t - v^3 - v^4 = 0 . \tag{7.2.50}$$

平衡式（7.2.50）中的 vv_{xt} 和 v^4 得 $-2n-2 = -4n$，即 $n = 1$. 假设

$$v = v_0(\xi)\phi^{-1} + v_1(\xi) , \tag{7.2.51}$$

式中，$\phi = e^\xi + a$，其中，$\xi = kx + ct + w$，k 和 c 为待定常数，w 为任意常数. 将式（7.2.51）代入（7.2.50），收集 ϕ^{-j} $(j = 0,1,2,\cdots,4)$ 的系数并令其为零，得到偏微分方程组

$$\phi^{-4}:\ -cke^{2\xi}v_0^2 - v_0^4 = 0 , \tag{7.2.52}$$

$$\phi^{-3}:\ cke^\xi v_0^2 - v_0^3 - 2cke^{2\xi}v_0 v_1 + 4v_0^3 v_1 = 0 , \tag{7.2.53}$$

$$\phi^{-2}:\ cke^\xi v_0 v_1 - 3v_0^2 v_1 - 6v_0^2 v_1^2 + ke^\xi v_1 v_{0,t} - ke^\xi v_0 v_{1,t} + ce^\xi v_1 v_{0,x} + v_{0,x} v_{0,t}$$
$$-ce^\xi v_0 v_{1,x} - v_0 v_{0,xt} = 0 , \tag{7.2.54}$$

$$\phi^{-1}:\ -3v_0 v_1^2 - 4v_0 v_1^3 + v_{0,x} v_{1,t} + v_{1,x} v_{0,t} - v_1 v_{0,xt} - v_0 v_{1,xt} = 0 , \tag{7.2.55}$$

$$\phi^0:\ v_1 v_{1,xt} - v_{1,x} v_{1,t} + v_1^3 + v_1^4 = 0 , \tag{7.2.56}$$

解方程（7.2.52）～方程（7.2.56）得

$$v_0 = \pm e^\xi,\ v_1 = -\frac{1 \pm 1}{2},\ c = -\frac{1}{k} , \tag{7.2.57}$$

再由式（7.2.49）和式（7.2.51）最终得到 TDB 方程的解（7.2.48）.

7.3 构造非行波解

本节将负幂展开法分别推广应用于高维方程和变系数方程，来构造非行波形式的精确解.

7.3.1 3+1 维 Jimbo-Miwa 方程的非行波解

考虑 3+1 维 Jimbo-Miwa（JM）方程[331]

$$u_{xxxy} + 3u_y u_{xx} + 3u_x u_{xy} + 2u_{yt} - 3u_{xz} = 0 . \tag{7.3.1}$$

平衡方程（7.3.1）中的 u_{xxxy} 和 $u_y u_{xx}$ 得 $n = 1$. 假设

$$u = u_0(x,y,z,t)\phi^{-1} + u_1(x,y,z,t),\ \phi = e^\xi + 1,\ \xi = kx + \eta(y,z,t) , \tag{7.3.2}$$

式中，k 和 $w(y,z,t)$ 分别为待定常数和函数. 将式（7.3.2）代入 JM 方程（7.3.1），收集 ϕ^{-l} $(l = 0,1,2,\cdots,5)$ 的系数并令其为零，得到方程组

$$\phi^{-5}: \quad 24k^3\mathrm{e}^{4\xi}\eta_{1,y}u_0 - 12k^2\mathrm{e}^{3\xi}\eta_{1,y}u_0 = 0, \tag{7.3.3}$$

$$\phi^{-4}: \quad -36k^3\mathrm{e}^{3\xi}\eta_y u_0 + 6k^2\mathrm{e}^{2\xi}\eta_y u_0^2 - 6k^3\mathrm{e}^{3\xi}u_{0,y} + 9k^2\mathrm{e}^{2\xi}u_0 u_{0,y}$$
$$-18k^2\mathrm{e}^{3\xi}\eta_y u_{0,y} + 15k\mathrm{e}^{2\xi}\eta_y u_0 u_{0,x} = 0, \tag{7.3.4}$$

$$\phi^{-3}: \quad -6k\mathrm{e}^{2\xi}\eta_z u_0 + 14k^3\mathrm{e}^{2\xi}\eta_y u_0 + 4\mathrm{e}^{2\xi}\eta_y \eta_t u_0 + 6k^3\mathrm{e}^{2\xi}u_{0,y} - 3k^2\mathrm{e}^{\xi}u_0 u_{0,y}$$
$$+6k^2\mathrm{e}^{2\xi}u_0 u_{1,y} + 18k^2\mathrm{e}^{2\xi}\eta_y u_{0,x} - 3k\mathrm{e}^{\xi}\eta_y u_0 u_{0,x} - 9k\mathrm{e}^{\xi}u_{0,x}u_{0,y} - 3\mathrm{e}^{\xi}\eta_y u_{0,x}^2$$
$$+6k\mathrm{e}^{2\xi}\eta_y u_0 u_{1,x} + 6k^2\mathrm{e}^{2\xi}u_{0,xy} - 3k\mathrm{e}^{\xi}u_0 u_{0,xy} + 6k\mathrm{e}^{2\xi}\eta_y u_{0,xx} - 3\mathrm{e}^{\xi}\eta_y u_0 u_{0,xx} = 0, \tag{7.3.5}$$

$$\phi^{-2}: \quad 3k\mathrm{e}^{\xi}\eta_z u_0 - k^3\mathrm{e}^{\xi}\eta_y u_0 - 2\mathrm{e}^{\xi}\eta_y \eta_t u_0 - 2\mathrm{e}^{\xi}\eta_{yt}u_0 - 2\mathrm{e}^{\xi}\eta_y u_{0,t} + 3k\mathrm{e}^{\xi}u_{0,z}$$
$$-k^3\mathrm{e}^{\xi}u_{0,y} - 2\mathrm{e}^{\xi}\eta_t u_{0,y} - 3k^2\mathrm{e}^{\xi}u_0 u_{1,y} + 3\mathrm{e}^{\xi}\eta_z u_{0,x} - 3k^2\mathrm{e}^{\xi}\eta_y u_{0,x} - 6k\mathrm{e}^{\xi}u_{1,y}u_{0,x}$$
$$-3k\mathrm{e}^{\xi}\eta_y u_0 u_{1,x} - 3k\mathrm{e}^{\xi}u_{0,y}u_{1,x} - 3\mathrm{e}^{\xi}\eta_y u_{0,x}u_{1,x} - 3k^2\mathrm{e}^{\xi}u_{0,xy} + 3u_{0,x}u_{0,xy} - 3k\mathrm{e}^{\xi}u_0 u_{1,xy}$$
$$-3k\mathrm{e}^{\xi}\eta_y c_{0,xx} + 3u_{0,y}u_{0,xx} - 3\mathrm{e}^{\xi}\eta_y u_0 u_{1,xx} - 3k\mathrm{e}^{\xi}u_{0,xy} - \mathrm{e}^{\xi}\eta_y u_{0,xxx} = 0, \tag{7.3.6}$$

$$\phi^{-1}: \quad 2u_{0,yt} - 3u_{0,xz} + 3u_{1,x}u_{0,xy} + 3u_{0,x}u_{1,xy} + 3u_{1,y}u_{0,xx} + 3u_{0,y}u_{1,xx} + u_{0,xxxy} = 0, \tag{7.3.7}$$

$$\phi^{0}: \quad 2u_{1,yt} - 3u_{1,xz} + 3u_{1,x}u_{1,xy} + 3u_{1,x}u_{1,xx} + u_{1,xxxy} = 0. \tag{7.3.8}$$

解方程（7.3.3）～方程（7.3.8）得

$$u_0 = 2k\mathrm{e}^{\xi}, \quad u_1 = \frac{f_3'(z)}{k}y - \frac{k^3 + 2p}{3k^2}f_1(y,z) + \frac{1}{k}\int f_{1,z}(y,z)\mathrm{d}y, \tag{7.3.9}$$

$$\eta = f_1(y,z) + f_2(z) + pt. \tag{7.3.10}$$

进而得 JM 方程（7.3.1）的解

$$u = \frac{2k\mathrm{e}^{\xi}}{1+\mathrm{e}^{\xi}} + \frac{f_3'(z)}{k}y - \frac{k^3 + 2p}{3k^2}f_1(y,z) + \frac{1}{k}\int f_{1,z}(y,z)\mathrm{d}y, \tag{7.3.11}$$

式中，$\xi = kx + f_1(y,z) + f_2(z) + pt$；$f_1(y,z)$、$f_2(z)$ 和 $f_3(z)$ 是指定变量的任意光滑函数；p 是任意常数.

7.3.2 变系数 Sawada-Kotera 方程的非行波解

定理 7.3.1 基于负幂展开法，变系数 Sawada-Kotera（SK）方程[328]

$$u_t + f(t)u^2 u_x + g(t)u_x u_{xx} + h(t)uu_{xxx} + k(t)u_{xxxxx} = 0 \qquad (7.3.12)$$

有解

$$u = -\frac{3ap^2\omega(t)e^{2\xi}}{f(t)(e^{\xi}+a)^2} + \frac{p^2\omega(t)}{4f(t)}, \qquad (7.3.13)$$

式中，p 为常数，且

$$\xi = px + p^5 \int \frac{12f(t)k(t) + g(t)\omega(t)}{8f(t)} dt + w, \qquad (7.3.14)$$

$$\omega(t) = -g(t) - 2h(t) \pm \sqrt{\theta(t)}, \quad \theta(t) = [g(t)+2h(t)]^2 - 40f(t)k(t), \qquad (7.3.15)$$

其中，w 为任意常数；系数函数 $f(t)$、$g(t)$、$h(t)$ 和 $k(t)$ 满足条件

$$20f^2(t)k'(t) = \omega(t)\{f'(t)[g(t)+2h(t)] - f(t)[g'(t)+2h'(t)]\} + 20k(t)f(t)f'(t).$$

证 平衡方程（7.3.12）中的 u_{xxxxx} 和 $u_x u_{xx}$ 得 $n=2$. 假设

$$u = u_0(x,t)\phi^{-2} + u_1(x,t)\phi^{-1} + u_2(x,t), \qquad (7.3.16)$$

式中，$\phi = e^{\xi} + a$，其中，$\xi = px + q(t) + w$，p 和 $q(t)$ 分别为待定常数和函数，w 为任意常数. 将式（7.3.16）代入方程（7.3.12），收集 ϕ^{-j}（$j = 0,1,2,\cdots,7$）的系数并令其为零，得到一个偏微分方程组. 解此方程组得

$$u_0 = \frac{3p^2\omega(t)}{f(t)(e^{\xi}+a)^2}, \quad u_1 = -\frac{3p^2\omega(t)}{f(t)(e^{\xi}+a)}, \quad u_2 = \frac{p^2\omega(t)}{4f(t)}, \qquad (7.3.17)$$

$$q(t) = p^5 \int \frac{12f(t)k(t) + g(t)\omega(t)}{8f(t)} dt. \qquad (7.3.18)$$

将式（7.3.17）和式（7.3.18）代入式（7.3.16）即得变系数 SK 方程（7.3.12）的解（7.3.13）.

7.4 构造半离散解

对于晶格方程，因其拟解迭代时表现出的复杂性原因，要对前面求解连续型方程的负幂展开法的步骤进行调整.

7.4.1　半离散负幂展开拟解

考虑非线性半离散方程（6.3.1），我们将拟解（7.1.2）推广为半离散的负幂展开形式

$$u_{q,n} = \sum_{l=0}^{m_q} u_{ql}\phi_n^{-l}, \quad u_{ql} \neq 0, \quad \phi_n = e^{\xi_n} + a \quad (q = 1, 2, \cdots, M), \tag{7.4.1}$$

以及

$$u_{q,n+p_s} = \sum_{l=0}^{m_q} u_{ql}[e^{\varphi_s}\phi_n + a(1 - e^{\varphi_s})]^{-l}, \tag{7.4.2}$$

式中，m_q 是通过平衡原则确定的常数；u_{ql} 是 x 与 n 的待定函数，且

$$\xi_n = \sum_{i=1}^{Q} d_i n_i + \sum_{j=1}^{N} c_j x_j + w, \quad \varphi_s = \sum_{i=1}^{Q} d_i p_{si}, \tag{7.4.3}$$

其中，$d_i\ (i = 1, 2, \cdots, Q)$ 和 $c_j\ (j = 1, 2, \cdots N)$ 是待定常数；w 为任意常数.

利用半离散负幂展开拟解（7.4.2）求解方程（6.3.1）与 7.1 节求解连续型方程的负幂展开法具体步骤相比较，主要区别在于步骤 2 将式（7.4.1）和式（7.4.2）代入方程（6.3.1）后，ϕ_n 关于 ξ_n 的各阶导数均要用 $\phi_n - a$ 替代，然后约去分母中的因式 $\prod_{l=1}^{m_q}[e^{\varphi_s}\phi_n + a(1 - e^{\varphi_s})]^l[e^{-\varphi_s}\phi_n + a(1 - e^{-\varphi_s})]^l$，再收集 $\phi^{2m_q - \mu}$ $(\mu = 0, 1, 2, \cdots)$ 的系数. 其他步骤类似，这里假设方程（6.3.1）$u_{q,n+p_s}$ 与 $u_{q,n-p_s}$ 成对出现.

7.4.2　晶格方程的半离散解

定理 7.4.1　晶格方程[305]

$$\frac{\mathrm{d}u_n}{\mathrm{d}t} = (\alpha + \beta u_n + \gamma u_n^2)(u_{n-1} - u_{n+1}) \tag{7.4.4}$$

有解

$$u_n = \pm \frac{(e^d - 1)\sqrt{\beta^2 - 4\alpha\beta}}{\gamma(e^d + 1)(e^{\xi_n} + a)} - \frac{\beta(e^d + 1) \pm (e^d - 1)\sqrt{\beta^2 - 4\alpha\beta}}{2\gamma(e^d + 1)}, \tag{7.4.5}$$

式中，$\xi_n = dn - \{(e^d - 1)(\beta^2 - 4\alpha\beta)/[\gamma(e^d + 1)]\}t + w$；$\alpha$、$\beta$、$\gamma$、$d$ 和 w 为常数.

证　平衡方程（7.4.4）中的 $\mathrm{d}u_n/\mathrm{d}t$ 和 u_n^2 得 $n = 1$. 假设

$$u_n = u_{n,0}(t)\phi_n^{-1} + u_{n,1}(t), \tag{7.4.6}$$

$$u_{n+1} = u_{n+1,0}(t)[e^d \phi_n + a(1-e^d)]^{-1} + u_{n+1,1}(t), \tag{7.4.7}$$

$$u_{n-1} = u_{n-1,0}(t)[e^{-d} \phi_n + a(1-e^{-d})]^{-1} + u_{n-1,1}(t), \tag{7.4.8}$$

式中，$\phi_n = e^{\xi_n} - a$，其中，$\xi_n = dn + ct + w$，d 和 c 为待定常数，w 为任意常数. 将式（7.4.6）～式（7.4.8）代入方程（7.4.4），并用 $\phi_n - a$ 替代 ϕ_n'，然后消去分母的因式 $e^d \phi_n + a(1-e^d)$ 和 $e^{-d} \phi_n + a(1-e^{-d})$，再收集 $\phi^{2-\mu}$（$\mu = 0,1,2,\cdots,4$）的系数并令其为零，得到一个关于 $u_{n,0}$、$u_{n,1}$ 的微分-差分方程组. 解此方程组得

$$u_{n,0} = \pm \frac{(e^d - 1)\sqrt{\beta^2 - 4\alpha\beta}}{\gamma(e^d + 1)}, \quad u_{n,1} = -\frac{\beta(e^d + 1) \pm (e^d - 1)\sqrt{\beta^2 - 4\alpha\beta}}{2\gamma(e^d + 1)}, \tag{7.4.9}$$

$$c = -\frac{(e^d - 1)(\beta^2 - 4\alpha\beta)}{\gamma(e^d + 1)}. \tag{7.4.10}$$

再由式（7.4.6）、式（7.4.9）和式（7.4.10）即可得解（7.4.5）.

7.4.3 Toda 晶格方程的半离散解

定理 7.4.2 Toda 晶格方程（6.3.9）有解

$$u_n = -\frac{ac}{e^{\xi_n} + a} + \frac{[(c^2 - 1)e^{2k} + 2e^k - 1]\xi_n}{c(e^k - 1)^2} + c_0, \tag{7.4.11}$$

式中，$\xi_n = kn + ct + w$；c、c_0、k 和 w 为常数.

证 平衡方程（6.3.9）中的 $d^2 u_n / dt^2$ 和 $(du_n / dt)u_n$ 得 $n = 1$，这样我们也可以假设式（7.4.6）～式（7.4.8）为方程（6.3.9）的拟解. 将式（7.4.6）～式（7.4.8）代入方程（6.3.9），并把 ϕ_n' 和 ϕ_n'' 均用 $\phi_n - a$ 替代，然后消去分母中的因式 $e^d \phi_n + a(1-e^d)$ 和 $e^{-d} \phi_n + a(1-e^{-d})$，再收集 $\phi^{2-\mu}$（$\mu = 0,1,2,\cdots,4$）的系数并令其为零，得到一个关于 $u_{n,0}$、$u_{n,1}$ 的微分-差分方程组. 解此方程组得

$$u_{n,0} = -ac, \quad u_{n,1} = \frac{[(c^2 - 1)e^{2d} + 2e^d - 1]\xi_n}{c(e^d - 1)^2} + c_0. \tag{7.4.12}$$

再由式（7.4.6）和式（7.4.12）即可得解（7.4.11）.

第 8 章　辅助方程法的改进与随机波解的构造

本章一方面改进 F-展开法、Fan 辅助方程和离散扩展 tanh 方法，并将其分别应用于 2+1 维 Konopelchenko-Dubrovsky（KD）方程、3+1 维 KP 方程和含任意函数 2+1 维 Toda 晶格方程；另一方面提出 Wick 型随机方程的相容性方法，在方法用于举例中得到了 Wick 型随机 KdV 方程的对称、相似约化，并进一步借助于 F-展开法构造出随机波解.

8.1　改进的 F-展开法与 KD 方程的精确解

F-展开法[332-334]是构造非线性演化方程精确解的一种辅助方程法，可以看作 Jacobi 椭圆函数展开[164,335,336]的推广，得到许多应用与推广[337-347]. 2006 年，Zhang 等[342]通过引进更一般形式的拟解改进了 F-展开法[332-334]及其不同形式的推广[338-340]，并将改进方法应用于 2+1 维 KD 方程.

8.1.1　辅助椭圆方程及其特解

F-展开法所用到的辅助方程为式（2.2.13）. 根据参数 P、Q 和 R 的不同取值，表 8.1.1 列出了式（2.2.13）的一些 Jacobi 椭圆函数解[338].

表 8.1.1　椭圆方程（2.2.13）中参数 P、Q 和 R 的不同取值及其对应的解 $F(\xi)$

P	Q	R	$F(\xi)$
m^2	$-(1+m)^2$	1	$\text{sn}\xi = \text{ns}^{-1}\xi$，$\text{cd}\xi = \text{cn}\xi / \text{dn}\xi$
$-m^2$	$2m^2 - 1$	$1 - m^2$	$\text{cn}\xi = \text{nc}^{-1}\xi$
-1	$2 - m^2$	$m^2 - 1$	$\text{dn}\xi = \text{nd}^{-1}\xi$
$1 - m^2$	$2 - m^2$	1	$\text{sc}\xi = \text{sn}\xi / \text{cn}\xi = \text{cs}^{-1}\xi$
$-m^2(1-m^2)$	$2m^2 - 1$	1	$\text{sd}\xi = \text{sn}\xi / \text{dn}\xi = \text{ds}^{-1}\xi$
$1/4$	$(1-2m^2)/2$	$1/4$	$\text{ns}\xi \pm \text{cs}\xi$

P	Q	R	$F(\xi)$
$(1-m^2)/4$	$(1+m^2)/2$	$(1-m^2)/2$	$\mathrm{nc}\xi \pm \mathrm{sc}\xi$
$1/4$	$(m^2-2)/2$	$m^2/4$	$\mathrm{ns}\xi \pm \mathrm{ds}\xi$
$m^2/4$	$(m^2-2)/2$	$m^2/4$	$\mathrm{sn}\xi \pm i\mathrm{cn}\xi$

Jacobi 椭圆函数的导数为

$$\mathrm{sn}'\xi = \mathrm{cn}\xi\mathrm{dn}\xi, \quad \mathrm{cd}'\xi = -(1-m^2)\mathrm{sd}\xi\mathrm{nd}\xi, \quad \mathrm{cn}'\xi = -\mathrm{sn}\xi\mathrm{dn}\xi,$$

$$\mathrm{dn}'\xi = -m^2\mathrm{sn}\xi\mathrm{cn}\xi, \quad \mathrm{ns}'\xi = -\mathrm{cs}\xi\mathrm{ds}\xi, \quad \mathrm{dc}'\xi = (1-m^2)\mathrm{nc}\xi\mathrm{sc}\xi,$$

$$\mathrm{nc}'\xi = \mathrm{sc}\xi\mathrm{dc}\xi, \quad \mathrm{nd}'\xi = m^2\mathrm{cd}\xi\mathrm{sd}\xi, \quad \mathrm{sc}'\xi = \mathrm{dc}\xi\mathrm{nc}\xi,$$

$$\mathrm{cs}'\xi = -\mathrm{ns}\xi\mathrm{ds}\xi, \quad \mathrm{ds}'\xi = -\mathrm{cs}\xi\mathrm{ns}\xi, \quad \mathrm{sd}'\xi = \mathrm{nd}\xi\mathrm{cd}\xi.$$

Jacobi 椭圆函数在模 $m \to 1$ 时退化为双曲函数和常数

$$\mathrm{sn}\xi \to \tanh\xi, \quad \mathrm{cn}\xi \to \mathrm{sech}\xi, \quad \mathrm{dn}\xi \to \mathrm{sech}\xi, \quad \mathrm{sc}\xi \to \sinh\xi,$$

$$\mathrm{sd}\xi \to \sinh\xi, \quad \mathrm{cd}\xi \to 1, \quad \mathrm{ns}\xi \to \coth\xi, \quad \mathrm{nc}\xi \to \cosh\xi,$$

$$\mathrm{nd}\xi \to \cosh\xi, \quad \mathrm{cs}\xi \to \mathrm{csch}\xi, \quad \mathrm{ds}\xi \to \mathrm{csch}\xi, \quad \mathrm{dc}\xi \to 1.$$

Jacobi 椭圆函数在模 $m \to 0$ 时退化为三角函数和常数

$$\mathrm{sn}\xi \to \sin\xi, \quad \mathrm{cn}\xi \to \cos\xi, \quad \mathrm{dn}\xi \to 1, \quad \mathrm{sc}\xi \to \tan\xi,$$

$$\mathrm{sd}\xi \to \sin\xi, \quad \mathrm{cd}\xi \to \cos\xi, \quad \mathrm{ns}\xi \to \csc\xi, \quad \mathrm{nc}\xi \to \sec\xi,$$

$$\mathrm{nd}\xi \to 1, \quad \mathrm{cs}\xi \to \cot\xi, \quad \mathrm{ds}\xi \to \csc\xi, \quad \mathrm{dc}\xi \to \sec\xi.$$

8.1.2 改进的 F-展开法的步骤

给定 $m+1$ 维非线性演化方程（7.1.1），我们构造如下形式的解[342]：

$$u = a_0 + \sum_{i=1}^{n}[a_iF^{-i}(\xi) + b_iF^i(\xi) + c_iF^{i-1}(\xi)F'(\xi) + d_iF^{-i}(\xi)F'(\xi)], \quad (8.1.1)$$

式中，a_0、a_i、b_i、c_i、d_i $(i=1,2,\cdots,n)$ 和 ξ 都是 x_1, x_2, $\cdots$, x_m 和 t 的待定函数；$F(\xi)$ 和 $F'(\xi)$ 满足椭圆方程（2.2.13）。为确定 u 的显示表达式，采取如下 3 步.

步骤 1 利用式（8.1.1）和式（2.2.13），平衡方程（7.1.1）的最高阶导数项和最高次非线性项确定整数 n.

步骤 2 将赋 n 值后的式（8.1.1）连同式（2.2.13）和式（2.2.14）一起代入方程（7.1.1），然后收集 $F'^{\mu}(\xi)F^j(\xi)$ $(\mu=0,1; j=0,\pm1,\pm2,\cdots)$ 的系数并令其为零，得到一个关于 a_0、a_i、b_i、c_i、d_i 和 ξ 的超定非线性偏微分方程组.

步骤 3　求解步骤 2 中的偏微分方程组，得到 a_0、a_i、b_i、c_i、d_i 和 ξ 的具体显示形式，再从表 8.1.1 中选取适合的 P、Q、R 及相应的 Jacobi 椭圆函数解 $F(\xi)$，最终获得方程（7.1.1）的 Jacobi 椭圆函数解，并在 $m \to 1$ 和 $m \to 0$ 的极限情况下获得双曲函数解和三角函数解.

在实际应用中，往往要选择 a_0、a_i、b_i、c_i、d_i 和 ξ 的一些特殊形式，以达到能够显示地确定式（8.1.1）之目的. 与 F-展开法及其改进工作相比较，式（8.1.1）更具有一般性. 例如，当 $b_i = c_i = d_i = 0$、a_0 和 a_i 为常数且 ξ 仅为 x_1, x_2, $\cdots$, x_m 和 t 的线性函数时，式（8.1.1）变为 Zhou 等的拟解[332-334]；当 $c_i = d_i = 0$、a_0、a_i 和 b_i 为常数且 ξ 仅为 x_1, x_2, $\cdots$, x_m 和 t 的线性函数时，式（8.1.1）变为 Wang 等的拟解[338]；当 $c_i = d_i = 0$ 时，式（8.1.1）变为 Chen 等的拟解[339]；当 $d_i = 0$ 时，式（8.1.1）变为 Zhang 的拟解[340]. 有实例[346,347]表明，在拟解[338,339]无效情况下式（8.1.1）却可行.

8.1.3　2+1 维 KD 方程的精确解

对于 2+1 维 KD 方程[342]

$$u_t - u_{xxx} - 6buu_x + \frac{3}{2}a^2u^2u_x - 3v_y + 3au_xv = 0 , \tag{8.1.2}$$

$$u_y = v_x , \tag{8.1.3}$$

式中，a 和 b 为常数参数，在通过平衡 u_{xxx} 和 u^2u_x 的基础之上我们假设

$$u = a_0 + a_1F^{-1}(\xi) + b_1F(\xi) + c_1F'(\xi) + d_1F^{-1}(\xi)F'(\xi) , \tag{8.1.4}$$

$$v = A_0 + A_1F^{-1}(\xi) + B_1F(\xi) + C_1F'(\xi) + D_1F^{-1}(\xi)F'(\xi) , \tag{8.1.5}$$

式中，$\xi = \eta + \zeta$；a_0、a_1、b_1、c_1、d_1、A_0、A_1、B_1、C_1、D_1 和 ζ 为 y 与 t 的待定函数；η 是 x 的待定函数. 将式（8.1.4）和式（8.1.5）连同式（2.2.13）和式（2.2.14）代入方程（8.1.2）和方程（8.1.3），然后收集 $F''^\mu(\eta+\zeta)F^j(\eta+\zeta)$ $(\mu = 0,1; j = 0,\pm1,\pm2,\pm3,\pm4,5)$ 的系数并令其为零，得到两个关于 a_0、a_1、b_1、c_1、d_1、A_0、A_1、B_1、C_1、D_1、ζ 和 η 的超定偏微分方程组. 解此超定偏微分方程组得到 4 个解组.

解组 1：

$$a_0 = \frac{2bk - af_1(t)}{a^2k} , \quad a_1 = \pm\frac{k\sqrt{R}}{a} , \quad b_1 = \pm\frac{k\sqrt{P}}{a} , \quad c_1 = 0 , \quad d_1 = \pm\frac{k}{a} ,$$

$$A_1 = \pm\frac{\sqrt{R}f_1(t)}{a} , \quad B_1 = \pm\frac{\sqrt{P}f_1(t)}{a} , \quad C_1 = 0 , \quad D_1 = \pm\frac{f_1(t)}{a} ,$$

$$\eta = kx + C, \quad \zeta = yf_1(t) + f_2(t),$$

$$A_0 = \frac{12b^2k^2 - a^2k^4Q \pm 6a^2k^4\sqrt{PR} + 3a^2f_1^2(t) - 2a^2k[yf_1'(t) + f_2'(t)]}{6a^3k^2},$$

式中，$f_1(t)$ 和 $f_2(t)$ 是 t 的任意光滑函数；k 和 C 为常数；a_1 和 b_1 取 "±" 号的所有组合（a_1 和 b_1 取同号时，A_0 取负号，否则 A_0 取正号，a_1 和 A_1 取同号，b_1 和 B_1 取同号，d_1 和 D_1 取同号）.

解组 2:

$$a_0 = \frac{2bk - af_1(t)}{a^2k}, \quad a_1 = \pm\frac{2k\sqrt{R}}{a}, \quad b_1 = \pm\frac{2k\sqrt{P}}{a}, \quad c_1 = 0, \quad d_1 = 0,$$

$$A_1 = \pm\frac{2\sqrt{R}f_1(t)}{a}, \quad B_1 = \pm\frac{2\sqrt{P}f_1(t)}{a},$$

$$C_1 = 0, \quad D_1 = 0, \quad \eta = kx + C, \quad \zeta = yf_1(t) + f_2(t),$$

$$A_0 = \frac{12b^2k^2 + 2a^2k^4Q \pm 12a^2k^4\sqrt{PR} + 3a^2f_1^2(t) - 2a^2k[yf_1'(t) + f_2'(t)]}{6a^3k^2},$$

式中，$f_1(t)$ 和 $f_2(t)$ 是 t 的任意光滑函数；k 和 C 为常数；a_1 和 b_1 取 "±" 号的所有组合（a_1 和 b_1 取同号时，A_0 取负号，否则 A_0 取正号，a_1 和 A_1 取同号，b_1 和 B_1 取同号）.

解组 3:

$$a_0 = \frac{2bk - af_1(t)}{a^2k}, \quad a_1 = 0, \quad b_1 = \pm\frac{2k\sqrt{P}}{a}, \quad c_1 = 0, \quad d_1 = 0, \quad A_1 = 0,$$

$$B_1 = \pm\frac{2\sqrt{P}f_1(t)}{a}, \quad C_1 = 0, \quad D_1 = 0, \quad \eta = kx + C, \quad \zeta = yf_1(t) + f_2(t),$$

$$A_0 = \frac{12b^2k^2 + 2a^2k^4Q + 3a^2f_1^2(t) - 2a^2k[yf_1'(t) + f_2'(t)]}{6a^3k^2},$$

式中，$f_1(t)$ 和 $f_2(t)$ 是 t 的任意光滑函数；k 和 C 为常数；b_1 和 B_1 取 "±" 号的所有组合.

解组 4:

$$a_0 = \frac{2bk - af_1(t)}{a^2k}, \quad a_1 = \pm\frac{2k\sqrt{R}}{a}, \quad b_1 = 0, \quad c_1 = 0, \quad d_1 = 0,$$

$$A_1 = \pm\frac{2\sqrt{R}f_1(t)}{a}, \quad B_1 = 0, \quad C_1 = 0, \quad D_1 = 0, \quad \eta = kx + C, \quad \zeta = yf_1(t) + f_2(t),$$

$$A_0 = \frac{12b^2k^2 + 2a^2k^4Q + 3a^2f_1^2(t) - 2a^2k[yf_1'(t) + f_2'(t)]}{6a^3k^2},$$

式中，$f_1(t)$ 和 $f_2(t)$ 是 t 的任意光滑函数；k 和 C 为常数；a_1 和 A_1 取 "±" 号的所有组合.

利用表 8.1.1 及上述解组 1～解组 4，可以得到 KD 方程（8.1.2）和方程（8.1.3）许多新的更一般的 Jacobi 椭圆函数及其耦合形式的解. 在 $m \to 1$ 和 $m \to 0$ 的极限情况下，所获得的 Jacobi 椭圆函数解退化为双曲函数解和三角函数解. 例如，选取 $F(\xi) = \mathrm{sn}\,\xi$，$P = m^2$，$Q = -(1+m^2)$ 和 $R = 1$，由解组 1 得到

$$u = \frac{2bk - af_1(t)}{a^2k} \pm \frac{k}{a}\mathrm{ns}\,\xi \pm \frac{km}{a}\mathrm{sn}\,\xi \pm \frac{k}{a}\mathrm{cs}\,\xi\,\mathrm{dn}\,\xi, \tag{8.1.6}$$

$$v = \frac{12b^2k^2 + a^2k^4(1+m^2) \pm 6a^2k^4m + 3a^2f_1^2(t) - 2a^2k[yf_1'(t) + f_2'(t)]}{6a^3k^2}$$

$$\pm \frac{f_1(t)}{a}\mathrm{ns}\,\xi \pm \frac{mf_1(t)}{a}\mathrm{sn}\,\xi \pm \frac{f_1(t)}{a}\mathrm{cs}\,\xi\,\mathrm{dn}\,\xi, \tag{8.1.7}$$

式中，$\xi = \eta = kx + yf_1(t) + f_2(t) + C$. 当 $m \to 1$ 时，式（8.1.6）和式（8.1.7）退化为双曲函数解

$$u = \frac{2bk - af_1(t)}{a^2k} \pm \frac{k}{a}\coth\xi \pm \frac{k}{a}\tanh\xi \pm \frac{k}{a}\mathrm{csch}\,\xi\,\mathrm{sech}\,\xi, \tag{8.1.8}$$

$$v = \frac{12b^2k^2 + 2a^2k^4 \pm 6a^2k^4 + 3a^2f_1^2(t) - 2a^2k[f_1'(t)y + f_2'(t)]}{6a^3k^2} \pm \frac{f_1(t)}{a}\coth\xi$$

$$\pm \frac{f_1(t)}{a}\tanh\xi \pm \frac{f_1(t)}{a}\mathrm{csch}\,\omega\,\mathrm{sech}\,\xi. \tag{8.1.9}$$

选取 $F(\xi) = \mathrm{sc}\,\xi$、$P = 1-m^2$、$Q = 2-m^2$ 和 $R = 1$，我们由解组 1 得到

$$u = \frac{2bk - af_1(t)}{a^2k} \pm \frac{k}{a}\mathrm{cs}\,\xi \pm \frac{k\sqrt{1-m^2}}{a}\mathrm{sc}\,\xi \pm \frac{k}{a}\mathrm{ns}\,\xi\,\mathrm{dc}\,\xi, \tag{8.1.10}$$

$$v = \frac{12b^2k^2 - a^2k^4(2-m^2) \pm 6a^2k^4\sqrt{1-m^2} + 3a^2f_1^2(t) - 2a^2k[yf_1'(t) + f_2'(t)]}{6a^3k^2}$$

$$\pm \frac{f_1(t)}{a}\mathrm{cs}\,\xi \pm \frac{\sqrt{1-m^2}f_1(t)}{a}\mathrm{sc}\,\xi \pm \frac{f_1(t)}{a}\mathrm{ns}\,\xi\,\mathrm{dc}\,\xi, \tag{8.1.11}$$

式中，$\xi = \eta = kx + yf_1(t) + f_2(t) + C$. 当 $m \to 0$ 时，式（8.1.10）和式（8.1.11）退化为三角函数解

$$u = \frac{2bk - af_1(t)}{a^2k} \pm \frac{k}{a}\cot\xi \pm \frac{k}{a}\tan\xi \pm \frac{k}{a}\csc\xi\sec\xi, \tag{8.1.12}$$

$$v = \frac{12b^2k^2 - 2a^2k^4 + 6a^2k^4 + 3a^2f_1^2(t) - 2a^2k[yf_1'(t) + f_2'(t)]}{6a^3k^2} \pm \frac{f_1(t)}{a}\cot\xi$$

$$\pm \frac{f_1(t)}{a}\tan\xi \pm \frac{f_1(t)}{a}\csc\xi\sec\xi . \qquad (8.1.13)$$

8.2 改进的 Fan 辅助方程法与 KP 方程的精确解

Fan 辅助方程法[273-275]是构造非线性演化方程更多类型精确解的一个代数化辅助方程法，其动机是统一多个辅助方程法. Yomba[348]修正的扩展 Fan 辅助方程法能将当时至少由四种方法（以 Riccati 方程、椭圆方程、辅助常微分方程和广义 Riccati 方程作为辅助方程）才可得到的所有解统一在一个拟解中进行构造. 2006 年，修正的扩展 Fan 辅助方程法被进一步改进[349,350]. 为了说明改进方法的有效性和优越性，我们将其应用于 3+1 维 KP 方程，结果获得许多新的更一般形式的非行波解，其中包括孤子解、三解函数解、Jacobi 椭圆函数解、Weierstrass 椭圆双周期解.

8.2.1 Fan 辅助方程及其特例

Fan 辅助方程法[273-275]所利用的辅助方程为

$$\phi'(\xi) = \varepsilon\sqrt{\sum_{\rho=0}^{r} h_\rho \phi^\rho(\xi)} \quad (\varepsilon = \pm 1), \qquad (8.2.1)$$

或者等价地写成

$$\phi'^2(\xi) = \sum_{\rho=0}^{r} h_\rho \phi^\rho(\xi), \qquad (8.2.2)$$

式中，$h_\rho\ (\rho = 0,1,2,\cdots,r)$ 是常数参数. 辅助方程（8.2.1）或方程（8.2.2）包含多个特殊情形，这里仅考虑取 $r = 4$ 时的辅助方程

$$\phi'^2(\xi) = h_0 + h_1\phi(\xi) + h_2\phi^2(\xi) + h_3\phi^3(\xi) + h_4\phi^4(\xi) \qquad (8.2.3)$$

及其所包含的一些其他辅助方程和部分特解. 辅助方程（8.2.3）有丰富的特解，多项式解、指数函数解、三解函数解、双曲函数解等其他特解具体详见文献[273].

情形 1 当 $h_0 \neq 0$、$h_1 \neq 0$、$h_2 \neq 0$、$h_3 \neq 0$ 且 $h_4 \neq 0$ 时，存在参数 r、p 和 q，使得 $h_0 = r^2$、$h_1 = 2rp$、$h_2 = 2rq + p^2$、$h_3 = 2pq$ 和 $h_4 = q^2$，式（8.2.3）为广义 Riccati 方程[351]

$$\phi'^2(\xi) = [r + p\phi(\xi) + q\phi^2(\xi)]^2, \tag{8.2.4}$$

或者当 $h_1 = 0$、$h_3 = 0$ 且 $h_4 = 1$ 时，存在参数 δ 使得 $h_0 = \delta^2$ 且 $h_2 = 2\delta$，式（8.2.3）
为 Riccati 方程

$$\phi'^2(\xi) = [\delta + \phi^2(\xi)]^2. \tag{8.2.5}$$

因为式（8.2.4）与式（8.2.5）对应的双曲函数形式解和三角函数形式解等价[352]，
这里只列出式（8.2.5）的如下特解：

$$\phi(\xi) = \begin{cases} \pm\sqrt{-\delta}\tanh(\sqrt{-\delta}\xi),\ \pm\sqrt{-\delta}\coth(\sqrt{-\delta}\xi) & (\delta < 0), \\ \pm\sqrt{\delta}\tan(\sqrt{\delta}\xi),\ \pm\sqrt{\delta}\cot(\sqrt{\delta}\xi) & (\delta > 0), \\ \pm 1/\xi & (\delta = 0). \end{cases} \tag{8.2.6}$$

情形 2　当 $h_0 = 0$、$h_1 = 0$、$h_2 = a$、$h_3 = b$、$h_4 = c$ 且 $\phi(\xi) = z(\xi)$ 时，式（8.2.3）
为 Sirendaoreji 辅助常微分方程[353]

$$\phi'^2(\xi) = A\phi^2(\xi) + B\phi^3(\xi) + C\phi^4(\xi), \tag{8.2.7}$$

其 7 个特解可见文献[354].

情形 3　当 $h_0 = R$、$h_1 = 0$、$h_2 = Q$、$h_3 = 0$、$h_4 = P$ 且 $\phi(\xi) = F(\xi)$ 时，式（8.2.3）
为椭圆方程（2.2.13），其一些特解见文献[338]和表 8.1.1.

情形 4　当 $h_2 = 0$ 且 $h_4 = 0$ 时，式（8.2.3）成为

$$\phi'^2(\xi) = h_0 + h_1\phi(\xi) + h_3\phi^3(\xi), \tag{8.2.8}$$

辅助方程（8.2.8）的 Weierstrass 椭圆函数双周期解[274]为

$$\phi(\xi) = \wp\left(\frac{\sqrt{h_3}}{2}\xi, g_2, g_3\right)\quad (h_3 > 0), \tag{8.2.9}$$

式中，$g_2 = -4h_1/h_3$ 和 $g_3 = -4h_0/h_3$ 为 Weierstrass 椭圆函数不变量.

8.2.2　改进的 Fan 辅助方程法的拟解与步骤

对给定的 $m+1$ 维非线性演化方程（7.1.1），改进的 Fan 辅助方程方法[349,350]
主要引进形式上与式（8.1.1）相同的拟解

$$u = a_0 + \sum_{i=1}^{n}[a_i\phi^{-i}(\xi) + b_i\phi^i(\xi) + c_i\phi^{i-1}(\xi)\phi'(\xi) + d_i\phi^{-i}(\xi)\phi'(\xi)], \tag{8.2.10}$$

式中，a_0、a_i、b_i、c_i、d_i $(i=1,2,\cdots,n)$ 和 ξ 都是 x_1，x_2，$\cdots$，x_m 和 t 的待定函数；
$\phi(\xi)$ 和 $\phi'(\xi)$ 满足辅助方程（8.2.2）.

为具体确定 u，采取与 F-展开法相类似的步骤，这里不再详述. 值得说明的是，在确定拟解（8.2.10）中的整数 n 值时要利用辅助方程（8.2.2）及其高阶导方程. 将确定 n 值的拟解（8.2.10）代入方程（7.1.1）后，将所有的高阶导数项均用 $\phi(\xi)$ 和 $\phi'(\xi)$ 及其乘积和方幂替换，比如

$$\phi''(\xi) = \frac{1}{2}\sum_{\rho=1}^{r}\rho h_\rho \phi^{\rho-1}(\xi),\qquad(8.2.11)$$

$$\phi'''(\xi) = \frac{1}{2}\sum_{\rho=2}^{r}\rho(\rho-1)h_\rho \phi^{\rho-2}(\xi)\phi'(\xi).\qquad(8.2.12)$$

同时将 $\phi'(\xi)$ 的高次幂项 $\phi'^s(\xi)$ $(s = 2,3,\cdots)$ 经替代

$$\phi'^s(\xi) = \begin{cases} \left[\sum_{\rho=0}^{r}h_\rho \phi^\rho(\xi)\right]^k & (s = 2k, k \in \mathbb{N}^+) \\ \left[\sum_{\rho=0}^{r}h_\rho \phi^\rho(\xi)\right]^k \phi'(\xi) & (s = 2k+1, k \in \mathbb{N}^+) \end{cases}\qquad(8.2.13)$$

后得到降次，然后通过收集 $\phi'^\mu(\xi)\phi^j(\xi)$ $(\mu = 0,1; j = 0,\pm1,\pm2,\cdots)$ 的系数确定 a_0、a_i、b_i、c_i、d_i 和 ξ 的具体显示形式，再适当选取 h_0、h_1、h_2、h_3、h_4 和对应辅助方程（8.2.2）的解 $\phi(\xi)$，最终获得方程（7.1.1）的多种类型解，包括 Jacobi 椭圆函数解、Weierstrass 椭圆函数解、双曲函数解、三角函数解和有理解等.

8.2.3 3+1 维 KP 方程的精确解

对于 3+1 维 KP 方程[350]

$$u_{xt} + 6u_x^2 + 6uu_{xx} - u_{xxxx} - u_{yy} - u_{zz} = 0,\qquad(8.2.14)$$

我们利用辅助方程（8.2.3）进行求解. 平衡 u_{xxxx} 和 u_x^2 得 $n = 2$，假设

$$u = a_0 + a_1\phi^{-1}(\xi) + a_2\phi^{-2}(\xi) + b_1\phi(\xi) + b_2\phi^2(\xi) + c_1\phi'(\xi) + c_2\phi(\xi)\phi'(\xi)$$

$$+ d_1\phi^{-1}(\xi)\phi'(\xi) + d_2\phi^{-2}(\xi)\phi'(\xi),\qquad(8.2.15)$$

根据改进的 Fan 辅助方程法[350]，我们假设

$$\xi = kx + yf_1(t) + zf_2(t) + f_3(t),\qquad(8.2.16)$$

式中，$f_1(t)$、$f_2(t)$ 和 $f_3(t)$ 是 t 的任意光滑函数，并由此确定待定系数函数如下.

情形 1　在 h_0、h_1、h_3 和 h_4 之间满足条件

$$h_1\sqrt{h_4}\pm h_3\sqrt{h_0}=0 \tag{8.2.17}$$

的情况下，解得

$$a_0=\frac{k^4h_2\pm6k^4\sqrt{h_0h_4}+f_1^2(t)+f_2^2(t)-k[yf_1'(t)+zf_2'(t)+f_3'(t)]}{6k^2}, \tag{8.2.18}$$

$$a_1=\frac{k^2h_1}{2},\quad a_2=k^2h_0,\quad b_1=\frac{k^2h_3}{2}, \tag{8.2.19}$$

$$b_2=k^4h_4,\quad c_1=\pm k^2\sqrt{h_4},\quad d_2=\pm k^2\sqrt{h_0},\quad c_2=d_1=0, \tag{8.2.20}$$

式中，"$\pm$"号表示取正号和负号的所有组合（若 c_1 和 d_2 同号，则 a_0 和式（8.2.17）取负号，若 c_1 和 d_2 异号，a_0 和式（8.2.17）取正号）.

情形 2　在

$$a_0=\frac{k^4h_2+f_1^2(t)+f_2^2(t)-k[yf_1'(t)+zf_2'(t)+f_3'(t)]}{6k^2} \tag{8.2.21}$$

的情况下，解得两种情况

$$a_1=\frac{k^2h_1}{2},\quad a_2=k^2h_0,\quad d_2=\pm k^2\sqrt{h_0},\quad b_1=b_2=c_1=c_2=d_1=0, \tag{8.2.22}$$

$$b_1=\frac{k^2h_3}{2},\quad b_2=k^2h_4,\quad c_1=\pm k^2\sqrt{h_4},\quad a_1=a_2=c_2=d_1=d_2=0. \tag{8.2.23}$$

情形 3　在 $h_1=h_3=0$ 且

$$a_0=\frac{4k^4h_2+f_1^2(t)+f_2^2(t)-k[yf_1'(t)+zf_2'(t)+f_3'(t)]}{6k^2} \tag{8.2.24}$$

的情况下，解得三种情况

$$a_2=2k^2h_0,\quad b_2=2k^2h_4,\quad a_1=b_1=c_1=c_2=d_1=d_2=0, \tag{8.2.25}$$

$$a_2=2k^2h_0,\quad a_1=b_1=b_2=c_1=c_2=d_1=d_2=0, \tag{8.2.26}$$

$$b_2=2k^2h_4,\quad a_1=a_2=b_1=c_1=c_2=d_1=d_2=0. \tag{8.2.27}$$

由式（8.2.15）、式（8.2.16）和上述情形 1～情形 3 可获得 KP 方程（8.2.14）的许多精确解，如 Jacobi 椭圆函数解、双曲函数解、三角函数解、有理解、多项式解、指数函数解和 Weierstrass 椭圆函数解等. 当 h_0 和 h_1 为任意常数、$h_2=0$、$h_3>0$ 和 $h_4=0$ 时，我们从式（8.2.21）和式（8.2.22）可得到 Weierstrass 椭圆函数解

$$u = \frac{f_1^2(t) + f_2^2(t) - k[yf_1'(t) + zf_2'(t) + f_3'(t)]}{6k^2} + \frac{k^2 h_1}{2} \wp^{-1}\left(\frac{\sqrt{h_3}}{2}\xi, g_2, g_3\right)$$

$$+ k^2 h_0 \wp^{-2}\left(\frac{\sqrt{h_3}}{2}\xi, g_2, g_3\right)$$

$$\pm k^2 \frac{\sqrt{h_0}}{2} \wp^{-2}\left(\frac{\sqrt{h_3}}{2}\xi, g_2, g_3\right) \wp'\left(\frac{\sqrt{h_3}}{2}\xi, g_2, g_3\right), \tag{8.2.28}$$

式中，$g_2 = -4h_1/h_3$；$g_3 = -4h_0/h_3$.

8.3 改进的离散扩展 tanh 方法 与 Toda 晶格方程的精确解

微分-差分方程同时具备微分方程和差分方程的特点，其精确解的构造要比求解微分方程或差分方程复杂. 对于非线性的微分-差分方程，精确求解的难度会加大. 本章基于构造非线性微分-差分方程拟解的一般性原则改进非线性微分-差分方程精确求解的扩展 tanh 方法，并将其应用于含任意函数的 2+1 维 Toda 晶格方程，结果显示改进后的算法能够比原方法获得更多形式的精确解.

8.3.1 构造非线性半离散方程拟解的一般性原则

半离散形式的非线性可积系统是一类空间离散而时间保持连续的非线性微分-差分方程，虽兼有微分方程和差分方程的特点，但它又不同于非线性微分方程或差分方程. 一般来说，将求解连续型非线性可积系统的解析方法推广到非线性的半离散方程或微分-差分方程有一定的困难，主要的原因在于多数情况下不易从离散变量为 n 时的拟解得到 $n\pm1$，$n\pm2$，$\cdots$ 的有效迭代公式. 换言之，所采用的拟解是否有效取决于 $n\pm1$，$n\pm2$，$\cdots$ 时的解迭代公式能否显示地分离出 n 时的拟解公式.

为方便起见，不妨设给定的非线性半离散方程为

$$\Delta(u_{n,t}, u_{n,x}, u_{n,tt}, u_{n,xt}, \cdots u_{n-1}, u_n, u_{n+1}, \cdots) = 0, \tag{8.3.1}$$

引入行波变换

$$u_n = U_n(\xi_n), \quad \xi_n = dn + kx + ct + w, \tag{8.3.2}$$

将式（8.3.1）化为非线性常微分-差分方程

$$\Delta(U_n', U_n'', \cdots U_{n-1}, U_n, U_{n+1}, \cdots) = 0 . \tag{8.3.3}$$

再假设

$$U_n(\xi_n) = \sum_{i=0}^m a_i f_n^i(\xi_n), \tag{8.3.4}$$

式中，$f_n(\xi_n)$ 是辅助常微分方程

$$g[f_n(\xi_n), f_n'(\xi_n), f_n''(\xi_n), \cdots] = 0 \tag{8.3.5}$$

的已知特解. 在式（8.3.2）和拟解（8.3.4）中，a_i、d、k、c 是待定常数，w 是相位，m 是通过利用式（8.3.5）平衡式（8.3.3）中 $U_n(\xi_n)$ 的最高阶导数项和最高次非线性项确定的正整数. 为求解式（8.3.3），要从拟解（8.3.4）导出

$$U_{n\pm s}(\xi_n) = \sum_{i=0}^m a_i f_n^i(\xi_{n\pm s}) \quad (s = 1, 2, \cdots), \tag{8.3.6}$$

而且 $f(\xi_{n\pm s})$ 必须可以显示地分离出 $f_n(\xi_n)$，即 $f_n(\xi_{n\pm s})$ 能表示成 $f_n(\xi_n)$ 与 $f_n(\pm ds)$ 的一个有理表达式

$$f_n(\xi_{n\pm s}) = h[f_n(\xi_n), f_n(\pm ds)], \tag{8.3.7}$$

因为只有这样才能使得我们在下一步收集 $f_n(\xi_n)$ 的同次方幂系数成为可能，从而将式（8.3.3）转化成关于 a_i、d、k 和 c 的代数方程组，然后通过解所得的代数方程组最终实现求解方程（8.3.1）. 否则，若 $f_n(\xi_{n\pm s})$ 不能显示地分离出 $f_n(\xi_n)$，则拟解（8.3.4）失效. 因此，$f_n(\xi_{n\pm s})$ 可显示地分离出 $f_n(\xi_n)$ 是用拟解（8.3.4）构造精确解的前提条件. 值得说明的是，在确定 m 的过程中应考虑到 $U_{n+s}(\xi_n)$ 对其所带来的影响，具体情况要根据式（8.3.3）～式（8.3.5）与式（8.3.7）的结构特点而定. 因为由拟解（8.3.4）得

$$U_{n+s}(\xi_n) - U_{n-s}(\xi_n) = \sum_{i=1}^m a_i [f_n^i(\xi_{n+s}) - f_n^i(\xi_{n-s})], \tag{8.3.8}$$

$$U_{n+s}(\xi_n) + U_{n-s}(\xi_n) = 2a_0 + \sum_{i=1}^m a_i [f_n^i(\xi_{n+s}) + f_n^i(\xi_{n-s})], \tag{8.3.9}$$

利用式（8.3.7）可以将式（8.3.8）和式（8.3.9）转换成关于 $f_n(\xi_n)$ 的两个代数式，平衡式（8.3.3）中 $U_n(\xi_n)$ 的最高阶导数项和最高次非线性项要基于拟解（8.3.4）的最高次项 $f_n^m(\xi_n)$ 来计算. 辅助常微分方程（8.3.5）为 Riccati 方程时的一个判别准则[172]可概括为：若式（8.3.3）中的最高次非线性项含有因子 $U_{n+s}(\xi_n) - U_{n-s}(\xi_n)$

或 $U_{n+s}(\xi_n)+U_{n-s}(\xi_n)$，则在平衡 m 时就要计算这两个因子的次数；否则，就不计算. 在 8.3.2 节中，将结合具体的例子来说明这个判别准则以及平衡 m 的方法.

8.3.2 改进的离散扩展 tanh 方法

本节以统一的方式改进 Dai 等[355]和 Wang 等[172,356]的工作，目的是构造出更多形式的非行波解.

我们假设方程（6.3.1）具有下面形式的解：

$$u_{q,n}(x)=\sum_{l=0}^{m_q}a_{ql}(x)\phi_n^l(\xi_n), \quad \xi_n=\sum_{i=1}^{Q}d_in_i+c(x) \quad (q=1,2,\cdots,M), \quad （8.3.10）$$

式中，$a_{ql}(x)$ 与 $c(x)$ 是待定的光滑函数；d_i 是待定常数；$\phi_n(\xi_n)$ 满足 Riccati 方程

$$\frac{\mathrm{d}\phi_n(\xi_n)}{\mathrm{d}\xi_n}=\delta+\phi_n^2(\xi_n), \quad （8.3.11）$$

其中，δ 是常数. 并且式（8.3.11）有如下特解：

$$\phi_n(\xi_n)=\begin{cases}-\sqrt{-\delta}\tanh(\sqrt{-\delta}\xi_n), \ -\sqrt{-\delta}\coth(\sqrt{-\delta}\xi_n) \ (\delta<0), \\ \sqrt{\delta}\tan(\sqrt{\delta}\xi_n), \ -\sqrt{\delta}\cot(\sqrt{\delta}\xi_n) \ (\delta>0), \\ -1/\xi_n \ (\delta=0).\end{cases} \quad （8.3.12）$$

利用上述特解和双曲函数与三角函数的性质可推得

$$\phi_{n+p_s}(\xi_{n+p_s})=\frac{\phi_n(\xi_n)+\mu\sqrt{\theta+\mu\delta}f(\sqrt{\theta+\mu\delta}\varphi_s)}{1-\phi_n(\xi_n)f(\sqrt{\theta+\mu\delta}\varphi_s)/\sqrt{\theta+\mu\delta}}, \quad （8.3.13）$$

式中，$\mu=\{1,-1,0\}$；$\theta=\{1,0\}$；$\varphi_s=p_{s1}d_1+p_{s2}d_2+\cdots+p_{sQ}d_Q$，$p_{si}$ 是位移向量 p_s 的第 i 个分量；而且

$$f(\sqrt{\theta+\mu\delta}\varphi_s)=\begin{cases}\tanh(\sqrt{-\delta}\varphi_s) \quad (\mu=-1,\theta=0,\delta<0), \\ \tan(\sqrt{\delta}\varphi_s) \quad (\mu=1,\theta=0,\delta>0), \\ \varphi_s \quad (\mu=0,\theta=1,\delta=0).\end{cases} \quad （8.3.14）$$

于是得到

$$u_{q,n+p_s}(x)=\sum_{l=0}^{m_q}a_{ql}(x)\left[\frac{\phi_n(\xi_n)+\mu\sqrt{\theta+\mu\delta}f(\sqrt{\theta+\mu\delta}\varphi_s)}{1-\phi_n(\xi_n)f(\sqrt{\theta+\mu\delta}\varphi_s)/\sqrt{\theta+\mu\delta}}\right]^l. \quad （8.3.15）$$

确定 $u_n(x)$ 的显示表达式，可分成以下三个步骤来进行，其中的步骤 2 和步骤 3 完全可以在 Mathematica 系统上完成.

步骤 1　利用式（8.3.10）、式（8.3.11）和式（8.3.15），平衡方程（6.3.1）中 $u_{q,n}(x)$ 的最高阶导数项和最高次非线性项确定 m_q 的值. 对于离散的 MKdV 方程

$$u_{n,t} = u_n^2(u_{n+1} - u_{n-1}), \tag{8.3.16}$$

由于它的最高次非线性项 u_n^2 含有因子 $(u_{n+1} - u_{n-1})$，要考虑这个因子对确定 m 值所带来的影响. 利用式（8.3.10）可求得

$$u_{n+1} - u_{n-1} = \sum_{l=1}^{m} a_l(x)[\phi_{n+1}^l(\xi_{n+1}) - \phi_{n-1}^l(\xi_{n-1})], \quad \xi_{n\pm1} = \xi_n \pm d_1. \tag{8.3.17}$$

由式（8.3.13）得

$$\phi_{n+1}(\xi_{n+1}) = \frac{\phi_n(\xi_n) + \mu\sqrt{\theta + \mu\delta}\, f(d_1\sqrt{\theta + \mu\delta})}{1 - \phi_n(\xi_n) f(d_1\sqrt{\theta + \mu\delta})/\sqrt{\theta + \mu\delta}}, \tag{8.3.18}$$

$$\phi_{n-1}(\xi_{n+1}) = \frac{\phi_n(\xi_n) - \mu\sqrt{\theta + \mu\delta}\, f(d_1\sqrt{\theta + \mu\delta})}{1 + \phi_n(\xi_n) f(d_1\sqrt{\theta + \mu\delta})/\sqrt{\theta + \mu\delta}}. \tag{8.3.19}$$

从式（8.3.18）和式（8.3.19）知式（8.3.17）展开式奇次项中分子与分母关于 $\phi_n(\xi_n)$ 的多项式次数相等，而偶次项中分子比分母的次数低一次. 利用平衡原则[356]知当 m 为奇数时，$m+1 = 2m+0 \Rightarrow m = 1$；当 m 为偶数时，$m+1 = 2m-1 \Rightarrow m = 2$. 故取 $m = \max\{1, 2\} = 2$.

步骤 2　将确定 m_q 值后的式（8.3.10）和式（8.3.15）代入方程（6.3.1），并利用式（8.3.11）对所得到的方程进行降阶、去分母，然后收集 ϕ_n 同次幂的系数并令其为零，得到关于 $a_{ql}(x)$ 和 $c(x)$ 的超定微分方程组.

步骤 3　求解步骤 2 中所得到的超定微分方程组，得到 $a_l(x)$ 和 $c_j(x)$ 的显示表达式，然后将所求得的 m_q、$a_{ql}(x)$、$c(x)$ 以及式（8.3.12）代入式（8.3.10），最终得到原方程（6.3.1）的精确解.

通过对比可知，当 $\theta = 0$、$a_{ql}(x)$ 均为常数且 $c(x)$ 是自变量 $x_1, x_2, \cdots, x_N$ 的线性函数时，式（8.3.10）变为已知拟解[172,355]；式（8.3.11）除构造双曲正（余）切解和正（余）切解[356]外还能构造有理解，因为式（8.3.12）中 $\phi_n(\xi_n)$ 增加了 $-1/\xi_n$.

8.3.3　含任意函数 2+1 维 Toda 晶格方程的精确解

考虑含任意函数 2+1 维 Toda 晶格方程

$$\frac{\partial^2 u_n}{\partial x \partial t} = \left[\frac{\partial u_n}{\partial t} + \alpha(t)\right](u_{n-1} - 2u_n + u_{n+1}), \tag{8.3.20}$$

式中，$\alpha(t)$ 是 t 的任意光滑函数. 通过平衡假设 Toda 晶格方程（8.3.20）的解为

$$u_n = a_0(x,t) + a_1(x,t)\phi_n(\xi_n),\tag{8.3.21}$$

$$u_{n+1} = a_0(x,t) + a_1(x,t)\frac{\phi_n(\xi_n) + \mu\sqrt{\theta+\mu\delta}f(d_1\sqrt{\theta+\mu\delta})}{1 - \phi_n(\xi_n)f(d_1\sqrt{\theta+\mu\delta})/\sqrt{\theta+\mu\delta}},\tag{8.3.22}$$

$$u_{n-1} = a_0(x,t) + a_1(x,t)\frac{\phi_n(\xi_n) - \mu\sqrt{\theta+\mu\delta}f(d_1\sqrt{\theta+\mu\delta})}{1 + \phi_n(\xi_n)f(d_1\sqrt{\theta+\mu\delta})/\sqrt{\theta+\mu\delta}}.\tag{8.3.23}$$

进一步确定待定函数 $a_0(x,t)$、$a_1(x,t)$ 和 ξ_n，最终得到 Toda 晶格方程（8.3.20）的双曲函数、三角函数解和有理解如下.

情形 1 当 $\mu = -1$、$\theta = 0$、$\delta < 0$ 且 $\xi_n = d_1 n + kx + g(t) + c$ 时，

$$u_n = h(x) - \int\alpha(t)\mathrm{d}t + \frac{k\delta[\tanh^2(d_1\sqrt{-\delta}) - 1]g(t)}{\tanh^2(d_1\sqrt{-\delta})} + k\sqrt{-\delta}\tanh(\sqrt{-\delta}\xi_n),\tag{8.3.24}$$

$$u_n = h(x) - \int\alpha(t)\mathrm{d}t + \frac{k\delta[\tanh^2(d_1\sqrt{-\delta}) - 1]g(t)}{\tanh^2(d_1\sqrt{-\delta})} + k\sqrt{-\delta}\coth(\sqrt{-\delta}\xi_n).\tag{8.3.25}$$

情形 2 当 $\mu = -1$、$\theta = 0$、$\delta < 0$ 且 $\xi_n = d_1 n + p(x)$ 时，

$$u_n = h(x) - \int\alpha(t)\mathrm{d}t + p'(x)\sqrt{-\delta}\tanh(\sqrt{-\delta}\xi_n),\tag{8.3.26}$$

$$u_n = h(x) - \int\alpha(t)\mathrm{d}t + p'(x)\sqrt{-\delta}\coth(\sqrt{-\delta}\xi_n).\tag{8.3.27}$$

情形 3 当 $\mu = 1$、$\theta = 0$、$\delta > 0$ 且 $\xi_n = d_1 n + kx + g(t) + c$ 时，

$$u_n = h(x) - \int\alpha(t)\mathrm{d}t + \frac{k\delta[\tan^2(d_1\sqrt{\delta}) + 1]g(t)}{\tan^2(d_1\sqrt{\delta})} - k\sqrt{\delta}\tan(\sqrt{\delta}\xi_n),\tag{8.3.28}$$

$$u_n = h(x) - \int\alpha(t)\mathrm{d}t + \frac{k\delta[\tan^2(d_1\sqrt{\delta}) + 1]g(t)}{\tan^2(d_1\sqrt{\delta})} + k\sqrt{\delta}\cot(\sqrt{\delta}\xi_n).\tag{8.3.29}$$

情形 4 当 $\mu = 1$、$\theta = 0$、$\delta > 0$ 且 $\xi_n = d_1 n + p(x)$ 时，

$$u_n = h(x) - \int\alpha(t)\mathrm{d}t - p'(x)\sqrt{\delta}\tan(\sqrt{\delta}\xi_n),\tag{8.3.30}$$

$$u_n = h(x) - \int\alpha(t)\mathrm{d}t + p'(x)\sqrt{\delta}\cot(\sqrt{\delta}\xi_n).\tag{8.3.31}$$

情形 5 当 $\mu = 0$、$\theta = 1$、$\delta = 0$ 且 $\xi_n = d_1 n + kx + g(t) + c$ 时，

$$u_n = h(x) - \int\alpha(t)\mathrm{d}t + \frac{k}{\xi_n}, \quad u_n = h(x) - \int\alpha(t)\mathrm{d}t + \frac{p'(x)}{\xi_n}.\tag{8.3.32}$$

在上述情形 1～情形 5 中，$h(x)$、$p(x)$ 与 $g(t)$ 分别是 x 与 t 的任意光滑函数，c 与 k 是任意常数.

8.4　Wick 型随机方程的对称、相似约化与辅助方程法

随机波问题研究是随机偏微分方程的一个重要课题，受到了广泛关注. Wadati 早在 1983 年就曾介绍和研究过随机 KdV 方程，他展示了 KdV 方程在高斯噪声下的孤子扩散[357]，并与 Akutsu 合作研究了有阻尼和无阻尼随机 KdV 方程在高斯白噪声下的孤子行为[358]，还提出了用于描述随机介质中波动传播的一个非线性偏微分方程[359]. 国内外许多研究者，如 de Bouard 等[360]、Debussche 等[361]、Konotop 等[362]都曾研究过随机 KdV 方程. Holden 等[363]给出了研究 Wick 型随机偏微分方程的白噪声泛函方法. 基于文献[364]，人们将非线性偏微分方程的一些解析方法推广用于求解 Wick 型随机偏微分方程，其他一些研究工作可见文献[365]~[369].

对称是数学物理中微分方程的基本本质特征. Yan 等[370]和 Bai 等[371]用相容性方法得到一些变系数非线性方程的对称和约化. 受其启发，本节给出相容性方法寻找 Wick 型随机非线性偏微分方程的对称和相似约化的一种算法. 作为应用，我们考虑 Wick 型随机 KdV 方程

$$U_t = U_{xxx} + 6U \lozenge U_x + 6f(t) \lozenge U + x[f'(t) - 12f^{\lozenge 2}(t)], \tag{8.4.1}$$

式中，$f(t)$ 是白噪声函数；$\lozenge$ 表示 Hida 分布空间 $S^*(\mathbb{R}^d)$ 上的 Wick 积，通过利用 Hermite 变换和白噪声理论得到 Wick 型随机 KdV 方程（8.4.1）的对称和相应的约化，并进一步结合 F-展开法得到一些新的相似解，具体包括 Jacobi 椭圆函数解、双曲函数解和三角函数解.

8.4.1　知识准备

本小节回顾一些知识准备[363,364]. 假设 $S(\mathbb{R}^d)$ 和 $S^*(\mathbb{R}^d)$ 分别是 $\mathbb{R}^d$ 上的 Hida 测试函数空间与 Hida 分布空间. 令 $h_n(x)$ 为 n 次 Hermite 多项式

$$h_n(x) = (-1)^n e^{\frac{1}{2}x^2} \frac{d^n e^{-\frac{1}{2}x^2}}{dx^n} \quad (n = 0, 1, 2, \cdots), \tag{8.4.2}$$

定义 Hermite 函数

$$\xi_n(x) = e^{-\frac{1}{2}x^2} \frac{h_{n-1}(\sqrt{2}x)}{[\pi^{\frac{1}{2}}(n-1)!]^{\frac{1}{2}}} \quad (n=1,2,\cdots),\qquad (8.4.3)$$

则集合 $\{\xi_n\}_{n\geq 1}$ 构成 $L^2(\mathbb{R})$ 空间的一组正交基.

若用 $\alpha=(\alpha_1,\alpha_2,\cdots,\alpha_d)$ 表示 d-维多重指标，其中 $\alpha_1,\alpha_2,\cdots,\alpha_d\in\mathbb{N}^+$，则张量积族

$$\xi_\alpha = \xi_{(\alpha_1,\alpha_2,\cdots,\alpha_d)} = \xi_{\alpha_1}\otimes\xi_{\alpha_2}\otimes\cdots\otimes\xi_{\alpha_d} \quad (\alpha\in\mathbb{N}^{+d})\qquad (8.4.4)$$

构成 $L^2(\mathbb{R}^d)$ 空间的一组正交基. 记 $\alpha^{(i)}=(\alpha_1^{(i)},\alpha_2^{(i)},\cdots,\alpha_d^{(i)})$ 为所有的 d-维多重指标数 $\alpha=(\alpha_1,\alpha_2,\cdots,\alpha_d)\in\mathbb{N}^{+d}$ 中某一固定序的第 i 个多重指标数，假设这个次序具有性质

$$i<j \Rightarrow \alpha_1^i+\alpha_2^i+\cdots+\alpha_d^i \leq \alpha_1^j+\alpha_2^j+\cdots+\alpha_d^j,\qquad (8.4.5)$$

即 $\{\alpha^{(i)}\}_{j=1}^\infty$ 为升序.

定义多重指标

$$\eta_i = \xi_{\alpha^{(i)}} = \xi_{\alpha_1^{(i)}}\otimes\xi_{\alpha_2^{(i)}}\otimes\cdots\otimes\xi_{\alpha_d^{(i)}} \quad (i=1,2,\cdots).\qquad (8.4.6)$$

考虑任意长度的多重指标及其记号简化需要，把由 $\alpha_i\in\mathbb{N}$ 为元素且紧致（只有有限个 $\alpha_i\neq 0$）的所有序列 $\alpha=(\alpha_1,\alpha_2,\cdots)$ 构成的空间记为 $\mathcal{J}\equiv(\mathbb{N}^{\mathbb{N}^+})_c$.

固定 $n\in\mathbb{N}^+$，让 $(S)_1^n$ 由

$$x = \sum_\alpha c_\alpha H_\alpha(w) \in \bigoplus_{k=1}^n L^2(\mu)\qquad (8.4.7)$$

构成，这里 $\bigoplus$ 表示直和，$c_\alpha=(c_\alpha^{(1)},c_\alpha^{(2)},\cdots,c_\alpha^{(n)})\in\mathbb{R}^n$ 使得

$$\|x\|_{1,k}^2 = \sum_\alpha c_\alpha^2 (\alpha!)^2 (2\mathbb{N}^+)^{k\alpha} < \infty \quad (\forall k\in\mathbb{N}^+),\qquad (8.4.8)$$

式中，

$$c_\alpha^2 = |c_\alpha|^2 = \sum_{k=1}^n (c_\alpha^{(k)})^2,\quad \alpha! := \prod_{k=1}^\infty \alpha_k!,\quad (2\mathbb{N}^+)^\alpha = \prod_{j=1}^\infty (2j)^{\alpha_j},\qquad (8.4.9)$$

而 μ 是 $(S^*(\mathbb{R}),\mathcal{B}(S^*(\mathbb{R}^d)))$ 上的白噪声测度，对给定的 $\alpha=(\alpha_1,\alpha_2,\cdots)\in\mathcal{J}$，$H_\alpha(\omega)$ 定义为

$$H_\alpha(\omega) = \prod_{i=1}^\infty h_{\alpha_i}(\langle\omega,\eta_i\rangle) \quad (\omega\in S^*(\mathbb{R}^d)).\qquad (8.4.10)$$

空间 $(S)_{-1}^n$ 由下列形式

$$X = \sum_\alpha b_\alpha H_\alpha \qquad (8.4.11)$$

的所有展开式构成，这里的 $b_\alpha \in \mathbb{R}^n$ 对某一 $q \in \mathbb{N}^+$ 使得

$$\|x\|_{1,q}^2 = \sum_\alpha c_\alpha^2 (\alpha!)^2 (2\mathbb{N}^+)^{q\alpha} < \infty . \qquad (8.4.12)$$

半范数族 $\|x\|_{1,k}$ ($k \in \mathbb{N}^+$) 生成 $(S)_1^n$ 上的一个拓扑. 我们可将 $(S)_{-1}^n$ 看作是在

$$\langle X, x \rangle = \sum_\alpha (b_\alpha, c_\alpha) \alpha! \qquad (8.4.13)$$

作用下 $(S)_1^n$ 的对偶空间，这里 (b_α, c_α) 为 $\mathbb{R}^n$ 空间上的内积.

对于

$$X = \sum_\alpha a_\alpha H_\alpha \in (S)_{-1}^n, \quad Y = \sum_\alpha b_\alpha H_\alpha \in (S)_{-1}^n \quad (a_\alpha, b_\alpha \in \mathbb{R}^n), \qquad (8.4.14)$$

X 和 Y 的 Wick 积定义为

$$X \Diamond Y = \sum_{\alpha,\beta} (a_\alpha, b_\alpha) H_{\alpha+\beta}. \qquad (8.4.15)$$

值得注意的是，$S(\mathbb{R}^d)$、$S^*(\mathbb{R}^d)$、$(S)_1^n$ 和 $(S)_{-1}^n$ 在 Wick 积下都是封闭的，Wick 积与普通积在确定性情况下是一致的.

对于

$$X = \sum_\alpha a_\alpha H_\alpha \in (S)_{-1}^n, \quad a_\alpha \in \mathbb{R}^n, \qquad (8.4.16)$$

X 的 Hermite 变换记为 $\mathcal{H}(X)$ 或 $\widetilde{X}$，其定义为

$$\mathcal{H}(X) = \widetilde{X}(z) = \sum_\alpha a_\alpha z^\alpha \in \mathbb{C}^n \text{（收敛时）}, \qquad (8.4.17)$$

式中，$z = (z_1, z_2, \cdots) \in \mathbb{C}^{\mathbb{N}^+}$ 是复数序列集中的元素，对于 $\alpha = (\alpha_1, \alpha_2, \cdots) \in (\mathbb{N}^{\mathbb{N}^+})_c$，记 $z^\alpha = z_1^{\alpha_1} z_2^{\alpha_2} \cdots z_n^{\alpha_n} \cdots$. 对于 $X, Y \in (S)_{-1}^n$，由此定义知

$$\widetilde{X \Diamond Y}(z) = \widetilde{X}(z) \cdot \widetilde{Y}(z) \qquad (8.4.18)$$

对所有的 z 恒成立，而且 $\widetilde{X}(z)$ 和 $\widetilde{Y}(z)$ 都存在. 公式（8.4.18）右端的积是 $\mathbb{C}^{\mathbb{N}^+}$ 中两个元素的复的双线性积

$$(z_1^1, \cdots, z_n^1) \cdot (z_1^2, \cdots, z_n^2) = \sum_{k=1}^n z_k^1 z_k^2 \quad (z_k^j \in \mathbb{C}). \qquad (8.4.19)$$

$X \in (S)_{-1}$ 的 Wick 型指数函数定义为

$$e^{\Diamond X} = \sum_{n=0}^{\infty} \frac{X^{\Diamond n}}{n!}. \tag{8.4.20}$$

在 Hermite 变换下，Wick 型指数函数与通常的指数函数有相同的代数性质，如

$$e^{\Diamond(X+Y)} = e^{\Diamond X} \Diamond e^{\Diamond Y}. \tag{8.4.21}$$

8.4.2 Wick 型随机方程的相容性方法

Wick 型随机偏微分方程相容性方法[369]的主要步骤如下.

步骤 1 利用 Hermite 变换将 Wick 型方程

$$A^{\Diamond}(t,x,\partial_t,\nabla_x,U,\omega) = 0 \tag{8.4.22}$$

转化成普通积方程（变系数偏微分方程）：

$$\tilde{A}(t,x,\partial_t,\nabla_x,\tilde{U},z_1,z_2,\cdots) = 0, \tag{8.4.23}$$

式中，$U = U(x,t,\omega)$ 是未知（广义的）随机过程；$\tilde{U} = \mathcal{H}(U)$ 是 U 的 Hermite 变换；$z_1, z_2, \cdots \in \mathbb{C}$；$\nabla_x = (\partial/\partial_{x_1}, \partial/\partial_{x_2}, \cdots, \partial/\partial_{x_d})$；$x = (x_1, x_2, \cdots, x_d)$.

步骤 2 记 $\tilde{U}(x,t,z) = u(x,t,z)$，对于每一个

$$z = (z_1, z_2, \cdots) \in \mathbb{K}_q(r) = \left\{ z \in \mathbb{C}^{\mathbb{N}}, \sum_{\alpha \neq 0} |z^\alpha|^2 (2\mathbb{N}^+)^{q\alpha} < r^2 \right\} \tag{8.4.24}$$

和 q 与 r，假设式（8.4.23）有如下形式的一个非经典对称：

$$u_t = \sum_{i=1}^{d} \alpha_i u_{x_i} + \beta u + \gamma, \tag{8.4.25}$$

式中，α_i、β 和 γ 是 x、z 和 t 的待定函数.

步骤 3 将式（8.4.25）代入式（8.4.23）得到 u 关于 x_i 的最高阶导数. 将式（8.4.23）和式（8.4.25）分别关于 t 求导，并将式（8.4.25）和所求得的 u 关于 x_i 的最高阶导数以及从式（8.4.25）推导出的 u_{tt} 一同代入式（8.4.23）. 然后令 u 及其导数项均为零，得到一个关于 α_i、β 和 γ 的超定偏微分方程组.

步骤 4 求解步骤 3 中推得的超定偏微分方程组，得到 α_i、β 和 γ 的显示表示式，进而通过求解特征方程

$$\frac{\mathrm{d}t}{1} = \frac{\mathrm{d}x_1}{-\alpha_1} = \frac{\mathrm{d}x_2}{-\alpha_2} = \cdots = \frac{\mathrm{d}x_d}{-\alpha_d} = \frac{\mathrm{d}u}{\beta u + \gamma} \tag{8.4.26}$$

得到不变量 $\xi_i = \xi_i(x_i,t)$ 和 $w = w(\xi_1, \xi_2, \cdots, \xi_d)$ 以及式（8.4.25）的解 $u = u(x,t,w)$.

步骤 5 将步骤 4 中所求得的 u 代入式（8.4.23），得到式（8.4.23）的约化方

程. 若能找到此约化方程的解 w，将其代入 $u=u(x,t,w)$ 进而得到式（8.4.23）的精确解.

步骤 6 取步骤 3 中所得到的 $u(x,t,z)$ 在一定条件下的逆 Hermite 变换，即 $U(t,x)=\mathcal{H}^{-1}u(t,x,z)\in(S)_{-1}$，最终获得方程（8.4.22）的解.

为寻找步骤 6 中的条件，将会用到 Holden 等[363]证明的下述定理.

定理 8.4.1 假设 $u(x,t,z)$ 是式（8.4.23）在 (t,x) 的某一有界开集 $G\subset\mathbb{R}\times\mathbb{R}^d$ 和针对某些 q 与 r 的 $z\in\mathbb{K}_q(r)$ 上的一个解（在通常强点式意义之下）. 此外，假设 $u(x,t,z)$ 及其包含于式（8.4.23）的所有偏导数关于 $(x,t,z)\in G\times\mathbb{K}_q(r)$ 有界，对所有的 $z\in\mathbb{K}_q(r)$ 关于 $(x,t)\in G$ 连续，对所有的 $(x,t)\in G$ 关于 $z\in\mathbb{K}_q(r)$ 解析，则存在 $U(x,t)\in(S)_{-1}$，使 $u(x,y,t,z)=\widetilde{U}(x,y,t)(z)$ 对所有的 $(x,t,z)\in G\times\mathbb{K}_q(r)$ 均成立，并且 $U(x,t)$ 在 $(S)_{-1}$ 内满足（在 $(S)_{-1}$ 内的强意义之下）方程（8.4.22）.

8.4.3 Wick 型随机 KdV 方程的对称、相似约化

对 Wick 型 KdV 方程（8.4.1）取 Hermite 变换，得到如下方程：

$$\widetilde{U}_t=\widetilde{U}_{xxx}+6\widetilde{U}\widetilde{U}_x+6\widetilde{f}(t,z)\widetilde{U}+x[\widetilde{f}_t(t,z)-12\widetilde{f}^2(t,z)], \tag{8.4.27}$$

式中，$z=(z_1,z_2,\cdots)\in(\mathbb{C}^{N^+})_c$ 是向量参数.

为简单起见，我们令 $u(x,t,z)=\widetilde{U}(x,t,z)$ 和 $f(t,z)=\widetilde{f}(t,z)$. 将式（8.4.25）代入式（8.4.27）得到 u 关于 x 的最高阶导数项

$$u_{xxx}=\alpha u_x+\beta u+\gamma-6uu_x-6f(t,z)u-x[f_t(t,z)-12f^2(t,z)]. \tag{8.4.28}$$

对式（8.4.25）和式（8.4.27）分别关于 t 求导，并将式（8.4.25）和式（8.4.28）以及由式（8.4.25）推导出的 u_{tt} 一同代入式（8.4.27），然后令 u 及其各阶导数的系数为零，得到如下关于 α、β 和 γ 的偏微分方程组：

$$6\beta_x=0,\ 3\beta_x+3\alpha_{xx}=0,\ 6\beta_x-12\alpha_x=0, \tag{8.4.29}$$

$$6f_t(t,z)-\beta_t-18\alpha_xf(t,z)+3\beta\alpha_x+6\gamma_x+\beta_{xxx}=0, \tag{8.4.30}$$

$$6\gamma-\alpha_t+3\alpha\alpha_x+3\beta_{xx}+\alpha_{xxx}=0, \tag{8.4.31}$$

$$12x\beta f^2(t,z)-24xf(t,z)f_t(t,z)-x\beta f_t+xf_{tt}(t,z)+36x\alpha_xf^2(t,z)-3x\alpha_xf_t(t,z)$$
$$+12\alpha f^2(t,z)+6\gamma f(t,z)-\alpha f_t(t,z)-\gamma_t+3\alpha_x\gamma+\gamma_{xxx}=0. \tag{8.4.32}$$

解上述偏微分方程组得

$$\alpha=6xf(t,z)+a(z)\mathrm{e}^{12\int f(t,z)\mathrm{d}t},\ \beta=12f(t,z), \tag{8.4.33}$$

$$\gamma = x[f_t(t,z) - 18f^2(t,z)] - a(z)f(t,z)e^{12\int f(t,z)dt}, \qquad (8.4.34)$$

式中，$a(z)$ 是 z 的任意函数，由此得到式（8.4.27）如下形式的对称：

$$\sigma = \left[6xf(t,z) + a(z)e^{12\int f(t,z)dt}\right]u_x - u_t + 12f(t,z)u + x[f_t(t,z) - 18f^2(t,z)]$$

$$-a(z)f(t,z)e^{12\int f(t,z)dt}. \qquad (8.4.35)$$

通过求解与 $\sigma = 0$ 相对应的特征方程得

$$u(x,t,z) = xf(t,z) + w(\xi)e^{12\int f(t,z)dt}, \qquad (8.4.36)$$

$$\xi = xe^{6\int f(t,z)dt} + a(z)\int e^{18\int f(t,z)dt}dt. \qquad (8.4.37)$$

将式（8.4.36）和式（8.4.37）代入式（8.4.27），得到式（8.4.27）的约化方程

$$w'''(\xi) - 6w(\xi)w'(\xi) + a(z)w'(\xi) = 0. \qquad (8.4.38)$$

8.4.4　约化方程的 F-展开法与随机波解

接下来，我们利用 F-展开法构造式（8.4.38）的精确解. 假设式（8.4.38）的解可以表示成

$$w(\xi) = a_0(z) + a_1(z)F(\xi) + a_2(z)F^2(\xi), \qquad (8.4.39)$$

式中，$a_0(z)$、$a_1(z)$ 和 $a_2(z)$ 为 z 的待定函数；$F(\xi)$ 满足椭圆方程（2.2.13）和方程（2.2.14）. 利用 F-展开法可求得

$$a_0(z) = \frac{1}{6}a(z) - \frac{2}{3}Q, \quad a_1(z) = 0, \quad a_2(z) = -2P, \qquad (8.4.40)$$

并由此获得式（8.4.27）的基础解公式

$$u(x,t,z) = xf(t,z) + \left[\frac{1}{6}a(z) - \frac{2}{3}Q - 2PF^2(\xi)\right]e^{12\int f(t,z)dt}, \qquad (8.4.41)$$

式中，ξ 由式（8.4.37）确定.

让 $f(t)$ 为 $\mathbb{R}_+$ 上的一个可积函数，而且

$$f(t) = h(t) + kW(t), \qquad (8.4.42)$$

式中，k 为任意常数；$W(t)$ 为 Gaussian 白噪声. 假设 $B(t)$ 是一个 Brownian 运动，则有 $W(t) = \dot{B}(t)$. 考虑式（8.4.42）的 Hermite 变换得

$$f(t,z) = h(t) + k\widetilde{W}(t,z), \qquad (8.4.43)$$

式中,

$$\widetilde{W}(t,z) = \sum_{k=1}^{\infty} \int_0^t \eta_k(s)\mathrm{d}s z_k, \quad z = (z_1, z_2, \cdots) \in \mathbb{C}^{\mathbb{N}^+}, \tag{8.4.44}$$

于是有下述两个定理.

定理 8.4.2　假设存在有界开集 $G \subset \mathbb{R}_+ \times \mathbb{R}$ 以及 $q > 0$ 和 $r > 0$,使得方程(8.4.27)中的 $u(x,t,z)$、$u_t(x,t,z)$、$u_x(x,t,z)$ 和 $u_{xxx}(x,t,z)$ 对所有的 $(x,t,z) \in G \times \mathbb{K}_q(r)$ 一致有界,对所有的 $z \in \mathbb{K}_q(r)$ 关于 $(x,t) \in G$ 连续,对所有的 $z \in \mathbb{K}_q(r)$ 关于 $(x,t) \in G$ 解析,则 $U(x,t)$ 满足 Wick 型 KdV 方程(8.4.1).

证　在上述给出的假设情况,定理 8.4.1 意味着存在 $U(x,t) \in (S)_{-1}$,使得对所有的 $(x,t,z) \in G \times \mathbb{K}_q(r)$ 均成立关系 $u(x,t,z) = \mathcal{H}[U(x,t)](z)$,并且 $U(x,t)$ 正如所要求的那样满足 Wick 型 KdV 方程(8.4.1).

定理 8.4.3　Wick 型 KdV 方程(8.4.1)的解可表示成如下的公式:

$$U(x,t) = x[f(t) + k\dot{B}(t)] + \left[\frac{1}{6}a - \frac{2}{3}Q - 2PF^{\Diamond 2}(\theta)\right] \Diamond \mathrm{e}^{12\int f(t)\mathrm{d}t + 12kB(t) - 6kt^2}, \tag{8.4.45}$$

式中,a 是任意常数,且

$$\theta = x\mathrm{e}^{6\int f(t)\mathrm{d}t + 6kB(t) - 3kt^2} + a\int \mathrm{e}^{18\int f(t)\mathrm{d}t + 18kB(t) - 9kt^2}\mathrm{d}t. \tag{8.4.46}$$

证　取方程(8.4.37)和式(8.4.41)的逆 Hermite 变换,并利用 $\mathrm{e}^{\Diamond B(t)} = \mathrm{e}^{B(t) - t^2/2}$(见文献[363]中的引理 2.6.16),则容易得到式(8.4.45). 再从表 8.1.1 选取 $F(\xi) = \mathrm{sn}\,\xi$、$P = m^2$、$Q = -(1 + m^2)$ 和 $R = 1$ 代入式(8.4.45),我们可得到 Wick 型 KdV 方程(8.4.1)的 Jacobi 椭圆函数解

$$U(x,t) = x[f(t) + k\dot{B}(t)] + \left[\frac{1}{6}a + \frac{2}{3}(1 + m^2) - 2m^2\mathrm{sn}^{\Diamond 2}\theta\right] \Diamond \mathrm{e}^{12\int f(t)\mathrm{d}t + 12kB(t) - 6kt^2},$$

此解在 $m \to 1$ 时退化为孤子解

$$U(x,t) = x[f(t) + k\dot{B}(t)] + \left[\frac{1}{6}a + \frac{4}{3} - 2\tanh^2\theta\right]\mathrm{e}^{12\int f(t)\mathrm{d}t + 12kB(t) - 6kt^2}, \tag{8.4.47}$$

式中,θ 由式(8.4.46)确定. 图 8.4.1 描绘了解(8.4.47)在 $a = 0$ 情况下的图像:(a)受到 $k = 0.1$ 时的噪声作用;(b)没有随机强迫项;(c) $x = 0.2$;(d) $t = 0.3$,粗线表示受噪声影响,细线表示未受随机强迫项影响. 从图 8.4.1 可以看出解(8.4.47)在 $|t| \to \infty$ 时振幅快速地增长,并且振幅的增长受到给定随机强迫项的影响.

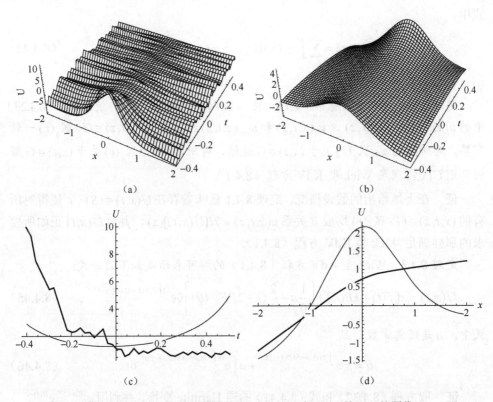

图 8.4.1 Wick 型 KdV 方程的解（8.4.47）在 $a = 0$ 情况下的图像

利用表 8.1.1 还可以得到其他的一些 Jacobi 椭圆函数解和双曲函数解，我们将其省略. 本节所给出的算法的关键步骤是将复杂的偏微分方程（8.4.27）约化为可解的常微分方程（8.4.38）. 当 Wick 积 ◊ 在 Wick 型 KdV 方程（8.4.1）中是通常积时，我们得到如下变系数 KdV 方程：

$$u_t = u_{xxx} + 6uu_x + 6f(t)u + x[f'(t) - 12f^2(t)]. \tag{8.4.48}$$

Bai 等[371]得到了变系数 KdV 方程（8.4.48）的一些精确解，与之相比本节得到的式（8.4.38）和式（8.4.46）更具有一般性.

由 Wick[372]引入的 Wick 积为量子场论中某些无限量的重整化提供了工具. 在随机分析中，Hida 等[373]首先介绍了 Wick 积. Dobrushin 等[374]对数学、物理学和概率论在这方面的传统进行了系统而全面的阐述. 后来这种结构被 Meyer 等[375]扩展到 Hida 分布的 Wick 积. 正如 Holden 等[363]指出，这种（随机的）Wick 积一般与物理学中的如 Simon[376]所定义的 Wick 积不一致. 配备 Wick 积的空间 $(S)_{-1}$ 是一个合适的随机分布空间（称为 Kondratiev 空间），它给出噪声或其他项以乘法形式出现的随机偏微分方程的一种自然解释. Wick 积已隐含在 Itô 和 Skorohod 积分中，因为若 $Y(t) = Y(t, \omega)$ 是 Skorohod 可积的，则有下述关系式[363]：

$$\int_0^T Y(t)\delta B(t) = \int_0^T Y(t) \Diamond W(t)\mathrm{d}t, \quad T \geqslant 0 , \qquad (8.4.49)$$

式中，左端是 Skorohod 积分而右端为 $(S)_{-1}$ 内的 Pettis 积分. 若 $Y(t, \omega)$ 是 $\mathcal{F}_t$-适应随机过程，则 Skorohod 积分与 Itô 积分相一致，并且式（8.4.49）变成

$$\int_0^T Y(t)\mathrm{d} B(t) = \int_0^T Y(t) \Diamond W(t)\mathrm{d}t , \qquad (8.4.50)$$

Holden 等[363]因此在很大程度上将随机偏微分方程中的所有积都理解为 Wick 积，同时将所有的函数都理解为它们的 Wick 版本，以便将随机偏微分方程转换成 Wick 型的随机偏微分方程再进行求解. 然而，Wick 型随机偏微分方程的物理相关性值得进一步研究.

如果 Wick 型 KdV 方程（8.4.1）的系数 $f(t)$ 是泊松白噪声函数，我们同样可以构造它的一系列精确解，这是因为 Benth 等[377]给出了高斯白噪声空间和泊松白噪声空间之间的酉映射（或见文献[363]的 4.9 节）.

第9章 KdV 系统的推广及其 BT 与 IST

　　构造非线性可积系统研究比较活跃，许多有意义的可积系统被发现. 本章推导 Lax 意义下的可积系统——推广的 KdV 系统，具体包括变系数超 KdV 方程、广义等谱 KdV 方程族和含自相容源混合谱 KdV 方程族，并利用双线性 BT 和 IST 构造所得系统的多孤子解.

9.1 变系数超 KdV 方程的 Lax 表示及其 IST

　　本节考虑变系数超 KdV 方程[93]

$$u_t = -\alpha(t)u_{xxx} + 6\alpha(t)uu_x - 12\alpha(t)\xi\xi_{xx}, \tag{9.1.1}$$

$$\xi_t = -4\alpha(t)\xi_{xxx} + 6\alpha(t)u\xi_x + 3\alpha(t)u_x\xi, \tag{9.1.2}$$

式中，$u(x,t)$ 与 $\xi(x,t)$ 分别为玻色场和费米场；$\alpha(t)$ 为任意光滑函数，给出其 Lax 表示，并利用 Kulish 等的方法[6]由联系 Riemann-Hilbert 问题的反散射分析得到 1 维 Grassmann 代数下的 N-孤子解.

9.1.1 Lax 表示

　　定理 9.1.1 变系数超 KdV 方程（9.1.1）和方程（9.1.2）可由 Lax 格式生成，其 Lax 表示为

$$[L, M - \partial_t] = 0, \tag{9.1.3}$$

式中，

$$M = \alpha(t)\begin{pmatrix} -u_x & -4\xi_x & 4\lambda - 2u \\ 2\xi u - 4\xi\lambda - 4\xi_{xx} & 0 & -4\xi_x \\ -4\xi\xi_x + u_{xx} - 2u^2 + 2u\lambda + 4\lambda^2 & -2\xi u + 4\xi\lambda + 4\xi_{xx} & u_x \end{pmatrix},$$

$$\tag{9.1.4}$$

$$L = \partial + \begin{pmatrix} 0 & 0 & 1 \\ -\xi & 0 & 0 \\ u+\lambda & \xi & 0 \end{pmatrix}, \quad \frac{\mathrm{d}\lambda}{\mathrm{d}t} = 0. \tag{9.1.5}$$

证 将式（9.1.4）和式（9.1.5）代入式（9.1.3），通过直接计算即可推得变系数超 KdV 方程（9.1.1）和方程（9.1.2）.

9.1.2 正散射分析

容易看出，变系数超 KdV 方程（9.1.1）和方程（9.1.2）可从下列线性谱问题及其时间发展方程的相容性条件推导得到：

$$L\varphi = 0, \quad \varphi_t = M\varphi, \tag{9.1.6}$$

式中，$\varphi = (\varphi_1(x), \varphi_2(x), \varphi_3(x))^{\mathrm{T}}$，$\varphi_1(x)$ 和 $\varphi_3(x)$ 属于 Grassmann 代数的偶部分，$\varphi_2(x)$ 为其奇部分；算子 L 为标量的 Lax 算子

$$L = -\partial^2 + \lambda + u - \xi\partial^{-1}\xi, \tag{9.1.7}$$

其等价于矩阵 Lax 算子（9.1.5）.

为了完整性，首先回顾一下对线性问题 $L\varphi = 0$ 的相关分析[6]. 取相似变换

$$ULU^{-1}, \quad U = \mathrm{e}^{\mathrm{i}kX_-}, \quad X_- = \begin{pmatrix} 0 & 0 & 0 \\ 0 & 0 & 0 \\ 1 & 0 & 0 \end{pmatrix}, \tag{9.1.8}$$

由此得到算子

$$L' = \partial + \begin{pmatrix} -\mathrm{i}k & 0 & 1 \\ -\xi & 0 & 0 \\ u & \xi & \mathrm{i}k \end{pmatrix}. \tag{9.1.9}$$

进一步取矩阵

$$N = \begin{pmatrix} 1 & 0 & -(2\mathrm{i}k)^{-1} \\ 0 & 1 & 0 \\ 0 & 0 & (2\mathrm{i}k)^{-1} \end{pmatrix}, \tag{9.1.10}$$

用其将 L' 约化为对角形式

$$\bar{L} = NL'N^{-1} = \begin{pmatrix} -u(2\mathrm{i}k)^{-1} & -\xi(2\mathrm{i}k)^{-1} & -u(2\mathrm{i}k)^{-1} \\ -\xi & 0 & -\xi \\ u(2\mathrm{i}k)^{-1} & \xi(2\mathrm{i}k)^{-1} & u(2\mathrm{i}k)^{-1} \end{pmatrix} + \begin{pmatrix} -\mathrm{i}k & 0 & 0 \\ 0 & 0 & 0 \\ 0 & 0 & \mathrm{i}k \end{pmatrix} + \partial_x. \tag{9.1.11}$$

在这种情况下，相应的线性谱问题 $\overline{L}\varphi = 0$ 给出

$$\begin{pmatrix} -u(2\mathrm{i}k)^{-1} & -\xi(2\mathrm{i}k)^{-1} & -u(2\mathrm{i}k)^{-1} \\ -\xi & 0 & -\xi \\ u(2\mathrm{i}k)^{-1} & \xi(2\mathrm{i}k)^{-1} & u(2\mathrm{i}k)^{-1} \end{pmatrix}\varphi + \begin{pmatrix} -\mathrm{i}k & 0 & 0 \\ 0 & 0 & 0 \\ 0 & 0 & \mathrm{i}k \end{pmatrix}\varphi + \varphi_x = 0, \qquad (9.1.12)$$

并将其重写为

$$\varphi_x = \mathrm{i}kh\varphi + Q\varphi, \qquad (9.1.13)$$

式中，

$$Q = \begin{pmatrix} u(2\mathrm{i}k)^{-1} & \xi(2\mathrm{i}k)^{-1} & u(2\mathrm{i}k)^{-1} \\ \xi & 0 & \xi \\ -u(2\mathrm{i}k)^{-1} & -\xi(2\mathrm{i}k)^{-1} & -u(2\mathrm{i}k)^{-1} \end{pmatrix}\varphi, \quad h = \begin{pmatrix} 1 & 0 & 0 \\ 0 & 0 & 0 \\ 0 & 0 & -1 \end{pmatrix}. \qquad (9.1.14)$$

取线性谱问题（9.1.13）的一对 Jost 解

$$\phi^+(x,k) = \begin{pmatrix} \mathrm{e}^{\mathrm{i}kx} & 0 & 0 \\ 0 & 1 & 0 \\ 0 & 0 & \mathrm{e}^{-\mathrm{i}kx} \end{pmatrix}, \quad x \to +\infty, \qquad (9.1.15)$$

$$\phi^-(x,k) = \begin{pmatrix} \mathrm{e}^{\mathrm{i}kx} & 0 & 0 \\ 0 & 1 & 0 \\ 0 & 0 & \mathrm{e}^{-\mathrm{i}kx} \end{pmatrix}, \quad x \to -\infty, \qquad (9.1.16)$$

使得 $N^{-1}\phi^\pm N$ 为群 $\mathrm{Osp}(1|2)$ 中的元素，即 $(N^{-1}\phi^\pm N)J(N^{-1}\phi^\pm N)^{\mathrm{st}} = J$，这里

$$J = \begin{pmatrix} 0 & 0 & 1 \\ 0 & 1 & 0 \\ 1 & 0 & 0 \end{pmatrix}, \quad \begin{pmatrix} a & \alpha & b \\ \beta & f & \delta \\ c & \gamma & d \end{pmatrix}^{\mathrm{st}} = \begin{pmatrix} a & -\beta & b \\ \alpha & f & \delta \\ b & -\delta & d \end{pmatrix}. \qquad (9.1.17)$$

其次，令平移矩阵为如下形式

$$T(k) = \begin{pmatrix} a(k) & \gamma(k) & b(k) \\ \zeta(k) & f(k) & \delta(k) \\ c(k) & \eta(k) & d(k) \end{pmatrix}, \qquad (9.1.18)$$

使得

$$\phi^+(x,k)T(k) = \varphi^-(x,k), \qquad (9.1.19)$$

然后可以确定 $T(k)$ 元素之间的关系

$$T(k) = \begin{pmatrix} a(k) & \gamma(k) & b(k) \\ \zeta(k) & f(k) & \delta(k) \\ c(k) & \eta(k) & d(k) \end{pmatrix} = \begin{pmatrix} a(k) & \gamma(k) & b(k) \\ \overline{\delta}(k) & f(k) & \delta(k) \\ \overline{b}(k) & \overline{\gamma}(k) & \overline{a}(k) \end{pmatrix}, \qquad (9.1.20)$$

即 $\zeta = \overline{\delta}$，$d = \overline{a}$，$\eta = \overline{\gamma}$ 及 $f = \overline{f}$，这里的横线表示对 k 的符号取反号. 由于 $N^{-1}TN \in \mathrm{Osp}(1|2)$，我们得到如下的约束

$$f = 1 - 2\mathrm{i}k\overline{\gamma}\gamma, \quad f(a\overline{a} - b\overline{b}) = 1, \quad \delta = -2\mathrm{i}k(\overline{\gamma}b - \gamma\overline{a}), \qquad (9.1.21)$$

并在 1 维 Grassmann 代数情况下可将其约化为

$$f = 1, \quad a\overline{a} - b\overline{b} = 1, \quad \delta = -2\mathrm{i}k(\overline{\gamma}b - \gamma\overline{a}). \qquad (9.1.22)$$

利用因子分解 $T^+(k) = T(k)T^-(k)$，这里

$$T^+(k) = \begin{pmatrix} 1 & \delta(k)(2\mathrm{i}k)^{-1} & b(k) \\ 0 & \overline{a}(k) & \delta(k) \\ 0 & 0 & \overline{a}(k) \end{pmatrix}, \quad T^-(k) = \begin{pmatrix} \overline{a}(k) & 0 & 0 \\ \overline{\gamma}(k)(2\mathrm{i}k)^{-1} & \overline{a}(k) & 0 \\ -\overline{b}(k) & -\overline{\gamma}(k) & 1 \end{pmatrix}, \qquad (9.1.23)$$

我们可以构造如下的矩阵值函数：

$$\varphi^+(x,k) = \phi^+(x,k)T^+(k)\mathrm{e}^{-\mathrm{i}kxh} = \phi^-(x,k)T^-(k)\mathrm{e}^{-\mathrm{i}kxh}. \qquad (9.1.24)$$

从式（9.1.13）、式（9.1.15）和式（9.1.23）得

$$\varphi^+(x,k) = \left[\mathrm{e}^{\mathrm{i}kxh} - \int_x^{+\infty} \mathrm{e}^{\mathrm{i}k(x-y)h} Q(y,k)\varphi^+(y,k)\mathrm{d}y \right] T^+(k)\mathrm{e}^{-\mathrm{i}kxh}$$

$$= \mathrm{e}^{\mathrm{i}kxh}T^+(k)\mathrm{e}^{-\mathrm{i}kxh} - \int_x^{+\infty} \mathrm{e}^{\mathrm{i}k(x-y)h} Q(y,k)\varphi^+(y,k)\mathrm{e}^{\mathrm{i}k(y-x)h}\mathrm{d}y, \qquad (9.1.25)$$

其第一列为

$$\varphi^{+(1)}(x,k) = \begin{pmatrix} \varphi_{11} \\ \varphi_{21} \\ \varphi_{31} \end{pmatrix} = \begin{pmatrix} 1 \\ 0 \\ 0 \end{pmatrix}$$

$$+ \begin{pmatrix} -(2\mathrm{i}k)^{-1}\int_x^{+\infty} \{u(y)[\varphi_{11}(y,k) + \varphi_{31}(y,k)] + \xi(y)\varphi_{21}(y,k)\}\mathrm{d}y \\ -\int_x^{+\infty} \mathrm{e}^{-\mathrm{i}k(x-y)} \{\xi(y)[\varphi_{11}(y,k) + \varphi_{31}(y,k)]\}\mathrm{d}y \\ (2\mathrm{i}k)^{-1}\int_x^{+\infty} \mathrm{e}^{-2\mathrm{i}k(x-y)} \{u(y)[\varphi_{11}(y,k) + \varphi_{31}(y,k)] + \xi(y)\varphi_{21}(y,k)\}\mathrm{d}y \end{pmatrix}.$$

$$(9.1.26)$$

考虑到式（9.1.24）和式（9.1.26），我们可知 Jost 函数（9.1.15）的第 1 列元素为 $\phi^{+(1)}(x,k)=\varphi^{+(1)}(x,k)\mathrm{e}^{\mathrm{i}kx}$．记 $\bar{m}_+(x,k)=N^{-1}\varphi^{+(1)}(x,k)$，则

$$\bar{m}_+(x,k)=\begin{pmatrix}1+\int_x^{+\infty}\dfrac{\mathrm{e}^{-2\mathrm{i}k(x-y)}}{2\mathrm{i}k}[u(y)\bar{m}_+^1(y,k)+\xi(y)\bar{m}_+^2(y,k)]\mathrm{d}y\\ -\int_x^{+\infty}\mathrm{e}^{-\mathrm{i}k(x-y)}\xi(y)\bar{m}_+^1(y,k)\mathrm{d}y\\ \int_x^{+\infty}\mathrm{e}^{-2\mathrm{i}k(x-y)}[u(y)\bar{m}_+^1(y,k)+\xi(y)\bar{m}_+^2(y,k)]\mathrm{d}y\end{pmatrix},\quad（9.1.27）$$

由此得

$$u(x)=2\mathrm{i}k\frac{\mathrm{d}}{\mathrm{d}x}\bar{m}_+^1(x,k),\quad \xi(x)=\mathrm{i}k\frac{\mathrm{d}}{\mathrm{d}x}\bar{m}_+^2(x,k),\quad |k|\to+\infty.\quad（9.1.28）$$

9.1.3 联系 Riemann-Hilbert 问题的反散射分析

为恢复 $u(x)$ 和 $\xi(k)$，通过求解 Riemann-Hilbert 问题[6]得

$$u(x,t)=\left\{2\mathrm{i}\sum_{j=1}^{N}R_j(x)+\frac{1}{\pi}\int_{-\infty}^{+\infty}[-r(x)R(-z,x)\mathrm{e}^{-2\mathrm{i}zx}]\mathrm{d}z\right\}_x,\quad（9.1.29）$$

$$\xi(x,t)=\mathrm{i}\sum_{j=1}^{N}\Theta_j(x)+\frac{1}{2\pi}\int_{-\infty}^{+\infty}[-r(x)\Theta(-z,x)\mathrm{e}^{-2\mathrm{i}zx}+2\mathrm{i}z\rho(z)\mathrm{e}^{-\mathrm{i}zx}]\mathrm{d}z,\quad（9.1.30）$$

式中，

$$R_n(x)=-\frac{\bar{b}\mathrm{e}^{2\kappa_n x}}{\bar{a}'(\mathrm{i}\kappa_n)}\left[1+\mathrm{i}\sum_{j=1}^{N}\frac{R_j(x)}{\kappa_n+\kappa_j}+\frac{1}{2\mathrm{i}\pi}\int_{-\infty}^{+\infty}\mathrm{d}z\frac{-r(z)R(-z,x)\mathrm{e}^{-2\mathrm{i}zx}}{z+\mathrm{i}\kappa_n}\right],\quad（9.1.31）$$

$$\Theta_n(x)=-\frac{2\kappa_n\bar{\gamma}_n\mathrm{e}^{\kappa_n x}}{\bar{a}'(\mathrm{i}\kappa_n)}-\frac{\bar{b}\mathrm{e}^{2\kappa_n x}}{\bar{a}'(\mathrm{i}\kappa_n)}$$
$$\times\left[\mathrm{i}\sum_{j=1}^{N}\frac{\Theta_j(x)}{\kappa_n+\kappa_j}+\frac{1}{2\mathrm{i}\pi}\int_{-\infty}^{+\infty}\mathrm{d}z\frac{-r(z)\Theta(-z,x)\mathrm{e}^{-2\mathrm{i}zx}+2\mathrm{i}z\rho(z)\mathrm{e}^{-\mathrm{i}zx}}{z+\mathrm{i}\kappa_n}\right],\quad（9.1.32）$$

$$R(x)=1+\sum_{j=1}^{N}\frac{R_j(x)}{k-\mathrm{i}\kappa_j}+\frac{1}{2\mathrm{i}\pi}\int_{-\infty}^{+\infty}\mathrm{d}z\frac{-r(z)R(-z,x)\mathrm{e}^{-2\mathrm{i}zx}}{z-(k+\mathrm{i}0)},\quad（9.1.33）$$

$$\Theta(x)=\sum_{j=1}^{N}\frac{\Theta_j(x)}{k-\mathrm{i}\kappa_j}+\frac{1}{2\mathrm{i}\pi}\int_{-\infty}^{+\infty}\mathrm{d}z\frac{-r(z)\Theta(-z,x)\mathrm{e}^{-2\mathrm{i}zx}+2\mathrm{i}z\rho(z)\mathrm{e}^{-\mathrm{i}zx}}{z-(k+\mathrm{i}0)},\quad（9.1.34）$$

$$r(k)=\frac{\bar{b}(k)}{\bar{a}(k)},\quad \rho(k)=\frac{\bar{\gamma}(k)}{\bar{a}(k)}.\quad（9.1.35）$$

定理 9.1.2　在 1 维 Grassmann 代数情况下，平移矩阵（9.1.18）的时间发展规律为

$$a(k,t) = a(k,0) , \quad b(k,t) = b(k,0)\mathrm{e}^{8\mathrm{i}k^3 \int_0^t \alpha(\tau)\mathrm{d}\tau} , \qquad (9.1.36)$$

$$\gamma(k,t) = \gamma(k,0)\mathrm{e}^{4\mathrm{i}k^3 \int_0^t \alpha(\tau)\mathrm{d}\tau} , \qquad (9.1.37)$$

$$\overline{a}(k,t) = \overline{a}(k,0) , \quad \overline{b}(k,t) = \overline{b}(k,0)\mathrm{e}^{-8\mathrm{i}k^3 \int_0^t \alpha(\tau)\mathrm{d}\tau} , \qquad (9.1.38)$$

$$\overline{\gamma}(k,t) = \overline{\gamma}(k,0)\mathrm{e}^{-4\mathrm{i}k^3 \int_0^t \alpha(\tau)\mathrm{d}\tau} , \qquad (9.1.39)$$

式中，$a(k,0)$、$\overline{a}(k,0)$、$b(k,0)$、$\overline{b}(k,0)$、$\gamma(k,0)$ 和 $\overline{\gamma}(k,0)$ 为常数.

　　证　由 $\lambda = -k^2$ 时的式（9.1.6）得

$$\varphi_{1,x} = -\varphi_3 , \quad \varphi_{2,x} = \xi\varphi_1 , \quad \varphi_{3,x} = -(u-k^2)\varphi_1 - \xi\varphi_2 , \qquad (9.1.40)$$

$$\varphi_{1,t} = -\alpha(t)u_x\varphi_1 - 2\alpha(t)(2k^2+u)\varphi_3 - 4\alpha(t)\xi_x\varphi_2 , \qquad (9.1.41)$$

$$\varphi_{2,t} = 2\alpha(t)[u_x + 2k^2\xi - 2\xi_{xx}]\varphi_1 - 4\alpha(t)\xi_x\varphi_3 , \qquad (9.1.42)$$

$$\varphi_{3,t} = \alpha(t)[-4\xi\xi_x + u_{xx} - 2u^2 - 2k^2u + 4k^4]\varphi_1$$
$$- 2\alpha(t)[\xi u + 2k^2\xi - 2\xi_{xx}]\varphi_2 - \alpha(t)u_x\varphi_3 . \qquad (9.1.43)$$

利用关系式 $\phi^-(x,k) = \phi^+(x,k)T(k)$ 以及式（9.1.15）和式（9.1.16）得

$$T(k,t) = \mathrm{e}^{-4\mathrm{i}k^3\alpha(t)h} T(k)\mathrm{e}^{4\mathrm{i}k^3\alpha(t)h} . \qquad (9.1.44)$$

再由式（9.1.15）、式（9.1.16）、式（9.1.20）和式（9.1.44）得

$$\frac{\mathrm{d}a(k,t)}{\mathrm{d}t} = 0 , \quad \frac{\mathrm{d}b(k,t)}{\mathrm{d}t} = 8\mathrm{i}k^3\alpha(t)b(k,t) , \quad \frac{\mathrm{d}\gamma(k,t)}{\mathrm{d}t} = 4\mathrm{i}k^3\alpha(t)\gamma(k,t) . \quad (9.1.45)$$

求解式（9.1.45）即可得到式（9.1.36）和式（9.1.37）. 利用关系式 $\overline{a}(k,t) = a(-k,t)$、$\overline{b}(k,t) = b(-k,t)$ 和 $\overline{\gamma}(k,t) = \gamma(-k,t)$ 则可得到式（9.1.38）和式（9.1.39）.

9.1.4　多孤子解

　　令 $b(k,t) = 0$ 和 $\rho(k,t) = 0$，则在无散射势情况下可得到变系数超 KdV 方程（9.1.1）和方程（9.1.2）的 N-孤子解

$$u(x,t) = 2\mathrm{i}\left[\sum_{j=1}^{N} R_j(x)\right]_x , \quad \xi(x,t) = \mathrm{i}\sum_{j=1}^{N} \Theta_j(x) , \qquad (9.1.46)$$

式中，

$$R_n(x) = -\frac{\bar{b}e^{2\kappa_n x}}{\bar{a}'(i\kappa_n)}\left(1 + i\sum_{j=1}^{N}\frac{R_j(x)}{\kappa_n + \kappa_j}\right), \quad \Theta_n(x) = -\frac{2\kappa_n\bar{\gamma}_n e^{\kappa_n x}}{\bar{a}'(i\kappa_n)} - i\frac{\bar{b}e^{2\kappa_n x}}{\bar{a}'(i\kappa_n)}\sum_{j=1}^{N}\frac{\Theta_j(x)}{\kappa_n + \kappa_j}.$$

特别地，我们从式（9.1.46）可得到单孤子解

$$u(t,x) = -\frac{c}{2}\operatorname{sech}^2\left\{\frac{\sqrt{c}}{2}\left[x - c\int_0^t\alpha(\tau)\mathrm{d}\tau\right]\right\}, \tag{9.1.47}$$

$$\xi(t,x) = -\upsilon\operatorname{sech}\left\{\frac{\sqrt{c}}{2}\left[x - c\int_0^t\alpha(\tau)\mathrm{d}\tau\right]\right\}, \tag{9.1.48}$$

式中，υ 为 Grassmann 代数的任意奇常数，这里我们取了特值 $\bar{a}'(\kappa_1,0)=1$、$\bar{b}(\kappa_1,0) = -i\sqrt{c}$ 和 $\kappa_1 = \sqrt{c}/2$.

9.2   广义等谱 KdV 方程族的推导与双线性 BT

本节由推广的 Schrödinger 线性谱问题推导广义等谱 KdV 方程族

$$u_t = \sum_{n=0}^{m}\alpha_n(t)T^n u_x \quad (m = 0, 1, 2, \cdots), \tag{9.2.1}$$

式中，T 为递推算子（2.2.48）. 熟知的等谱 KdV 方程族[3]

$$u_t = T^n u_x \quad (n = 0, 1, 2, \cdots) \tag{9.2.2}$$

是广义等谱 KdV 方程族（9.2.1）的一个特例. 当 $m=1$ 时，广义等谱 KdV 方程族（9.2.1）化为变系数 KdV 方程

$$u_t = \alpha_1(t)u_{xxx} + 6\alpha_1(t)uu_x + \alpha_0(t)u_x. \tag{9.2.3}$$

本节中，我们还将参照文献[3]得到变系数 KdV 方程（9.2.3）的双线性 BT，并用之构造变系数 KdV 方程（9.2.3）的 N-孤子解.

9.2.1 Lax 格式生成

考虑含 Schrödinger 算子（1.1.3）的下述线性问题：

$$\phi_{xx} = (\lambda - u)\phi, \tag{9.2.4}$$

$$\phi_t = A\phi + B\phi_x, \tag{9.2.5}$$

式中，A 与 B 均为 u 及其各阶导数和谱参数 λ（与 t 无关）的待定函数. 利用式（9.2.4）和式（9.2.5）的相容性条件 $\phi_{xxt} = \phi_{txx}$ 得

$$A = -\frac{1}{2}B_x, \tag{9.2.6}$$

$$u_t = 2\left(\frac{1}{4}\partial^3 + u\partial + \frac{1}{2}u_x\right)B - 2\lambda B_x. \tag{9.2.7}$$

假设 B 可以表示成

$$B = \sum_{j=0}^{m} b_j \lambda^{m-j}, \tag{9.2.8}$$

式中，$b_j\ (j = 0,1,2,\cdots,m)$ 为 x 和 t 的待定函数. 将式（9.2.8）代入式（9.2.7）并比较 λ 的同次幂系数得

$$u_t = 2\left(\frac{1}{4}\partial^3 + u\partial + \frac{1}{2}u_x\right)b_m, \tag{9.2.9}$$

$$b_{j+1,x} = \left(\frac{1}{4}\partial^3 + u\partial + \frac{1}{2}u_x\right)b_j \quad (j = 0,1,\cdots,m-1), \tag{9.2.10}$$

$$b_{0,x} = 0. \tag{9.2.11}$$

若 B 满足边值条件

$$B\big|_{u=0} = \sum_{j=0}^{m}(4\lambda)^{m-j}\alpha_{m-j}(t), \tag{9.2.12}$$

我们取

$$b_0 = 4^m \alpha_m(t), \tag{9.2.13}$$

则由式（9.2.10）得

$$b_{1,x} = \left(\frac{1}{4}\partial^3 + u\partial + \frac{1}{2}u_x\right)b_0 = 2\cdot 4^{m-1}\alpha_m(t)u_x, \tag{9.2.14}$$

$$b_{j+1,x} = \left(\frac{1}{4}\partial^3 + u\partial + \frac{1}{2}u_x\right)b_j \quad (j = 1,2,\cdots,m-1). \tag{9.2.15}$$

对式（9.2.14）关于 x 积分一次得

$$b_1 = 2\cdot 4^{m-1}\alpha_m(t)u + 4^{m-1}\alpha_{m-1}(t), \tag{9.2.16}$$

这里我们取积分常数为 $4^{m-1}\alpha_{m-1}(t)$. 将式（9.2.16）代入式（9.2.15）得

$$b_{j,x}=2\cdot4^{m-j}\sum_{n=m-j+1}^{m}\alpha_n(t)T^{n-m+j-1}u_x\quad(j=1,2,\cdots,m).\tag{9.2.17}$$

类似地，对式（9.2.17）关于 x 积分一次并令积分常数为 $4^{m-j}\alpha_{m-j}(t)$ 得

$$b_j=2\cdot4^{m-j}\sum_{n=m-j+1}^{m}\alpha_n(t)\partial^{-1}T^{n-m+j-1}u_x+4^{m-j}\alpha_{m-j}(t)\quad(j=1,2,\cdots,m).\tag{9.2.18}$$

由式（9.2.18）得

$$b_m=2\sum_{n=1}^{m}\alpha_n(t)\partial^{-1}T^{n-1}u_x+\alpha_0(t),\tag{9.2.19}$$

并将其代入式（9.2.9），最终可得到广义等谱 KdV 方程族（9.2.1）.

定理 9.2.1 广义等谱 KdV 方程族（9.2.1）的 Lax 表示为

$$[L,M-\partial_t]=0,\quad L=\partial^2+u,\quad M=A+B\partial,\tag{9.2.20}$$

式中，

$$A=-\sum_{j=0}^{m}\sum_{n=m-j+1}^{m}\alpha_n(t)T^{n-m+j-1}u_x(4\lambda)^{m-j},\tag{9.2.21}$$

$$B=\alpha_m(t)(4\lambda)^m+\sum_{j=1}^{m}\left[\sum_{n=m-j+1}^{m}2\alpha_n(t)\partial^{-1}T^{n-m+j-1}u_x+\alpha_{m-j}(t)\right](4\lambda)^{m-j}\tag{9.2.22}$$

的边值条件分别为 $A|_{u=0}=0$ 和式（9.2.12）.

9.2.2 双线性 BT

首先，我们确定变系数 KdV 方程（9.2.3）所对应的时间演化方程（9.2.5）. 将 $m=1$ 代入式（9.2.21）和式（9.2.22）得

$$A=-\alpha_1(t)u_x,\quad B=4\alpha_1(t)\lambda+2\alpha_1(t)u+\alpha_0(t),\tag{9.2.23}$$

并将其代入式（9.2.5）得

$$\phi_t=\alpha_1(t)(4\lambda\phi_x+2u\phi_x-u_x\phi)+\alpha_0(t)\phi_x.\tag{9.2.24}$$

对式（9.2.4）关于 x 求导得

$$u_x\phi=-\phi_{xxx}+(\lambda-u)\phi_x.\tag{9.2.25}$$

利用式（9.2.25）将式（9.2.24）约化为

$$\phi_t=\alpha_1(t)\phi_{xxx}+3(\lambda+u)\alpha_1(t)\phi_x+\alpha_0(t)\phi_x.\tag{9.2.26}$$

其次，推导式（9.2.3）的 BT. 利用变换

$$u = 2(\ln f)_{xx}, \tag{9.2.27}$$

$$v = 2(\ln g)_{xx}, \tag{9.2.28}$$

可验证变系数 KdV 方程（9.2.3）有如下形式的 BT：

$$v + u = 2(\ln \theta)_{xx}, \tag{9.2.29}$$

式中，u 和 v 为变系数 KdV 方程（9.2.3）的两个解；θ 是式（9.2.4）用 $\eta\ (\neq \lambda)$ 替换 λ 后的一个解，即

$$\theta_{xx} - (\eta - u)\theta = 0. \tag{9.2.30}$$

将式（9.2.27）和式（9.2.28）代入式（9.2.29）得

$$\theta = \frac{g}{f}. \tag{9.2.31}$$

然后再将式（9.2.27）、式（9.2.28）和式（9.2.31）代入式（9.2.29），所得方程可约化为

$$g_{xx}f + f_{xx}g - 2f_x g_x - \eta gf = 0, \tag{9.2.32}$$

其双线性形式为

$$(D_x^2 - \eta)g \cdot f = 0. \tag{9.2.33}$$

从式（9.2.26）得

$$\theta_t - \alpha_1(t)\theta_{xxx} - 3(\eta + u)\alpha_1(t)\theta_x - \alpha_0(t)\theta_x = 0. \tag{9.2.34}$$

类似地，将式（9.2.31）代入式（9.2.34）后所得的方程约化为

$$g_t f - gf_t - \alpha_1(t)(g_{xxx}f - 3f_x g_{xx} - f_{xxx}g - 3f_{xx}g_x + 6f_{xx}g_x)$$
$$- [3\eta\alpha_1(t) + \alpha_0(t)](g_x f - gf_x) = 0. \tag{9.2.35}$$

我们可进一步将式（9.2.35）写成双线性形式

$$\left\{ D_t - \alpha_1(t)D_x^3 - [3\eta\alpha_1(t) + \alpha_0(t)]D_x \right\} g \cdot f = 0. \tag{9.2.36}$$

式（9.2.33）和式（9.2.36）即为变系数 KdV 方程（9.2.3）的双线性形式的 BT.

9.2.3　多孤子解

本小节利用双线性 BT 的表达式（9.2.33）和式（9.2.36）来构造变系数 KdV 方程（9.2.3）的多孤子解. 对于单孤子解，我们选取 $f = 1$，于是式（9.2.33）和式（9.2.36）成为

$$g_{xx} - \eta g = 0, \tag{9.2.37}$$

$$g_t - \alpha_1(t)g_{xxx} - \alpha_0(t)g_x - 3\eta\alpha_1(t)g_x = 0 . \qquad (9.2.38)$$

假设 $\eta = k_1^2 / 4$，从式（9.2.37）和式（9.2.38）解得

$$g_1 = \mathrm{e}^{\frac{\xi_1}{2}} + \mathrm{e}^{-\frac{\xi_1}{2}} , \quad \xi_1 = k_1 x + k_1^3 \int \alpha_1(t)\mathrm{d}t + k_1 \int \alpha_0(t)\mathrm{d}t + \xi_1^{(0)} , \qquad (9.2.39)$$

式中，$\xi_1^{(0)}$ 为任意常数，并由此得到变系数 KdV 方程（9.2.3）的单孤子解

$$v = 2(\ln g_1)_{xx} = \frac{k_1^2}{2} \operatorname{sech}^2 \frac{\xi_1}{2} . \qquad (9.2.40)$$

为构造双孤子解，我们选取

$$f = \mathrm{e}^{\frac{\xi_1}{2}} + \mathrm{e}^{-\frac{\xi_1}{2}} , \qquad (9.2.41)$$

然后式（9.2.33）和式（9.2.36）可转化为

$$(D_x^2 - \eta)g \cdot (\mathrm{e}^{\frac{\xi_1}{2}} + \mathrm{e}^{-\frac{\xi_1}{2}}) = 0 , \qquad (9.2.42)$$

$$\left\{ D_t - \alpha_1(t)D_x^3 - [3\eta\alpha_1(t) + \alpha_0(t)]D_x \right\} g \cdot (\mathrm{e}^{\frac{\xi_1}{2}} + \mathrm{e}^{-\frac{\xi_1}{2}}) = 0 . \qquad (9.2.43)$$

假设式（9.2.42）和式（9.2.43）中的 g 可以表示为

$$g_2 = \beta(\mathrm{e}^{\frac{\xi_1+\xi_2}{2}} + \mathrm{e}^{-\frac{\xi_1+\xi_2}{2}}) + \gamma(\mathrm{e}^{\frac{\xi_1-\xi_2}{2}} + \mathrm{e}^{-\frac{\xi_1-\xi_2}{2}}) , \qquad (9.2.44)$$

式中，β 和 γ 为常数，且

$$\xi_j = k_j x + k_j^3 \int \alpha_1(t)\mathrm{d}t + k_j \int \alpha_0(t)\mathrm{d}t + \xi_j^{(0)} \quad (j = 1,2), \qquad (9.2.45)$$

其中，$\xi_j^{(0)}$ 为任意常数. 将式（9.2.44）和式（9.2.45）代入式（9.2.42）得

$$\eta = \frac{k_2^2}{4} , \quad \beta = k_1 - k_2 , \quad \gamma = -(k_1 + k_2) . \qquad (9.2.46)$$

由于式（9.2.44）～式（9.2.46）所决定的 g_2 也满足式（9.2.43），因此可得到变系数 KdV 方程（9.2.3）的双孤子解

$$v = 2(\ln g_2)_{xx} . \qquad (9.2.47)$$

再来构造变系数 KdV 方程（9.2.3）的三孤子解. 选取

$$f = (k_1 - k_2)(\mathrm{e}^{\frac{\xi_1+\xi_2}{2}} + \mathrm{e}^{-\frac{\xi_1+\xi_2}{2}}) - (k_1 + k_2)(\mathrm{e}^{\frac{\xi_1-\xi_2}{2}} + \mathrm{e}^{-\frac{\xi_1-\xi_2}{2}}) , \qquad (9.2.48)$$

并将其代入式（9.2.33）和式（9.2.36），从中解得的 g 记为

$$g_3 = \beta(e^{\frac{\xi_1+\xi_2+\xi_3}{2}} + e^{-\frac{\xi_1+\xi_2+\xi_3}{2}}) + \gamma(e^{\frac{-\xi_1+\xi_2+\xi_3}{2}} + e^{\frac{-\xi_1+\xi_2+\xi_3}{2}})$$

$$+ \delta(e^{\frac{\xi_1-\xi_2+\xi_3}{2}} + e^{\frac{\xi_1-\xi_2+\xi_3}{2}}) + \rho(e^{\frac{\xi_1+\xi_2-\xi_3}{2}} + e^{\frac{\xi_1+\xi_2-\xi_3}{2}}), \qquad (9.2.49)$$

式中，

$$\xi_j = k_j x + k_j^3 \int \alpha_1(t)dt + k_j \int \alpha_0(t)dt + \xi_j^{(0)} \quad (j=1,2,3), \qquad (9.2.50)$$

$$\eta = \frac{k_3^2}{4}, \quad \beta = (k_1-k_2)(k_1-k_3)(k_2-k_3), \quad \gamma = (k_1+k_2)(k_1+k_3)(k_2-k_3), \qquad (9.2.51)$$

$$\delta = (k_1+k_2)(k_1-k_3)(k_2+k_3), \quad \rho = (k_1-k_2)(k_1+k_3)(k_2+k_3), \qquad (9.2.52)$$

其中，$\xi_j^{(0)}$ 为任意常数，进而得到变系数 KdV 方程（9.2.3）的三孤子解

$$v = 2(\ln g_3)_{xx}. \qquad (9.2.53)$$

若 g_{N-1} 确定后再取 $f = g_{N-1}$，则从式（9.2.33）和式（9.2.36）可归纳得到

$$g_N = \sum_{\varepsilon=\pm 1} \prod_{1\leqslant j<l}^{N} \varepsilon_l(\varepsilon_j k_j - \varepsilon_l k_l) e^{\frac{1}{2}\sum_{j=1}^{N}\varepsilon_j\xi_j}, \qquad (9.2.54)$$

$$\eta = \frac{k_N^2}{4}, \quad \xi_j = k_j x + k_j^3 \int \alpha_1(t)dt + k_j \int \alpha_0(t)dt + \xi_j^{(0)} \quad (j=1,2,\cdots,N), \qquad (9.2.55)$$

式中，第一个求和符号表示对 $\varepsilon_j = \pm 1$ $(j=1,2,\cdots,N)$ 的所有可能的组合进行求和；$\xi_j^{(0)}$ 为任意常数. 于是我们可得到变系数 KdV 方程（9.2.3）的 N-孤子解

$$v = 2(\ln g_N)_{xx}. \qquad (9.2.56)$$

9.3　含自相容源混合谱 KdV 方程族的推导与 IST

本节基于 Schrödinger 线性谱问题（9.2.4）和推广的时间发展式（9.2.5）生成含自相容源的混合谱 KdV 族，然后利用 IST 构造其精确解和 N-孤子解.

9.3.1　Lax 格式生成

将式（9.2.5）嵌入 t 的待定函数 $\alpha(t)$ 与 $\beta(t)$ 得

$$\phi_t = [A + \alpha(t)]\varphi + [B + \beta(t)]\varphi_x, \qquad (9.3.1)$$

则由非等谱情况下的式（9.2.4）和式（9.3.1）的相容性条件得到式（9.2.6）以及下式：

$$u_t = \frac{1}{2}TB_x - 2\lambda B_x + \beta(t)u_x + \frac{\mathrm{d}\lambda}{\mathrm{d}t}. \tag{9.3.2}$$

假设 λ 满足文献[378]中的关系式

$$\frac{\mathrm{d}\lambda}{\mathrm{d}t} = \frac{1}{2}\gamma(t)(4\lambda)^{n+1}, \tag{9.3.3}$$

同时假设 B 可以展成

$$B = \sum_{i=0}^{n+s} b_i \lambda^{n+s-i} + \varepsilon(t)\sum_{j=1}^{N}\frac{\mu_j}{\lambda-\lambda_j} \quad (n=0,1,2,\cdots;s=1,2,\cdots), \tag{9.3.4}$$

式中，$\gamma(t)$ 与 $\varepsilon(t)$ 为 t 的任意函数；b_i 与 μ_j 为 x 与 t 的待定函数；λ_j $(j=1,2,\cdots,N)$ 是式（9.2.4）的 N 个不同本征值. 将式（9.3.3）和式（9.3.4）代入式（9.3.2），再假设

$$T\mu_{j,x} = 4\lambda_j\mu_{j,x} \quad (j=1,2,\cdots,N), \tag{9.3.5}$$

则可将式（9.3.2）化为 λ 的 $n+s$ 次多项式，进一步比较 λ 的同次幂系数得

$$u_t = \frac{1}{2}Tb_{n+s,x} + \beta(t)u_x - 2\varepsilon(t)\sum_{j=1}^{N}\mu_{j,x}, \tag{9.3.6}$$

$$b_{i,x} = \begin{cases} \frac{1}{4}Tb_{i-1,x} & (i=1,2,\cdots,s-1,s+1,\cdots,n+s)\ (s\geqslant 2), \\ \frac{1}{4}Tb_{i-1,x} + 4^n\gamma(t) & (i=s), \end{cases} \tag{9.3.7}$$

以及式（9.2.11）. 如果 B 满足边值条件

$$B|_{u=0} = \varrho(t)(4\lambda)^{n+s} + \gamma(t)(4\lambda)^n x + \varepsilon(t)\sum_{j=1}^{N}\frac{\mu_j}{\lambda-\lambda_j}, \tag{9.3.8}$$

式中，$\varrho(t)$ 是 t 的任意函数，那么我们取

$$b_0 = \varrho(t)4^{n+s}, \tag{9.3.9}$$

进而由式（9.3.6）和式（9.3.7）推得

$$b_{i,x} = \begin{cases} 2\cdot 4^{n+s-i}\varrho(t)T^{i-1}u_x & (i=1,2,\cdots,s-1;\ s\geqslant 2), \\ 2\cdot 4^{n+s-i}\left[\varrho(t)T^{i-1}u_x + \frac{1}{2}T^{i-s}\gamma(t)\right] & (i=s,s+1,\cdots,n+s). \end{cases} \tag{9.3.10}$$

从中得

$$b_{n+s} = 2\left[\varrho(t)\partial^{-1}T^{n+s-1}u_x + \frac{1}{2}\partial^{-1}T^n\gamma(t) \right],\tag{9.3.11}$$

再将其代入式（9.3.6）得

$$u_t = \varrho(t)T^{n+s}u_x + \gamma(t)T^n(xu_x + 2u) + \beta(t)u_x - 2\varepsilon(t)\sum_{j=1}^{N}\mu_{jx}.\tag{9.3.12}$$

当 ϕ_j 满足式（9.2.4）时，即

$$\phi_{j,xx} = (\lambda_j - u)\phi_j,\tag{9.3.13}$$

易证

$$T(\phi_j^2)_x = 4\lambda_j(\phi_j^2)_x.\tag{9.3.14}$$

再取

$$\mu_j = \phi_j^2 \quad (j = 1, 2, \cdots, N),\tag{9.3.15}$$

则由式（9.3.12）可得含自相容源混合谱 KdV 方程族 $(n = 0, 1, 2, \cdots; s = 1, 2, \cdots)$

$$u_t = \varrho(t)T^{n+s}u_x + \gamma(t)T^n(xu_x + 2u) + \beta(t)u_x - 2\varepsilon(t)\sum_{j=1}^{N}(\phi_j^2)_x,\tag{9.3.16}$$

式中，$\phi_j \ (j = 1, 2, \cdots, N)$ 满足式（9.3.13）. 我们可将含自相容源混合谱 KdV 方程族（9.3.16）简记为

$$u_t = \varrho(t)K_{n+s} + \gamma(t)\sigma_n + \beta(t)u_x - 2\varepsilon(t)\sum_{j=1}^{N}(\phi_j^2)_x,\tag{9.3.17}$$

式中，$K_{n+s} = T^{n+s}u_x$ 是 $n+s$ 阶 KdV 等谱流；$\sigma_n = T^n(xu_x + 2u)$ 是 n 阶 KdV 非等谱流. 当 $n = 1$ 且 $s = 1$ 时，由式（9.3.17）得

$$u_t = \varrho(t)K_2 + \gamma(t)\sigma_1 + \beta(t)u_x - 2\varepsilon(t)\sum_{j=1}^{N}(\phi_j^2)_x,\tag{9.3.18}$$

式中，$K_2 = u_{xxxxx} + 10uu_{xxx} + 20u_xu_{xx} + 30u^2u_x$；$\sigma_1 = xK_1 + 4u_{xx} + 8u^2 + 2u_x\partial^{-1}u$.

作为含自相容源混合谱 KdV 方程族（9.3.16）的特例，除等谱 KdV 方程族（9.2.2）、非等谱 KdV 方程族 $u_t = T^n(xu_x + 2u) \ (n = 0, 1, 2, \cdots)$ 和变系数非等谱 KdV 方程（6.2.35）外，再列出一些其他系统，如：含自相容源等谱 KdV 方程族

$$u_t = T^n u_x - 2\sum_{j=1}^{N}(\phi_j^2)_x \quad (n = 0, 1, 2, \cdots);\tag{9.3.19}$$

含自相容源非等谱 KdV 方程族

$$u_t = T^n(xu_x + 2u) - 2\sum_{j=1}^{N}(\phi_j^2)_x \quad (n = 0,1,2,\cdots); \tag{9.3.20}$$

混合谱 KdV 方程族[379]

$$u_t = \varrho(t)T^{n+s}u_x + \gamma(t)T^n(xu_x + 2u) \quad (n = 0,1,2,\cdots; s = 1,2,\cdots); \tag{9.3.21}$$

含自相容源非等谱 τ 方程

$$u_t = 3t(u_{xxx} + 6uu_x) + xu_x + 2u - 2\sum_{j=1}^{N}(\phi_j^2)_x. \tag{9.3.22}$$

要具体得到 ϕ 随时间 t 的发展式（9.3.1），我们只要确定 A 与 B 即可，这是因为上述推导含自相容源混合谱 KdV 方程族（9.3.16）的过程说明 $\alpha(t)$ 与 $\beta(t)$ 是任意的. 由式（9.3.4）、式（9.3.11）和式（9.3.15）得

$$B = \varrho(t)(4\lambda)^{n+s} + \gamma(t)(4\lambda)^n x + 2\varrho(t)\sum_{i=1}^{n+s}(4\lambda)^{n+s-i}\partial^{-1}T^{i-1}u_x$$

$$+2\gamma(t)\sum_{i=s+1}^{n+s}(4\lambda)^{n+s-i}\partial^{-1}T^{i-s-1}(xu_x + 2u) + \varepsilon(t)\sum_{j=1}^{N}\frac{\phi_j^2}{\lambda - \lambda_j}, \tag{9.3.23}$$

再由 A 与 B 的关系式（9.2.6）得

$$A = -\frac{1}{2}\gamma(t)(4\lambda)^n - \varrho(t)\sum_{i=1}^{n+s}(4\lambda)^{n+s-i}T^{i-1}u_x$$

$$-\gamma(t)\sum_{i=s+1}^{n+s}(4\lambda)^{n+s-i}T^{i-s-1}(xu_x + 2u) - \frac{1}{2}\varepsilon(t)\sum_{j=1}^{N}\frac{(\phi_j^2)_x}{\lambda - \lambda_j}, \tag{9.3.24}$$

并由此得到 A 的边值条件为

$$A|_{u=0} = -\frac{1}{2}\gamma(t)(4\lambda)^n - \frac{1}{2}\varepsilon(t)\sum_{j=1}^{N}\frac{(\phi_j^2)_x}{\lambda - \lambda_j}. \tag{9.3.25}$$

定理 9.3.1 含自相容源混合谱 KdV 方程族（9.3.16）的 Lax 表示为

$$[L, N - \partial_t] - \frac{1}{2}\gamma(t)(4\lambda)^{n+1} = 0, \tag{9.3.26}$$

Lax 对为

$$L = \partial^2 + u, \quad N = [A + \alpha(t)] + [B + \beta(t)]\partial, \tag{9.3.27}$$

式中，A 与 B 分别由式（9.3.24）和式（9.3.23）确定；$\alpha(t)$、$\beta(t)$ 与 $\gamma(t)$ 是 t 的任意函数.

9.3.2 正散射问题与反散射问题

因后面反散射问题研究的需要,我们先对正散射问题[3]进行简要的回顾. 实轴上的 Schrödinger 谱问题(9.2.4)以 $-k^2$ 替代 λ,可将其改写成

$$\phi_{xx}(x,k) + k^2\phi(x,k) = -u(x)\phi(x,k).\tag{9.3.28}$$

假设定义在整个数轴 $-\infty < x < \infty$ 上实连续函数 $u(x)$ 具有所需的各阶导数,并在实轴两端无穷远处充分快地衰减于零,还使得积分

$$\int_{-\infty}^{\infty}|x^j u(x)|\,\mathrm{d}x \quad (j = 0,1,2)\tag{9.3.29}$$

有限. 位势 $u(x) = 0$ 时,渐近于式(9.3.28)的线性无关解 e^{ikx} 和 e^{-ikx} 的一对基本解

$$\phi^+(x,k) \to \mathrm{e}^{ikx} \quad (x \to \infty),\tag{9.3.30}$$

$$\phi^-(x,k) \to \mathrm{e}^{-ikx} \quad (x \to -\infty),\tag{9.3.31}$$

称为 Jost 解. 对任意一个虚部非负的复数 k,当位势 $u(x)$ 所构成的积分(9.3.29)收敛时,式(9.3.28)存在唯一的 Jost 解

$$\phi^+(x,k) = \mathrm{e}^{ikx} + \int_x^{\infty}\frac{\sin k(x-y)}{k}u(y)\phi^+(y,k)\mathrm{d}y,\tag{9.3.32}$$

$$\phi^-(x,k) = \mathrm{e}^{-ikx} - \int_{-\infty}^{x}\frac{\sin k(x-y)}{k}u(y)\phi^-(y,k)\mathrm{d}y.\tag{9.3.33}$$

当 $k \to 0$ 时,式(9.3.32)和式(9.3.33)的极限是 $k = 0$ 时所对应的 Jost 解. Jost 解(9.3.32)和解(9.3.33)在 k 的上半平面具有解析且连续至实轴的性质,它们关于 x 与 k 均可微,且

$$\phi_x^+(x,k) \to ik\mathrm{e}^{ikx}, \quad \phi_k^+(x,k) \to ix\mathrm{e}^{ikx} \quad (x \to \infty),\tag{9.3.34}$$

$$\phi_x^-(x,k) \to -ik\mathrm{e}^{-ikx}, \quad \phi_k^-(x,k) \to -ix\mathrm{e}^{-ikx} \quad (x \to -\infty),\tag{9.3.35}$$

当 $k \in \mathbb{R}$ 非零时,可从 Jost 解(9.3.32)与解(9.3.33)找到两对线性无关解组

$$\phi^+(x,k), \quad \phi^+(x,-k) = (\phi^+)^*(x,k),\tag{9.3.36}$$

$$\phi^-(x,k), \quad \phi^-(x,-k) = (\phi^-)^*(x,k),\tag{9.3.37}$$

构成基本解组,故存在 $a(k)$ 与 $b(k)$ 使

$$\phi^-(x,k) = a(k)\phi^+(x,-k) + b(k)\phi^+(x,k).\tag{9.3.38}$$

用 k 代以 $-k$ 亦有

$$\phi^-(x,-k) = b(-k)\phi^+(x,-k) + a(-k)\phi^+(x,k).\tag{9.3.39}$$

利用 Wronski 行列式[3]，由式（9.3.36）～式（9.3.39）得

$$a(k) = \frac{1}{2ik} W[\phi^-(x,k), \phi^+(x,k)], \quad b(k) = \frac{1}{2ik} W[\phi^+(x,-k), \phi^-(x,k)], \quad (9.3.40)$$

以及关系式

$$|a(k)|^2 - |b(k)|^2 = 1. \quad (9.3.41)$$

在 k 上的半平面解析的 $a(k)$ 也在包括实轴的闭半平面上连续，且当 $|k| \to \infty$ 时，$a(k) \to 1$．但 $b(k)$ 只在 k 平面的实轴上有定义，且当 k 沿实轴趋于无穷时，$b(k) = o(1/k)$．若令

$$T(k) = \frac{1}{a(k)}, \quad R(k) = \frac{b(k)}{a(k)}, \quad (9.3.42)$$

则式（9.3.38）可以写成

$$T(k)\phi^-(x,k) = \phi^+(x,-k) + R(k)\phi^+(x,k), \quad (9.3.43)$$

且存在渐近式

$$T(k)\phi^-(x,k) \to e^{-ikx} + R(k)e^{ikx} \quad (x \to \infty), \quad (9.3.44)$$

$$T(k)\phi^-(x,k) \to T(k)e^{-ikx} \quad (x \to -\infty), \quad (9.3.45)$$

式中，反射系数 $R(k)$ 与透射系数 $T(k)$ 之间存在关系式 $|R(k)|^2 + |T(k)|^2 = 1$．

解析函数 $a(k)$ 在 k 的上半平面虚轴上只有有限个简单零点，为方便起见记之为 $k_m = i\kappa_m$ $(\kappa_m > 0; m = 1, 2, \cdots, N)$，它们都是式（9.2.4）的离散谱．由式（9.3.40）知 $W[\phi^-(x, i\kappa_m), \phi^+(x, i\kappa_m)] = 0$，故 $\phi^-(x, i\kappa_m)$ 与 $\phi^+(x, i\kappa_m)$ 线性相关，不妨设

$$\phi^-(x, i\kappa_m) = b_m \phi^+(x, i\kappa_m). \quad (9.3.46)$$

由渐近性质知 $\phi^-(x, i\kappa_m)$ 是整个实轴上的平方可积函数，并成为式（9.2.4）对应于本征值 $\lambda_m = -(i\kappa_m)^2$ 的可归一化的本征函数，即存在常数 c_m 使

$$\int_{-\infty}^{\infty} c_m^2 [\phi^-(x, i\kappa_m)]^2 \, dx = 1, \quad (9.3.47)$$

其归一化因子为

$$c_m^2 = -\frac{ib_m}{a_k(i\kappa_m)}, \quad (9.3.48)$$

此时的 $c_m \phi^-(x, i\kappa_m)$ 已经是归一化的本征函数．对于一切实数 k，它们构成式（9.2.4）的连续谱，但相应的本征函数却不是平方可积的，从而不能归一化．

从上述分析可知，在给定位势 $u(x)$ 后，$R(k)$、κ_m 和 c_m 便可以求出. 称

$$\left\{ R(k) = \frac{b(k)}{a(k)}, \; \mathrm{i}\kappa_m, \; c_m \; (m = 1, 2, \cdots, N) \right\} \tag{9.3.49}$$

为 Schrödinger 谱问题（9.2.4）对应于 $u(x)$ 的散射数据.

把 Schrödinger 谱问题（9.2.4）势 $u(x) = 0$ 时的无关解 $\mathrm{e}^{\mathrm{i}kx}$ 与 $\mathrm{e}^{-\mathrm{i}kx}$ 依次变换成势为 $u(x)$ 时的解的积分

$$\varphi^+(x, k) = \mathrm{e}^{\mathrm{i}kx} + \int_x^\infty K(x, y)\mathrm{e}^{\mathrm{i}ky}\mathrm{d}y, \tag{9.3.50}$$

$$\varphi^-(x, k) = \mathrm{e}^{-\mathrm{i}kx} - \int_{-\infty}^x \hat{K}(x, y)\mathrm{e}^{-\mathrm{i}ky}\mathrm{d}y, \tag{9.3.51}$$

分别称为 $\phi^+(x, k)$ 与 $\phi^-(x, k)$ 的平移变换. 积分核 $K(x, y)$ 与 $\hat{K}(x, y)$ 是唯一存在的，它们关于 x 与 y 均可微，并且可得

$$\frac{\mathrm{d}}{\mathrm{d}x} K(x, x) = \frac{1}{2} u(x). \tag{9.3.52}$$

定理 9.3.2　对给定 Schrödinger 谱问题（9.2.4）的散射数据（9.3.49），如果构造函数

$$F_c(x) = \frac{1}{2\pi} \int_{-\infty}^\infty R(k)\mathrm{e}^{\mathrm{i}kx}\mathrm{d}k, \quad F_d(x) = \sum_{j=1}^N c_j^2 \mathrm{e}^{-\kappa_j x}, \tag{9.3.53}$$

并记

$$F(x) = F_c(x) + F_d(x), \tag{9.3.54}$$

那么平移变换（9.3.50）中的函数 $K(x, y)$ 满足 GLM 积分方程

$$K(x, y) + F(x + y) + \int_x^\infty K(x, z)F(z + y)\mathrm{d}z = 0, \tag{9.3.55}$$

若能从式（9.3.55）求解出函数 $K(x, y)$，则可以按式（9.3.52）恢复位势[3]

$$u(x) = 2\frac{\mathrm{d}}{\mathrm{d}x} K(x, x). \tag{9.3.56}$$

我们接下来进行反散射问题分析，需要利用如下的引理.

引理 9.3.1　若式（9.3.13）中的 ϕ_j 可表示成

$$\phi_j = [2\vartheta_j(t)]^{\frac{1}{2}} \phi(x, \mathrm{i}\kappa_j) \quad (j = 1, 2, \cdots, N), \tag{9.3.57}$$

式中，$\vartheta_j(t)$ 是关于 t 的任意非负实函数；$\phi(x, \mathrm{i}\kappa_j) = c_j(t)\phi^+(x, \mathrm{i}\kappa_j)$ 是 $\phi^+(x, \mathrm{i}\kappa_j)$ 的归一化函数，$c_j(t)$ 是相应的归一化因子，则

$$\vartheta_j(t) = \frac{1}{2}\int_{-\infty}^{\infty} \phi_j^2 \, \mathrm{d}x . \tag{9.3.58}$$

引理 9.3.2 当 $x \to -\infty$ 时，有下面的渐近式[77]成立：

$$\lim_{k \to \mathrm{i}\kappa_m} \sum_{j=1, j \neq m}^{N} \frac{1}{k^2 + \kappa_j^2} \int_x^{\infty} \{[\phi_j^2(\xi, t)]_\xi \phi^2(\xi, k) - \phi_j^2(\xi, t)[\phi^2(\xi, k)]_\xi\} \mathrm{d}\xi = 0, \tag{9.3.59}$$

$$\lim_{k \to \mathrm{i}\kappa_m} \frac{1}{k^2 + \kappa_j^2} \int_x^{\infty} \{[\phi_m^2(\xi, t)]_\xi \phi^2(\xi, k) - \phi_m^2(\xi, t)[\phi^2(\xi, k)]_\xi\} \mathrm{d}\xi = 0. \tag{9.3.60}$$

引理 9.3.3 当 $x \to \infty$ 时，有下面的渐近式[77]成立：

$$\lim_{k \to \mathrm{i}\kappa_m} \sum_{j=1, j \neq m}^{N} \frac{1}{k^2 + \kappa_j^2} \left[\frac{1}{2}(\phi_j^2)_x \phi(x, k) - \phi_j^2 \phi_x(x, k)\right] = 0, \tag{9.3.61}$$

$$\lim_{k \to \mathrm{i}\kappa_m} \frac{1}{k^2 + \kappa_j^2} \left[\frac{1}{2}(\phi_m^2)_x \phi(x, k) - \phi_m^2 \phi_x(x, k)\right] = c_m(t)\mathrm{e}^{-\kappa_m x}\vartheta_m(t). \tag{9.3.62}$$

引理 9.3.4 若函数 $\phi(x, k)$ 满足 Schrödinger 谱问题（9.2.4），而函数 A 与 B 同时满足式（9.2.6）和式（9.3.2），则

$$P(x, k) = \phi_t(x, k) - [A + \alpha(t)]\phi(x, k) - [B + \beta(t)]\phi_x(x, k), \tag{9.3.63}$$

一般不为零，它亦满足谱问题（9.2.4）.

定理 9.3.3 若 $u = u(x, t)$ 按含自相容源混合谱 KdV 方程族（9.3.16）发展，则 Schrödinger 谱问题（9.2.4）的散射数据（9.3.49）随时间变化规律为

$$\kappa_m(t) = \left[-2^{2n+1} n \int_0^t \gamma(\tau)\mathrm{d}\tau + \kappa_m^{-2n}(0)\right]^{-\frac{1}{2n}}, \tag{9.3.64}$$

$$c_m(t) = c_m(0)\mathrm{e}^{\int_0^t \left[4^n\left(n+\frac{1}{2}\right)\gamma(\tau)\kappa_m^{2n}(\tau) - 4^{n+s}\varrho(\tau)\kappa_m^{2n+2s+1}(\tau) + \varepsilon(\tau)\vartheta_m(\tau) - \beta(\tau)\kappa_m(\tau)\right]\mathrm{d}\tau}, \tag{9.3.65}$$

$$\frac{\mathrm{d}a[k(t), t]}{\mathrm{d}t} = 0, \tag{9.3.66}$$

$$\frac{\mathrm{d}b[k(t), t]}{\mathrm{d}t} = 2\mathrm{i}k(t)\{\beta(t) + \varrho(t)[2\mathrm{i}k(t)]^{2n+2s}\}b[k(t), t], \tag{9.3.67}$$

$$k(t) = \left[-2^{2n+1} n \int_0^t \gamma(\tau) \mathrm{d}\tau + k^{-2n}(0) \right]^{-\frac{1}{2n}}, \tag{9.3.68}$$

式中，$\mathrm{i}\kappa_m(0)$、$c_m(0)$ 和 $R[k(0),0] = b[k(0),0]/a[k(0),0]$ 是 $u(x,t) = u(x,0)$ 时式（9.2.4）的散射数据. $n=0$ 时的上述散射数据的发展规律则对应式（9.3.64）~ 式（9.3.68）的极限，特别地

$$\lim_{n\to 0} \kappa_m(t) = \lim_{n\to 0} \left[-2^{2n+1} n \int_0^t \gamma(\tau)\mathrm{d}\tau + \kappa_m^{-2n}(0) \right]^{-\frac{1}{2n}} = \kappa_m(0) \mathrm{e}^{\int_0^t \gamma(\tau)\mathrm{d}\tau}. \tag{9.3.69}$$

证　由引理 9.3.4 知 $P(x,t)$ 是 Schrödinger 谱问题（9.2.4）的解，故存在 $\theta(k,t)$ 和 $\omega(k,t)$，使 $P(x,t)$ 表示成式（9.2.4）两个线性无关解 $\phi(x,t)$ 与 $\tilde{\phi}(x,t)$ 的线性组合，并注意到 A 与 B 的关系式（9.2.6）有

$$\varphi_t(x,k) + \left[\frac{1}{2}B_x - \alpha(t) \right]\varphi(x,k) - [B+\beta(t)]\varphi_x(x,k)$$
$$= \theta(k,t)\varphi(x,k) + \omega(k,t)\tilde{\varphi}(x,k). \tag{9.3.70}$$

为后面讨论方便，将式（9.3.23）中的 B 拆分成 B_1 与 B_2 的和，其中

$$B_1 = -\varepsilon(t) \sum_{j=1}^{N} \frac{\varphi_j^2}{k^2 + k_j^2}, \tag{9.3.71}$$

$$B_2 = \varrho(t)(-4k^2)^{n+s} + \gamma(t)(-4k^2)^n x + 2\varrho(t)\sum_{i=1}^{n+s}(-4k^2)^{n+s-i}\partial^{-1}T^{i-1}u_x$$

$$+ 2\gamma(t)\sum_{i=s+1}^{n+s}(-4k^2)^{n+s-i}\partial^{-1}T^{i-s-1}(xu_x + 2u). \tag{9.3.72}$$

首先设 $\mathrm{Im}\,k>0$，因为当 $x\to+\infty$ 时，$\phi(x,k)$ 以指数衰减，$\tilde{\phi}(x,k)$ 必以指数增大. 考虑到 B 的表示式（9.3.23）可推断出此时 $\omega(k,t)=0$，则式（9.3.70）化为

$$\phi_t(x,k) + \left[\frac{1}{2}B_x - \alpha(t) \right]\phi(x,k) - [B+\beta(t)]\phi_x(x,k) = \theta(k,t)\phi(x,k). \tag{9.3.73}$$

用 $2\phi(x,\mathrm{i}k)$ 乘以式（9.3.73），然后在 x 轴上积分得

$$\frac{\mathrm{d}}{\mathrm{d}t}\int_x^\infty \phi^2(x,k)\mathrm{d}x + \int_x^\infty \{B_x\phi^2(x,k) - B[\phi^2(x,k)]_x\}\mathrm{d}x - \beta(t)\int_x^\infty[\phi^2(x,k)]_x\mathrm{d}x$$

$$= 2[\alpha(t)+\theta(k,t)]\int_x^\infty \phi^2(x,k)\mathrm{d}x. \tag{9.3.74}$$

令 $x \to -\infty$，下面利用式（9.3.74）来确定 $\theta(\mathrm{i}\kappa_m, t)$ 的值. 由引理 9.3.2 得

$$\lim_{k \to \mathrm{i}k} \int_x^{\infty} \left\{ [B_{1,x}\phi^2(\xi,k) - B_1[\phi^2(\xi,k)]_x \right\} \mathrm{d}x = 0 \quad (x \to -\infty), \tag{9.3.75}$$

注意到式（9.3.75），我们由（9.3.74）进一步求得

$$\theta(\mathrm{i}\kappa_m, t) = \frac{1}{2}\int_{-\infty}^{\infty} \left\{ B_{2,x}\phi^2(x,\mathrm{i}\kappa_m) - B_2[\phi^2(x,\mathrm{i}\kappa_m)]_x \right\} \mathrm{d}x - \alpha(t). \tag{9.3.76}$$

又由于

$$\int_x^{\infty} \left\{ B_{2,x}\phi^2(x,\mathrm{i}\kappa_m) - B_2[\phi^2(x,\mathrm{i}\kappa_m)]_x \right\} \mathrm{d}x = 2(n+1)\gamma(t)(4\kappa_m^2)^n, \tag{9.3.77}$$

于是得

$$\theta(\mathrm{i}\kappa_m, t) = (n+1)\gamma(t)(4\kappa_m^2)^n - \alpha(t). \tag{9.3.78}$$

利用式（9.3.78），我们来考虑式（9.3.70）在 $k \to \mathrm{i}\kappa_m$ $(\kappa_m > 0)$ 且 $x \to \infty$ 时的渐近式. 由引理 9.3.3 得

$$\lim_{k \to \mathrm{i}\kappa_m} \int_x^{\infty} \left[\frac{1}{2}B_{1,x}\varphi(x,k) - B_1\varphi_{\xi}(\xi,k) \right] \mathrm{d}\xi = -\varepsilon(t)c_m(t)\mathrm{e}^{-\kappa_m x}\vartheta_m(t), \tag{9.3.79}$$

取 $\varphi(x,k) = c_m(t)\varphi^+(x,\mathrm{i}\kappa_m)$，利用式（9.3.78）由（9.3.70）得

$$c_{m,t}\mathrm{e}^{-\kappa_m x} - xc_m\kappa_{m,t}\mathrm{e}^{-\kappa_m x} + \frac{1}{2}\gamma(t)(4\kappa_m^2)^n c_m\mathrm{e}^{-\kappa_m x} - \alpha(t)c_m\mathrm{e}^{-\kappa_m x}$$

$$+ \kappa_m\varrho(t)(4\kappa_m^2)^{n+s}\mathrm{e}^{-\kappa_m x} + x\kappa_m\gamma(t)(4\kappa_m^2)^n c_m\mathrm{e}^{-\kappa_m x} + \beta(t)\kappa_m c_m\mathrm{e}^{-\kappa_m x}$$

$$- \varepsilon(t)\vartheta_m(t)c_m\mathrm{e}^{-\kappa_m x} - [(n+1)\gamma(t)(4\kappa_m^2)^n - \alpha(t)]c_m\mathrm{e}^{-\kappa_m x} = 0. \tag{9.3.80}$$

比较式（9.3.80）中 $\mathrm{e}^{-\kappa_m x}$ 的系数得

$$\kappa_{m,t} = 4^n\gamma(t)\kappa_m^{2n+1}, \tag{9.3.81}$$

$$c_{m,t} = \left[\left(n+\frac{1}{2}\right)\gamma(t)(4\kappa_m^2)^n - \kappa_m\varrho(t)(4\kappa_m^2)^{n+s} + \varepsilon(t)\vartheta_m(t) - \beta(t)\kappa_m \right]c_m. \tag{9.3.82}$$

求解方程（9.3.81）和方程（9.3.82）即可得式（9.3.64）和式（9.3.65），再计算式（9.3.64）的极限直接得到式（9.3.69）.

下面设 k 为连续谱 $\mathrm{Im}\, k = 0$. 在式（9.3.70）中选定 $\phi(x,k)$ 与 $\tilde{\phi}(x,k)$ 为 Jost 函数 $\phi^-(x,k)$ 和 $\phi^-(x,-k)$. 由于连续谱时，显然 $k \neq \mathrm{i}k_m$，因此由文献[380]得

$$\lim_{x \to \infty} \phi_j = 0 \quad (j = 1, 2, \cdots, N). \tag{9.3.83}$$

故让 $x \to \infty$ 时，$B_1 = 0$. 为与上述离散谱相应的证明有区分，取 $\theta(k,t) = \theta_1(k,t)$ 与 $\omega(k,t) = \omega_1(k,t)$，从而由式（9.3.70）得到

$$-\mathrm{i}x\frac{\mathrm{d}k}{\mathrm{d}t}\mathrm{e}^{-\mathrm{i}kx} + \frac{1}{2}(-4k^2)^n \gamma(t)\mathrm{e}^{-\mathrm{i}kx} - \alpha(t)\mathrm{e}^{-\mathrm{i}kx} + \mathrm{i}k(-4k^2)^{n+s}\varrho(t)\mathrm{e}^{-\mathrm{i}kx}$$

$$+\mathrm{i}xk(-4k^2)^n \gamma(t)\mathrm{e}^{-\mathrm{i}kx} + \mathrm{i}k\beta(t)\mathrm{e}^{-\mathrm{i}kx} - \theta_1(k,t)\mathrm{e}^{-\mathrm{i}kx} - \omega_1(k,t)\mathrm{e}^{\mathrm{i}kx} = 0. \quad (9.3.84)$$

比较式（9.3.84）中 $\mathrm{e}^{\mathrm{i}kx}$ 与 $\mathrm{e}^{-\mathrm{i}kx}$ 的系数得

$$\omega_1(k,t) = 0, \quad \frac{\mathrm{d}k}{\mathrm{d}t} = (-4)^n \gamma(t)k^{2n+1}, \quad (9.3.85)$$

$$\theta_1(k,t) = \mathrm{i}k\beta(t) + \frac{1}{2}(-4)^n \gamma(t)k^{2n} + \mathrm{i}(-4)^{n+s}k^{2n+2s+1} - \alpha(t). \quad (9.3.86)$$

将式（9.3.39）代入式（9.3.70），取 $\theta(k,t) = \theta_1(k,t)$、$\omega(k,t) = \omega_1(k,t)$ 并令 $x \to \infty$ 得

$$\frac{\mathrm{d}a}{\mathrm{d}t}\mathrm{e}^{-\mathrm{i}kx} - \mathrm{i}x\frac{\mathrm{d}k}{\mathrm{d}t}a\mathrm{e}^{-\mathrm{i}kx} + \frac{\mathrm{d}b}{\mathrm{d}t}\mathrm{e}^{\mathrm{i}kx} + \mathrm{i}x\frac{\mathrm{d}k}{\mathrm{d}t}b\mathrm{e}^{\mathrm{i}kx} + \frac{1}{2}\gamma(t)(-4k^2)^n a\mathrm{e}^{-\mathrm{i}kx}$$

$$+\frac{1}{2}\gamma(t)(-4k^2)^n b\mathrm{e}^{\mathrm{i}kx} - a\alpha(t)\mathrm{e}^{-\mathrm{i}kx} - \alpha(t)b\mathrm{e}^{\mathrm{i}kx} + \mathrm{i}ka\varrho(t)(-4k^2)^{n+s}\mathrm{e}^{-\mathrm{i}kx}$$

$$+\mathrm{i}xka\gamma(t)(-4k^2)^n \mathrm{e}^{-\mathrm{i}kx} + \mathrm{i}ka\beta(t)\mathrm{e}^{-\mathrm{i}kx} - \mathrm{i}kb\varrho(t)(-4k^2)^{n+s}\mathrm{e}^{\mathrm{i}kx}$$

$$-\mathrm{i}xkb\gamma(t)(-4k^2)^n \mathrm{e}^{\mathrm{i}kx} - \mathrm{i}kb\beta(t)\mathrm{e}^{\mathrm{i}kx} - \theta_1(k,t)\mathrm{e}^{-\mathrm{i}kx} = 0, \quad (9.3.87)$$

将式（9.3.85）和式（9.3.86）代入式（9.3.87），然后比较 $\mathrm{e}^{\mathrm{i}kx}$ 与 $\mathrm{e}^{-\mathrm{i}kx}$ 的系数得到式（9.3.66）和式（9.3.67），最后再从式（9.3.85）即可解得式（9.3.68）. 令 $t = 0$，显然 $\mathrm{i}\kappa_m(0)$、$c_m(0)$ 以及 $R[k(0),0] = b[k(0),0]/a[k(0),0]$ 是[3] $u(x,t) = u(x,0)$ 时的 Schrödinger 谱问题（9.2.4）的散射数据.

值得一提的是，当 $\gamma(t) = 0$ 即 $k(t)$ 与 t 无关时，我们容易从式（9.3.66）和式（9.3.67）解得

$$a[k(t),t] = a[k(0),0], \quad (9.3.88)$$

$$b[k(t),t] = b[k(0),0]\mathrm{e}^{2\mathrm{i}k(0)\int_0^t \{\beta(t)+\varrho(\tau)[2\mathrm{i}k(0)]^{2n+2s}\}\,\mathrm{d}\tau}. \quad (9.3.89)$$

Chan 和 Li[381]给出一个变系数非等谱 KdV 方程对应的 $a[k(t),t]$ 关于 t 的导数等于零时的 $a[k(t),t]$ 含 t 的一种表示.

利用平移变换（9.3.50）、引理 9.3.1 和定理 9.3.3 可得含自相容源混合谱 KdV 方程族（9.3.16）的解公式

$$u(x,t) = 2\frac{\mathrm{d}^2}{\mathrm{d}x^2}K(x,x,t), \tag{9.3.90}$$

$$\varphi_j(x,t) = [2\vartheta_j(t)]^{\frac{1}{2}}c_j(t)\left[\mathrm{e}^{-\kappa_j x} + \int_x^\infty K(x,z,t)\mathrm{e}^{-\kappa_j z}\mathrm{d}z\right] \quad (j = 1,2,\cdots,N). \tag{9.3.91}$$

9.3.3 无反散射势与 N-孤子解

在式（9.3.67）中取 $b[k(t),t] = 0$，即反射系数 $R[k(t),t] = 0$，则 GLM 方程（9.3.55）变成一个退化核的积分方程

$$K(x,y,t) + \sum_{j=1}^N c_j^2(t)\mathrm{e}^{-\kappa_j(x+y)} + \sum_{j=1}^N c_j^2(t)\mathrm{e}^{-\kappa_j y}\int_x^\infty K(x,z,t)\mathrm{e}^{-\kappa_j z}\mathrm{d}z = 0. \tag{9.3.92}$$

设式（9.3.92）的解为

$$K(x,y,t) = \sum_{m=1}^N c_m(t)h_m(x)\mathrm{e}^{-\kappa_m y}, \tag{9.3.93}$$

将式（9.3.93）代入式（9.3.92）并约去公因子 $c_j(t)\mathrm{e}^{-\kappa_j y}$，积分后得到一个关于 $h_m(x)$ 的线性代数方程组

$$h_j(x) + \sum_{m=1}^N \frac{1}{\kappa_j + \kappa_m}c_j(t)c_m(t)\mathrm{e}^{-(\kappa_j+\kappa_m)x}h_m(x) = -c_j(t)\mathrm{e}^{-\kappa_j x} \quad (j = 1,2,\cdots,N). \tag{9.3.94}$$

若用 $D(x,t)$ 表示方程组（9.3.94）的 N 阶系数矩阵，其元素为

$$d_{jm} = \delta_{jm} + \frac{1}{\kappa_j + \kappa_m}c_j(t)c_m(t)\mathrm{e}^{-(\kappa_j+\kappa_m)x}, \tag{9.3.95}$$

则 $D(x,t)$ 是正定的. 事实上，实对称矩阵 $C = (d_{jm} - \delta_{jm})_{N\times N}$ 的全部顺序主子式为

$$P_1 = \frac{c_1^2(t)}{2\kappa_1}\mathrm{e}^{-2\kappa_1 x}, \quad P_m = \prod_{1\le j<l}^m \frac{c_j^2(t)\mathrm{e}^{-2\kappa_j x}}{2\kappa_j}\left(\frac{\kappa_j - \kappa_l}{\kappa_j + \kappa_l}\right)^2 \quad (N \ge m \ge l \ge 2). \tag{9.3.96}$$

因 κ_1，κ_2，$\cdots$，κ_m 均大于 0 且两两互不相等，故对任意 m 均有 $P_m > 0$，再由 m 的任意性证得 C 正定，故 $D(x,t) = I + C$ 正定（I 是 N 阶单位矩阵）. 因此，方程组（9.3.94）存在唯一解，由 Cramer 法则求得

$$h_j(x) = \frac{\det D_j(x,t)}{\det D(x,t)}, \tag{9.3.97}$$

式中，$D_j(x,t)$ 表示 $D(x,t)$ 的第 j 列元素用 $-c_m(t)\mathrm{e}^{-\kappa_m x}$ $(m=1,2,\cdots,N)$ 依次替换后所得到的矩阵. 将式（9.3.97）代入式（9.3.93）得

$$K(x,x,t)=\frac{1}{\det D(x,t)}\sum_{m=1}^{N}c_m(t)\det D_m(x,t)\mathrm{e}^{-\kappa_m x}=\frac{\partial}{\partial x}\ln\det D(x,t).\quad（9.3.98）$$

定理 9.3.4　含自相容源混合谱 KdV 方程族（9.3.16）有 N-孤子解

$$u(x,t)=2\frac{\partial^2}{\partial x^2}\ln\det D(x,t),\quad（9.3.99）$$

$$\varphi_j(x,t)=[2\vartheta_j(t)]^{\frac{1}{2}}\frac{\sum_{m=1}^{N}c_m(t)\mathrm{e}^{-\kappa_m x}D_{jm}}{\det D(x,t)}\quad(j=1,2,\cdots,N),\quad（9.3.100）$$

式中，D_{jm} 是矩阵 $D(x,t)$ 中元素 d_{jm} 的代数余子式；$\kappa_m(t)$ 与 $c_m(t)$ 可以通过以 $\kappa_m(0)$ 和 $c_m(0)$ 为初始数据的时间发展式（9.3.64）和式（9.3.65）所确定.

　　证　由式（9.3.98）的第二个等式和式（9.3.90）可以直接得到式（9.3.99）. 将式（9.3.98）的第一个等式代入式（9.3.91），积分后整理得

$$\varphi_j(x,t)=[2\vartheta_j(t)]^{\frac{1}{2}}\frac{c_j(t)\mathrm{e}^{-\kappa_j x}\det D(x,t)+\sum_{m=1}^{N}\dfrac{c_m(t)c_j(t)}{\kappa_m+\kappa_j}\mathrm{e}^{-(\kappa_m+\kappa_j)x}\det D_m(x,t)}{\det D(x,t)}.$$

$$（9.3.101）$$

将 $D(x,t)$ 按第 j 行展开得

$$\det D(x,t)=\sum_{m=1}^{N}\left[\delta_{jm}+\frac{c_j(t)c_m(t)}{\kappa_j+\kappa_m}\mathrm{e}^{-(\kappa_j+\kappa_m)x}\right]D_{jm},\quad（9.3.102）$$

将 $D_m(x,t)$ 按第 m 列展开得

$$\det D_m(x,t)=-\sum_{l=1}^{N}c_l(t)\mathrm{e}^{-\kappa_l x}D_{lm}.\quad（9.3.103）$$

把式（9.3.102）和式（9.3.103）代入式（9.3.101）的分子，则分子的前一项变为

$$c_j(t)\mathrm{e}^{-\kappa_j x}D_{jj}+\sum_{m=1}^{N}\frac{c_m(t)c_j(t)}{\kappa_m+\kappa_j}\mathrm{e}^{-(\kappa_m+\kappa_j)x},\quad（9.3.104）$$

分子的后一项变为

$$\sum_{m=1,m\neq j}^{N}c_m(t)\mathrm{e}^{-\kappa_m x}D_{jm}-\sum_{m=1}^{N}\frac{c_m(t)c_j(t)}{\kappa_m+\kappa_j}\mathrm{e}^{-(\kappa_m+\kappa_j)x},\quad（9.3.105）$$

合并式（9.3.104）和式（9.3.105）即得式（9.3.100）.

若记

$$\xi_j = -x\left[\kappa_j^{-2}(0) - 8\int_0^t \gamma(\tau)\mathrm{d}\tau\right]^{-\frac{1}{2}} + \int_0^t [f_j(\tau) + p_j(\tau)]\mathrm{d}\tau + q_j(\tau),$$

$$f_j(\tau) = 6\gamma(\tau)\left[\kappa_j^{-2}(0) - 8\int_0^\tau \gamma(\omega)\mathrm{d}\omega\right]^{-1} - 16\varrho(\tau)\left[\kappa_j^{-2}(0) - 8t\int_0^\tau \gamma(\omega)\mathrm{d}\omega\right]^{-\frac{5}{2}},$$

$$p_j(\tau) = -\beta(\tau)\left[\kappa_j^{-2}(0) - 8\int_0^\tau \gamma(\omega)\mathrm{d}\omega\right]^{-\frac{1}{2}} + \varepsilon(\tau)\vartheta_j(\tau),$$

$$q_j(\tau) = \ln|c_j(0)| - \frac{1}{2}\ln\left\{2\left[\kappa_j^{-2}(0) - 8\int_0^\tau \gamma(\omega)\mathrm{d}\omega\right]^{-\frac{1}{2}}\right\},$$

$$\mathrm{e}^H = \frac{\left[\kappa_1^{-2}(0) - 8\int_0^\tau \gamma(\omega)\mathrm{d}\omega\right]^{-\frac{1}{2}} - \left[\kappa_2^{-2}(0) - 8\int_0^\tau \gamma(\omega)\mathrm{d}\omega\right]^{-\frac{1}{2}}}{\left[\kappa_1^{-2}(0) - 8\int_0^\tau \gamma(\omega)\mathrm{d}\omega\right]^{-\frac{1}{2}} + \left[\kappa_2^{-2}(0) - 8\int_0^\tau \gamma(\omega)\mathrm{d}\omega\right]^{-\frac{1}{2}}},$$

则含自相容源混合谱 KdV 方程族（9.3.16）的单孤子解可整理为

$$u(x,t) = 2\left[\kappa_1^{-2}(0) - 8\int_0^t \gamma(\tau)\mathrm{d}\tau\right]^{-1}\mathrm{sech}^2\xi_1, \tag{9.3.106}$$

$$\varphi_1(x,t) = \vartheta_1^{\frac{1}{2}}(t)\left[\kappa_j^{-2}(0) - 8\int_0^t \gamma(\tau)\mathrm{d}\tau\right]^{-\frac{1}{4}}\mathrm{sech}\xi_1, \tag{9.3.107}$$

双孤子解可整理为

$$u(x,t) = 2\ln[1 + \mathrm{e}^{2\xi_1} + \mathrm{e}^{2\xi_2} + \mathrm{e}^{2(\xi_1+\xi_2+H)}]_{xx}, \tag{9.3.108}$$

$$\phi_1(x,t) = 2\vartheta_1^{\frac{1}{2}}(t)\left[\kappa_1^{-2}(0) - 8\int_0^t \gamma(\tau)\mathrm{d}\tau\right]^{-\frac{1}{4}}\frac{\mathrm{e}^{\xi_1}(1 + \mathrm{e}^{2\xi_2+H})}{1 + \mathrm{e}^{2\xi_1} + \mathrm{e}^{2\xi_2} + \mathrm{e}^{2(\xi_1+\xi_2+H)}}, \tag{9.3.109}$$

$$\phi_2(x,t) = 2\vartheta_2^{\frac{1}{2}}(t)\left[\kappa_2^{-2}(0) - 8\int_0^t \gamma(\tau)\mathrm{d}\tau\right]^{-\frac{1}{4}}\frac{\mathrm{e}^{\xi_2}(1 - \mathrm{e}^{2\xi_1+H})}{1 + \mathrm{e}^{2\xi_1} + \mathrm{e}^{2\xi_2} + \mathrm{e}^{2(\xi_1+\xi_2+H)}}. \tag{9.3.110}$$

第 10 章　AKNS 系统和 KN 系统的一些推广

本章一方面推导 Lax 可积的广义等谱 AKNS 方程族和广义非等谱 AKNS 方程族, 然后利用双线性方法和 IST 构造所得方程族的 N-波解; 另一方面利用 Tu 格式推导变系数等谱 KN 方程族, 并得到其 Hamilton 结构和 Liouville 可积条件.

10.1　广义等谱 AKNS 方程族的推导及其 IST

本节由推广的 AKNS 线性谱问题推导广义等谱 AKNS 方程族

$$\begin{pmatrix} q \\ r \end{pmatrix}_t = \sum_{l=0}^{m} a_l(t) L^l \begin{pmatrix} -q \\ r \end{pmatrix} \quad (m=1,2,\cdots), \tag{10.1.1}$$

并利用双线性方法构造其 N-波解, 这里 $a_l(t)$ 是 t 的光滑函数, 算子 L 为

$$L = \sigma\partial + 2\begin{pmatrix} q \\ -r \end{pmatrix}\partial^{-1}(r,q), \quad \sigma = \begin{pmatrix} -1 & 0 \\ 0 & 1 \end{pmatrix}. \tag{10.1.2}$$

广义等谱 AKNS 方程族 (10.1.1) 以如下等谱 AKNS 方程族[3]为特例:

$$\begin{pmatrix} q \\ r \end{pmatrix}_t = L^n \begin{pmatrix} -q \\ r \end{pmatrix} \quad (n=0,1,2,\cdots). \tag{10.1.3}$$

若取 $m=2$、$q=\phi$、$r=\mp q^*$ 且

$$a_1(x) = -\frac{\mathrm{i}}{2}\alpha(x), \quad a_0(x) = -\gamma(x), \tag{10.1.4}$$

则广义等谱 AKNS 方程族 (10.1.1) 成为变系数 NLS 方程 (6.4.1).

10.1.1　Lax 格式生成

定理 10.1.1　假设

$$A = \partial^{-1}(r,q)\begin{pmatrix} -B \\ C \end{pmatrix} - \frac{1}{2}\sum_{l=0}^{m} a_l(t)(2\mathrm{i}k)^l, \tag{10.1.5}$$

则广义等谱 AKNS 方程（10.1.1）可由线性谱问题

$$\phi_x = M\phi, \quad M = \begin{pmatrix} -\mathrm{i}k & q \\ r & \mathrm{i}k \end{pmatrix}, \quad \phi = \begin{pmatrix} \phi_1 \\ \phi_2 \end{pmatrix} \tag{10.1.6}$$

及其时间发展方程

$$\phi_t = N\phi, \quad N = \begin{pmatrix} A & B \\ C & -A \end{pmatrix} \tag{10.1.7}$$

的相容性条件，即零曲率方程

$$M_t - N_x + [M, N] = 0 \tag{10.1.8}$$

推出，上述 $q = q(x,t)$ 和 $r = r(x,t)$ 及其对 x 与 t 的任意阶导数均为光滑函数，谱参数 $\mathrm{i}k$ 与 x 和 t 无关，而 B 和 C 为 x、t、q、r 和 k 的待定函数.

证 将式（10.1.6）和式（10.1.7）中的矩阵 M 和 N 代入式（10.1.8）得

$$A_x = qC - rB, \tag{10.1.9}$$

$$q_t = B_x + 2\mathrm{i}kB + 2qA, \quad r_t = C_x - 2\mathrm{i}kC - 2rA. \tag{10.1.10}$$

利用式（10.1.5）可将式（10.1.9）和式（10.1.10）整理成

$$\begin{pmatrix} q \\ r \end{pmatrix}_t = L\begin{pmatrix} -B \\ C \end{pmatrix} - 2\mathrm{i}k\begin{pmatrix} -B \\ C \end{pmatrix} + \sum_{l=0}^{m} a_l(t)(2\mathrm{i}k)^l \begin{pmatrix} -q \\ r \end{pmatrix}. \tag{10.1.11}$$

假设

$$\begin{pmatrix} -B \\ C \end{pmatrix} = \sum_{l=1}^{m} \begin{pmatrix} -b_l \\ c_l \end{pmatrix} (2\mathrm{i}k)^{m-l}, \tag{10.1.12}$$

并将其代入式（10.1.11），然后比较式（10.1.11）中 $2\mathrm{i}k$ 的同次幂系数得

$$\begin{pmatrix} q \\ r \end{pmatrix}_t = L\begin{pmatrix} -b_m \\ c_m \end{pmatrix} + a_0(t)\begin{pmatrix} -q \\ r \end{pmatrix}, \tag{10.1.13}$$

$$\begin{pmatrix} -b_l \\ c_l \end{pmatrix} = L\begin{pmatrix} -b_{l-1} \\ c_{l-1} \end{pmatrix} + a_{m-l+1}(t)\begin{pmatrix} -q \\ r \end{pmatrix} \quad (l = 2, \cdots, m), \tag{10.1.14}$$

$$\begin{pmatrix} -b_1 \\ c_1 \end{pmatrix} = a_m(t)\begin{pmatrix} -q \\ r \end{pmatrix}. \tag{10.1.15}$$

利用式（10.1.14）和式（10.1.15）得

$$\begin{pmatrix} -b_m \\ c_m \end{pmatrix} = L^{m-1}\begin{pmatrix} -b_1 \\ c_1 \end{pmatrix} + \sum_{l=1}^{m-1} a_l(t)L^{l-1}\begin{pmatrix} -q \\ r \end{pmatrix}. \tag{10.1.16}$$

再将式（10.1.16）代入式（10.1.13）即得广义等谱 AKNS 方程族（10.1.1）.

10.1.2 双线性形式

定理 10.1.2 取变换

$$q = \frac{g}{f}, \quad r = \frac{h}{f}, \quad f = g(x,t), \quad g = g(x,t), \quad h = h(x,t), \tag{10.1.17}$$

并假设 f、g 和 h 满足式（4.1.19），则广义等谱 AKNS 方程族（10.1.1）可双线性化为

$$\left[D_t + \sum_{i=0}^{m} (-1)^i a_i(t) D_x^i \right] g \cdot f = 0, \quad \left[D_t - \sum_{i=0}^{m} a_i(t) D_x^i \right] h \cdot f = 0, \tag{10.1.18}$$

式中，D_x 和 D_t 为双线性算子，且约定 $D_x^0 f \cdot g = D_t^0 f \cdot g = fg$.

证 为方便起见，我们记

$$\begin{pmatrix} q \\ r \end{pmatrix}_{t_i} = L^i \begin{pmatrix} -q \\ r \end{pmatrix}, \quad \begin{pmatrix} q \\ r \end{pmatrix}_{t_{i+1}} = L^{i+1} \begin{pmatrix} -q \\ r \end{pmatrix} = L \begin{pmatrix} q \\ r \end{pmatrix}_{t_i} \quad (i = 1, 2, \cdots, m-1), \tag{10.1.19}$$

即

$$q_{t_{i+1}} = -q_{t_i,x} + 2q\partial^{-1}(qr)_{t_i}, \quad r_{t_{i+1}} = r_{t_i,x} - 2r\partial^{-1}(qr)_{t_i}. \tag{10.1.20}$$

将式（10.1.17）代入式（10.1.20）并利用式（4.1.19）得

$$D_{t_{i+1}} g \cdot f = -D_{t_i} D_x g \cdot f, \quad D_{t_{i+1}} h \cdot f = D_{t_i} D_x h \cdot f. \tag{10.1.21}$$

将广义等谱 AKNS 方程族（10.1.1）的右端写为

$$\sum_{i=0}^{m} a_i(t) L^i \begin{pmatrix} -q \\ r \end{pmatrix} = a_0(t) \begin{pmatrix} -q \\ r \end{pmatrix} + \sum_{i=1}^{m} a_i(t) \begin{pmatrix} q \\ r \end{pmatrix}_{t_{i-1}} \quad (t_0 = x). \tag{10.1.22}$$

考虑到式（10.1.17）和式（10.1.22），我们将式（10.1.1）的右端写成

$$\frac{1}{f^2} \left[a_0(t) \begin{pmatrix} -gf \\ hf \end{pmatrix} + \sum_{i=1}^{m} a_i(t) \begin{pmatrix} D_{t_i} g \cdot f \\ D_{t_i} h \cdot f \end{pmatrix} \right] = \frac{1}{f^2} \left[\sum_{i=0}^{m} a_i(t) \begin{pmatrix} (-1)^{i+1} D_x^i g \cdot f \\ D_x^i h \cdot f \end{pmatrix} \right]. \tag{10.1.23}$$

再利用式（10.1.17）将式（10.1.1）的左端写成

$$\frac{1}{f^2} \begin{pmatrix} g_t f - g f_t \\ h_t f - h f_t \end{pmatrix} = \frac{1}{f^2} \begin{pmatrix} D_t g \cdot f \\ D_t h \cdot f \end{pmatrix}. \tag{10.1.24}$$

最后由式（10.1.23）和式（10.1.24）即得式（10.1.18）.

10.1.3 多波解

定理 10.1.3 假设

$$f = \sum_{\mu=0,1} Z_1(\mu) e^{\sum_{i=1}^{2N} \mu_i \xi_i + \sum_{1 \leqslant i < j}^{2N} \mu_i \mu_j \theta_{ij}}, \quad g = \sum_{\mu=0,1} Z_2(\mu) e^{\sum_{i=1}^{2N} \mu_i \xi_i + \sum_{1 \leqslant i < j}^{2N} \mu_i \mu_j \theta_{ij}}, \quad (10.1.25)$$

$$h = \sum_{\mu=0,1} Z_3(\mu) e^{\sum_{i=1}^{2N} \mu_i \xi_i + \sum_{1 \leqslant i < j}^{2N} \mu_i \mu_j \theta_{ij}}, \quad (10.1.26)$$

$$\xi_i = k_i x - \sum_{j=0}^{m} (-1)^j k_i^j \int a_j(t) \mathrm{d}t + \xi_i^{(0)}, \quad \eta_i = l_i x + \sum_{j=0}^{m} l_i^j \int a_j(t) \mathrm{d}t + \eta_i^{(0)}, \quad (10.1.27)$$

$$e^{\theta_{ij}} = -(k_i - k_j)^2, \quad e^{\theta_{(i+N)(j+N)}} = -(l_i - l_j)^2 \quad (i < j = 2, 3, \cdots, N), \quad (10.1.28)$$

$$e^{\theta_{i(j+N)}} = -\frac{1}{(k_i + l_j)^2} \quad (i, j = 1, 2, \cdots, N), \quad (10.1.29)$$

式中，ξ_i^0 和 η_i^0 均为任意常数，则通过归纳可由式（10.1.17）得到广义等谱 AKNS 方程族（10.1.1）的 N-波解.

证 假设 f、g 和 h 可分别展开为式（4.1.22）～式（4.1.24）并将其代入式（10.1.18）和式（4.1.19），收集 ε 的同次幂系数得到一个偏微分方程组，其中的前几个方程为

$$g_{1,t} + \sum_{i=0}^{m} (-1)^i a_i(t) \partial_x^i g_1 = 0, \quad (10.1.30)$$

$$h_{1,t} - \sum_{i=0}^{m} (-1)^i a_i(t) \partial_x^i h_1 = 0, \quad (10.1.31)$$

$$f_{2,xx} = -g_1 h_1, \quad (10.1.32)$$

$$\left[D_t + \sum_{i=0}^{m} (-1)^i a_i(t) D_x^i \right] (g_3 \cdot 1 + g_1 \cdot f_2) = 0, \quad (10.1.33)$$

$$\left[D_t - \sum_{i=0}^{m} a_i(t) D_x^i \right] (h_3 \cdot 1 + h_1 \cdot f_2) = 0, \quad (10.1.34)$$

$$f_{4,xx} = -g_2 h_2. \quad (10.1.35)$$

容易看出，式（10.1.30）和式（10.1.31）有解

$$g_1 = e^{\xi_1}, \quad \xi_1 = k_1 x - \sum_{i=0}^{m} (-1)^i k_1^i \int a_j(t) \mathrm{d}t + \xi_1^{(0)}, \quad (10.1.36)$$

$$h_1 = \mathrm{e}^{\eta_1}, \quad \eta_1 = l_1 x + \sum_{i=0}^{m} l_1^i \int a_j(t)\mathrm{d}t + \eta_1^{(0)}, \qquad (10.1.37)$$

式中，k_1、l_1、$\xi_1^{(0)}$ 和 $\eta_1^{(0)}$ 为常数. 将式（10.1.36）和式（10.1.37）代入式（10.1.32）得

$$f_2 = \mathrm{e}^{\xi_1 + \eta_1 + \theta_{13}}, \quad \mathrm{e}^{\theta_{13}} = -\frac{1}{(k_1 + l_1)^2}. \qquad (10.1.38)$$

令 $g_3 = h_3 = f_4 = \cdots = 0$，易验证式（10.1.36）～式（10.1.38）满足式（10.1.30）～式（10.1.35）所在方程组的全部方程，进而得到广义等谱 AKNS 方程族（10.1.1）的单波解

$$q = \frac{\mathrm{e}^{\xi_1}}{1 + \mathrm{e}^{\xi_1 + \eta_1 + \theta_{13}}}, \quad r = \frac{\mathrm{e}^{\eta_1}}{1 + \mathrm{e}^{\xi_1 + \eta_1 + \theta_{13}}}. \qquad (10.1.39)$$

为构造双波解，我们取式（10.1.30）和式（10.1.31）的另一对解

$$g_1 = \mathrm{e}^{\xi_1} + \mathrm{e}^{\xi_2}, \quad \xi_i = k_i x - \sum_{j=0}^{m} (-1)^j k_i^j \int a_j(t)\mathrm{d}t + \xi_i^{(0)} \quad (i=1,2), \qquad (10.1.40)$$

$$h_1 = \mathrm{e}^{\eta_1} + \mathrm{e}^{\eta_2}, \quad \eta_i = l_i x + \sum_{j=0}^{3} l_i^j \int a_j(t)\mathrm{d}t + \eta_i^{(0)} \quad (i=1,2), \qquad (10.1.41)$$

式中，k_i、l_i、$\xi_i^{(0)}$ 和 $\eta_i^{(0)}$ 为常数. 从式（10.1.32）～式（10.1.35）可解得

$$f_2 = \mathrm{e}^{\xi_1 + \eta_1 + \theta_{13}} + \mathrm{e}^{\xi_1 + \eta_2 + \theta_{14}} + \mathrm{e}^{\xi_2 + \eta_1 + \theta_{23}} + \mathrm{e}^{\xi_2 + \eta_2 + \theta_{24}}, \qquad (10.1.42)$$

$$g_3 = \mathrm{e}^{\xi_1 + \xi_2 + \eta_1 + \theta_{12} + \theta_{13} + \theta_{23}} + \mathrm{e}^{\xi_1 + \xi_2 + \eta_2 + \theta_{12} + \theta_{14} + \theta_{24}}, \qquad (10.1.43)$$

$$h_3 = \mathrm{e}^{\xi_1 + \eta_1 + \eta_2 + \theta_{13} + \theta_{14} + \theta_{34}} + \mathrm{e}^{\xi_2 + \eta_1 + \eta_2 + \theta_{23} + \theta_{24} + \theta_{34}}, \qquad (10.1.44)$$

$$f_4 = \mathrm{e}^{\xi_1 + \xi_2 + \eta_1 + \eta_2 + \theta_{12} + \theta_{13} + \theta_{14} + \theta_{23} + \theta_{24} + \theta_{34}}, \qquad (10.1.45)$$

式中，

$$\mathrm{e}^{\theta_{12}} = -(k_1 - k_2)^2, \quad \mathrm{e}^{\theta_{34}} = -(l_1 - l_2)^2, \quad \mathrm{e}^{\theta_{i(j+2)}} = -\frac{1}{(k_i + l_j)^2} \quad (i, j = 1, 2), \qquad (10.1.46)$$

令 $g_5 = h_5 = f_6 = \cdots = 0$，易验证式（10.1.40）～式（10.1.46）满足式（10.1.30）～式（10.1.35）所在方程组的全部方程. 于是得到广义等谱 AKNS 方程族（10.1.1）的双波解

$$q = \frac{\mathrm{e}^{\xi_1} + \mathrm{e}^{\xi_2} + \mathrm{e}^{\xi_1 + \xi_2 + \eta_1 + \theta_{12} + \theta_{13} + \theta_{23}} + \mathrm{e}^{\xi_1 + \xi_2 + \eta_2 + \theta_{12} + \theta_{14} + \theta_{24}}}{1 + \mathrm{e}^{\xi_1 + \eta_1 + \theta_{13}} + \mathrm{e}^{\xi_1 + \eta_2 + \theta_{14}} + \mathrm{e}^{\xi_2 + \eta_1 + \theta_{23}} + \mathrm{e}^{\xi_2 + \eta_2 + \theta_{24}} + \mathrm{e}^{\xi_1 + \xi_2 + \eta_1 + \eta_2 + \theta_{12} + \theta_{13} + \theta_{14} + \theta_{23} + \theta_{24} + \theta_{34}}},$$

$$(10.1.47)$$

$$r = \frac{e^{\eta_1} + e^{\eta_2} + e^{\xi_1 + \eta_1 + \eta_2 + \theta_{13} + \theta_{14} + \theta_{34}} + e^{\xi_2 + \eta_1 + \eta_2 + \theta_{23} + \theta_{24} + \theta_{34}}}{1 + e^{\xi_1 + \eta_1 + \theta_{13}} + e^{\xi_1 + \eta_2 + \theta_{14}} + e^{\xi_2 + \eta_1 + \theta_{23}} + e^{\xi_2 + \eta_2 + \theta_{24}} + e^{\xi_1 + \xi_2 + \eta_1 + \eta_2 + \theta_{12} + \theta_{13} + \theta_{14} + \theta_{23} + \theta_{24} + \theta_{34}}}.$$

$$(10.1.48)$$

类似地，我们可得到广义等谱 AKNS 方程族（10.1.1）的三波解[141]，然后再经归纳即得由式（10.1.17）和式（10.1.25）～式（10.1.29）确定的 N-波解.

10.2 广义非等谱 AKNS 方程族的推导及其 IST

在 1974 年由 Ablowitz 等[67]构造出等谱方程族后，人们陆续推导出一些非等谱的偏微分方程，这使得可积系统的类型极大地丰富起来. 早在 1976 年，谱参数随时间变化的 IST 框架就被 Chen 等[382]、Hirota 等[383]以及 Calogero 等[384]分别引入具有线性外势的 NLS 方程、非均匀介质中的 KdV 方程和 KdV 模型. 后来，Calogero 等[385-387]、Li[388]和 Ma[389]曾提出不同的方法来构造非等谱可积方程族. Serkin 等[390]指出，非自治孤子动力的相互作用是弹性的，而且运动时常带有变化的振幅、速度和谱参数，以适应可由时变谱参数 IST 理论框架描述的外部势、色散与非线性变化.

联系同一线性谱问题的等谱方程通常描述无耗均匀介质中的孤立波，而由谱参数随时间变化的谱问题生成的非等谱方程则可描述某些非均匀介质中的孤立波. 本节在线性谱问题（10.1.6）及其时间发展式（10.1.7）中嵌入满足如下发展式

$$ik_t = \frac{1}{2} \sum_{l=0}^{m} a_l(t)(2ik)^l \qquad (10.2.1)$$

的非等谱参数 ik，并由此生成广义非等谱 AKNS 方程族

$$\begin{pmatrix} q \\ r \end{pmatrix}_t = \sum_{i=0}^{m} a_i(t) L^i \begin{pmatrix} -xq \\ xr \end{pmatrix} \quad (m = 0, 1, 2, \cdots), \qquad (10.2.2)$$

式中，$a_i(t)$ 是 t 的光滑函数，再利用 IST 对其进行求解.

广义非等谱 AKNS 方程族（10.2.2）的一个特例为非等谱 AKNS 方程族[3]

$$\begin{pmatrix} q \\ r \end{pmatrix}_t = L^n \begin{pmatrix} -xq \\ xr \end{pmatrix} \quad (n = 0, 1, 2, \cdots), \qquad (10.2.3)$$

其前两个非平凡方程为

$$\begin{pmatrix} q \\ r \end{pmatrix}_t = \begin{pmatrix} q + xq_x \\ r + xr_x \end{pmatrix}, \quad \begin{pmatrix} q \\ r \end{pmatrix}_t = \begin{pmatrix} -2q_x - xq_{xx} + 2q\partial^{-1}qr + 2xq^2r \\ 2r_x + xr_{xx} - 2r\partial^{-1}qr - 2xqr^2 \end{pmatrix}. \qquad (10.2.4)$$

若取 $m=3$、$q=u$、$r=-u^{*}$，且

$$a_3(t) = \alpha(t)，a_2(t) = -\mathrm{i}\beta(t)，a_1(t) = \gamma(t)，a_0(t) = -\mathrm{i}\delta(t)，\quad (10.2.5)$$

则广义非等谱 AKNS 方程族（10.2.2）成为变系数非等谱 MKdV-NLS 型方程

$$u_t = \alpha(t)[xu_{xxx} + 6x|u|^2 u_x + 3u_{xx} + 2u_x\partial^{-1}|u|^2 + 8u\partial^{-1}u^*u_x + 2x|u|^2 u_{xx} - 2xu^2 u_{xx}^*]$$

$$+\mathrm{i}[\beta(t)(xu_{xx} + 2xu^2u^* + 2u_x + 2u\partial^{-1}|u|^2) + \delta(t)xu] + \gamma(t)(u + xu_x)，\quad (10.2.6)$$

式中，$\alpha(t)$、$\beta(t)$、$\gamma(t)$ 和 $\delta(t)$ 为 t 的光滑实值函数.

10.2.1　Lax 格式生成

定理 10.2.1　假设式（10.1.7）中的 A 为

$$A = \partial^{-1}(r,q)\begin{pmatrix} -B \\ C \end{pmatrix} - \frac{1}{2}[\sum_{l=0}^{m} a_l(t)(2\mathrm{i}k)^l]x，\quad (10.2.7)$$

同时非等谱参数 k 满足式（10.2.1），则广义非等谱 AKNS 方程族（10.2.2）可由线性谱问题（10.1.6）及其时间发展式（10.1.7）的相容性条件（10.1.8）得到.

证　由式（10.1.6）～式（10.1.8）得

$$A_x = qC - rB - \mathrm{i}k_t \quad (10.2.8)$$

以及式（10.1.10）. 利用式（10.2.7）可将式（10.2.8）和式（10.1.10）转化为

$$\begin{pmatrix} q \\ r \end{pmatrix}_t = L\begin{pmatrix} -B \\ C \end{pmatrix} - 2\mathrm{i}k\begin{pmatrix} -B \\ C \end{pmatrix} + \sum_{l=0}^{m} a_l(t)(2\mathrm{i}k)^l\begin{pmatrix} -xq \\ xr \end{pmatrix}，\quad (10.2.9)$$

假设 $(-B,C)^{\mathrm{T}}$ 展成式（10.1.12）并将其代入式（10.2.9），然后比较 $2\mathrm{i}k$ 的同次幂系数得

$$\begin{pmatrix} q \\ r \end{pmatrix}_t = L\begin{pmatrix} -b_m \\ c_m \end{pmatrix} + a_0(t)\begin{pmatrix} -xq \\ xr \end{pmatrix}，\quad (10.2.10)$$

$$\begin{pmatrix} -b_l \\ c_l \end{pmatrix} = L\begin{pmatrix} -b_{l-1} \\ c_{l-1} \end{pmatrix} + a_{m-l+1}(t)\begin{pmatrix} -xq \\ xr \end{pmatrix} \quad (l = 2,\cdots,m)，\quad (10.2.11)$$

$$\begin{pmatrix} -b_1 \\ c_1 \end{pmatrix} = a_m(t)\begin{pmatrix} -xq \\ xr \end{pmatrix}.\quad (10.2.12)$$

从式（10.2.11）和式（10.2.12）得

$$\begin{pmatrix} -b_m \\ c_m \end{pmatrix} = L^{m-1}\begin{pmatrix} -b_1 \\ c_1 \end{pmatrix} + \sum_{l=1}^{m-1} a_l(t)L^{l-1}\begin{pmatrix} -xq \\ xr \end{pmatrix}.\quad (10.2.13)$$

再将式（10.2.13）代入式（10.2.10）即得广义非等谱 AKNS 方程族（10.2.2）.

10.2.2 散射数据随时间的发展规律

定理 10.2.2 线性谱问题（10.1.6）嵌入由式（10.2.1）决定的非等谱参数 $\mathrm{i}k$ 后，其散射数据

$$\left\{\kappa_j(t),\, c_j(t),\, R(k,t)=\frac{\beta(k,t)}{\alpha(k,t)} \quad (j=1,2,\cdots,N)\right\}, \tag{10.2.14}$$

$$\left\{\overline{\kappa}_j(t),\, \overline{c}_j(t),\, \overline{R}(k,t)=\frac{\overline{\beta}(k,t)}{\overline{\alpha}(k,t)} \quad (j=1,2,\cdots,\overline{N})\right\}, \tag{10.2.15}$$

具有如下的时间发展规律：

$$\kappa_{j,t}=-\frac{\mathrm{i}}{2}\sum_{l=0}^{m}a_l(t)(2\mathrm{i}\kappa_j)^l,\quad c_j^2(t)=c_j^2(0)\mathrm{e}^{\sum\limits_{l=1}^{m}\sum\limits_{s=1}^{l}\int_0^t a_s(\tau)[2\mathrm{i}\kappa_j(\tau)]^{m+s-l-1}\mathrm{d}\tau}, \tag{10.2.16}$$

$$\frac{\mathrm{d}\alpha(k,t)}{\mathrm{d}t}=0,\quad \frac{\mathrm{d}\beta(k,t)}{\mathrm{d}t}=0, \tag{10.2.17}$$

$$\overline{\kappa}_{j,t}=-\frac{\mathrm{i}}{2}\sum_{l=0}^{m}a_l(t)(2\mathrm{i}\overline{\kappa}_j)^l,\quad \overline{c}_j^2(t)=\overline{c}_j^2(0)\mathrm{e}^{-\sum\limits_{l=1}^{m}\sum\limits_{s=1}^{l}\int_0^t a_s(\tau)[2\mathrm{i}\overline{\kappa}_j(\tau)]^{m+s-l-1}\mathrm{d}\tau}, \tag{10.2.18}$$

$$\frac{\mathrm{d}\overline{\alpha}(k,t)}{\mathrm{d}t}=0,\quad \frac{\mathrm{d}\overline{\beta}(k,t)}{\mathrm{d}t}=0, \tag{10.2.19}$$

式中，$c_j^2(0)$、$\overline{c}_j^2(0)$、$R(k,0)=\beta(k,0)/\alpha(k,0)$ 和 $\overline{R}(k,0)=\overline{\beta}(k,0)/\overline{\alpha}(k,0)$ 是此线性谱问题对应 $(q(x,0),r(x,0))^{\mathrm{T}}$ 时的散射数据.

证 取式（10.1.6）的解 $\phi(x,k)$，则 $P(x,k)=\phi_t(x,k)-N\phi(x,k)$ 也是式（10.1.6）的解[3]. 故 $P(x,k)$ 可由 $\phi(x,k)$ 和与其线性无关的式（10.1.6）的另一个解 $\tilde{\phi}(x,k)$ 表示，即存在函数 $\gamma(t,k)$ 和 $\tau(t,k)$ 使得

$$\phi_t(x,k)-N\phi(x,k)=\gamma(t,k)\phi(x,k)+\tau(t,k)\tilde{\phi}(x,k). \tag{10.2.20}$$

首先，我们考虑离散谱 $k=\kappa_j$（$\mathrm{Im}\,\kappa_j>0$）. 由于 $x\to+\infty$ 时，$\phi(x,\kappa_j)$ 指数衰减而 $\tilde{\phi}(x,k)$ 必指数增加，则 $\tau(k,t)=0$，故式（10.2.20）可简化为

$$\phi_t(x,\kappa_j)-N\phi(x,\kappa_j)=\gamma(\kappa_j,t)\phi(x,\kappa_j). \tag{10.2.21}$$

对式（10.2.21）左乘内积 $(\phi_2(x,\kappa_j),\phi_1(x,\kappa_j))$ 得

$$\frac{\mathrm{d}}{\mathrm{d}t}\phi_1(x,\kappa_j)\phi_2(x,\kappa_j)-[C\phi_1^2(x,\kappa_j)+B\phi_2^2(x,\kappa_j)]$$

$$=2\gamma(t,\kappa_j)\phi_1(x,\kappa_j)\phi_2(x,\kappa_j). \tag{10.2.22}$$

假设 $\phi(x,\kappa_j)$ 为归一化的本征函数，并注意到

$$2\int_{-\infty}^{\infty} c_j^2 \phi_1(x,\kappa_j)\phi_2(x,\kappa_j)\mathrm{d}x = 1, \tag{10.2.23}$$

则可用内积[3]将式（10.2.22）写成

$$\gamma(t,\kappa_j) = -c_j^2 \left\{ \left[\phi_2^2(x,\kappa_j), \phi_1^2(x,\kappa_j) \right]^{\mathrm{T}}, (B,C)^{\mathrm{T}} \right\}. \tag{10.2.24}$$

利用式（10.1.6）可得

$$[\phi_1(x,\kappa_j)\phi_2(x,\kappa_j)]_x = q(x)\phi_2^2(x,\kappa_j) + r(x)\phi_1^2(x,\kappa_j). \tag{10.2.25}$$

对式（10.2.25）关于 x 进行由 $-\infty$ 至 $+\infty$ 的积分得

$$\int_{-\infty}^{\infty} [xq(x)\phi_2^2(x,\kappa_j) + xr(x)\phi_1^2(x,\kappa_j)]\mathrm{d}x = -\frac{1}{2c_j^2}. \tag{10.2.26}$$

另外，利用式（10.2.1）将式（10.1.12）重写为

$$\begin{pmatrix} B \\ C \end{pmatrix} = \sum_{l=1}^{m}\sum_{s=1}^{l} a_s(t)\bar{L}^{s-1}\begin{pmatrix} xq \\ xr \end{pmatrix}(2\mathrm{i}k)^{m-l}, \quad \bar{L} = \sigma\partial - 2\begin{pmatrix} q \\ r \end{pmatrix}\partial^{-1}(-r,q), \tag{10.2.27}$$

则通过引入 $\bar{L}$ 的共轭算子[3]

$$\bar{L}^* = -\sigma\partial + 2\begin{pmatrix} -r \\ q \end{pmatrix}\partial^{-1}(q,r), \tag{10.2.28}$$

并利用式（10.2.26）和下述结果

$$\left(\bar{L}^{*s-1}(\phi_2^2(x,\kappa_j),\phi_1^2(x,\kappa_j))^{\mathrm{T}}, \begin{pmatrix} xq \\ xr \end{pmatrix} \right) = (2\mathrm{i}\kappa_j)^{s-1}\left((\phi_2^2(x,\kappa_j),\phi_1^2(x,\kappa_j))^{\mathrm{T}}, \begin{pmatrix} xq \\ xr \end{pmatrix} \right), \tag{10.2.29}$$

可由式（10.2.24）得

$$\gamma(t,\kappa_j) = -c_j^2 ((\phi_2^2(x,\kappa_j),\phi_1^2(x,\kappa_j))^{\mathrm{T}}, (B,C)^{\mathrm{T}})$$

$$= -c_j^2 \left((\phi_2^2(x,\kappa_j),\phi_1^2(x,\kappa_j))^{\mathrm{T}}, \sum_{l=1}^{m}\sum_{s=1}^{l} a_s(t)\bar{L}^{s-1}\begin{pmatrix} xq \\ xr \end{pmatrix}(2\mathrm{i}k)^{m-l} \right)$$

$$= -c_j^2 \sum_{l=1}^{m}\sum_{s=1}^{l} a_s(t)(2\mathrm{i}\kappa_j)^{m-l}\left((\phi_2^2(x,\kappa_j),\phi_1^2(x,\kappa_j))^{\mathrm{T}}, \bar{L}^{s-1}\begin{pmatrix} xq \\ xr \end{pmatrix} \right)$$

$$= \frac{1}{2}\sum_{l=1}^{m}\sum_{s=1}^{l} a_s(t)(2\mathrm{i}\kappa_j)^{m+s-l-1}. \tag{10.2.30}$$

故式（10.2.21）成为

$$\varphi_t(x,\kappa_j) - N\varphi(x,\kappa_j) = \frac{1}{2}\sum_{l=1}^{m}\sum_{s=1}^{l} a_s(t)(2i\kappa_j)^{m+s-l-1}\varphi(x,\kappa_j). \quad (10.2.31)$$

注意到当 $x \to +\infty$ 时，

$$N \to \begin{pmatrix} -\frac{1}{2}\sum_{l=0}^{m} a_l(t)(2i\kappa_j)^l x & 0 \\ 0 & \frac{1}{2}\sum_{l=0}^{m} a_l(t)(2i\kappa_j)^l x \end{pmatrix}, \quad (10.2.32)$$

$$\varphi(x,\kappa_j) \to c_j\begin{pmatrix}0\\1\end{pmatrix}e^{i\kappa_j x}, \quad \varphi_t(x,\kappa_j) \to c_{j,t}\begin{pmatrix}0\\1\end{pmatrix}e^{i\kappa_j x} + i\kappa_j x c_j\begin{pmatrix}0\\1\end{pmatrix}e^{i\kappa_j x}, \quad (10.2.33)$$

则由式（10.2.31）～式（10.2.33）得

$$i\kappa_{j,t} - \frac{1}{2}\sum_{l=0}^{m} a_l(t)(2i\kappa_j)^l = 0, \quad c_{j,t} - \frac{1}{2}\left[\sum_{l=1}^{m}\sum_{s=1}^{l} a_s(t)(2i\kappa_j)^{m+s-l-1}\right]c_j = 0. \quad (10.2.34)$$

类似地，我们得到

$$i\overline{\kappa}_{j,t} - \frac{1}{2}\sum_{l=0}^{m} a_l(t)(2i\overline{\kappa}_j)^l = 0, \quad \overline{c}_{j,t} + \frac{1}{2}\left[\sum_{l=1}^{m}\sum_{s=1}^{l} a_s(t)(2i\overline{\kappa}_j)^{m+s-l-1}\right]\overline{c}_m = 0. \quad (10.2.35)$$

其次，考虑 k 为实连续谱. 取式（10.1.6）的解 $\varphi(x,k)$，则式（10.1.6）的解

$$Q(x,k) = \varphi_t(x,k) - N\varphi(x,k) \quad (10.2.36)$$

可由其基本解 $\varphi(x,k)$ 与 $\overline{\varphi}(x,k)$ 线性表示，即存在函数 $\omega(k,t)$ 和 $\vartheta(k,t)$ 使得

$$\varphi_t(x,k) - N\varphi(x,k) = \omega(k,t)\varphi(x,k) + \vartheta(k,t)\overline{\varphi}(x,k). \quad (10.2.37)$$

利用 $x \to -\infty$ 时的渐近性质

$$\varphi_t(x,k) \to -ik_t x\begin{pmatrix}1\\0\end{pmatrix}e^{-ikx}, \quad \varphi(x,k) \to \begin{pmatrix}1\\0\end{pmatrix}e^{-ikx}, \quad \overline{\varphi}(x,k) \to \begin{pmatrix}0\\-1\end{pmatrix}e^{ikx}, \quad (10.2.38)$$

从式（10.2.1）和式（10.2.37）可得

$$\omega(k,t) = 0, \quad \vartheta(k,t) = 0. \quad (10.2.39)$$

将 Jost 关系

$$\varphi(x,k) = \alpha(k,t)\overline{\phi}(x,k) + \beta(k,t)\phi(x,k) \quad (10.2.40)$$

代入式（10.2.37）得

$$[\alpha(k,t)\overline{\phi}(x,k) + \beta(k,t)\phi(x,k)]_t - N[\alpha(k,t)\overline{\phi}(x,k) + \beta(k,t)\phi(x,k)] = 0. \quad (10.2.41)$$

让 $x \to +\infty$ 并利用

$$\phi(x,k) \to \begin{pmatrix} 0 \\ 1 \end{pmatrix} e^{ikx}, \quad \overline{\phi}(x,k) \to \begin{pmatrix} 1 \\ 0 \end{pmatrix} e^{-ikx}, \tag{10.2.42}$$

则从式（10.2.41）得

$$\frac{\mathrm{d}\alpha(k,t)}{\mathrm{d}t} \begin{pmatrix} 0 \\ 1 \end{pmatrix} e^{ikx} + \frac{\mathrm{d}\beta(k,t)}{\mathrm{d}t} \begin{pmatrix} 1 \\ 0 \end{pmatrix} e^{-ikx} = 0, \tag{10.2.43}$$

由此可得到式（10.2.17）. 类似地，我们也可以得到式（10.2.19），再从式（10.2.34）和式（10.2.35）可解得式（10.2.16）和式（10.2.18）.

定理 10.2.3　广义非等谱 AKNS 方程族（10.2.2）有如下精确解

$$q = -2K_1(x,x,t), \quad r = \frac{K_{2x}(x,x,t)}{K_1(x,x,t)}, \tag{10.2.44}$$

式中，$K(x,y,t) = (K_1(x,y,t), K_2(x,y,t))^{\mathrm{T}}$ 满足 GLM 积分方程

$$K(x,y,t) - \begin{pmatrix} 1 \\ 0 \end{pmatrix} \overline{F}(x+y,t) + \begin{pmatrix} 0 \\ 1 \end{pmatrix} \int_x^\infty F(z+x,t)\overline{F}(z+y,t)\mathrm{d}z$$

$$+ \int_x^\infty K(x,s,t) \int_x^\infty F(z+s,t)\overline{F}(z+y,t)\mathrm{d}z\mathrm{d}s = 0, \tag{10.2.45}$$

其中，

$$F(x,t) = \frac{1}{2\pi} \int_{-\infty}^\infty R(k,t) e^{ikx} \mathrm{d}k + \sum_{j=1}^N c_j^2 e^{i\kappa_j x}, \tag{10.2.46}$$

$$\overline{F}(x,t) = \frac{1}{2\pi} \int_{-\infty}^\infty \overline{R}(k,t) e^{-ikx} \mathrm{d}k - \sum_{j=1}^{\overline{N}} \overline{c}_j^2 e^{-i\overline{\kappa}_j x}, \tag{10.2.47}$$

由式（10.2.16）～式（10.2.19）确定.

10.2.3　N-波解

令 $\beta(k,t) = \overline{\beta}(k,t) = 0$，则 $R(k,t) = \overline{R}(k,t) = 0$. 在无散射势的情况下，利用式（10.2.46）和式（10.2.47）得

$$\int_x^\infty F_d(s+z,t)\overline{F}_d(z+y,t)\mathrm{d}z = -\sum_{j=1}^N \sum_{m=1}^{\overline{N}} \frac{\mathrm{i}c_j^2(t)\overline{c}_m^2(t)}{\kappa_j - \overline{\kappa}_m} e^{\kappa_j(x+s) - i\overline{\kappa}_m(x+y)}. \tag{10.2.48}$$

假设 $K(x,y,t) = (K_1(x,y,t), K_2(x,y,t))^{\mathrm{T}}$ 的分量为

$$K_1(x,y,t) = \sum_{p=1}^{\overline{N}} \overline{c}_p(t) g_p(t,x) e^{-i\overline{\kappa}_p y}, \quad K_2(x,y,t) = \sum_{p=1}^{\overline{N}} \overline{c}_p(t) h_p(t,x) e^{-i\overline{\kappa}_p y}, \tag{10.2.49}$$

于是可将式（10.2.45）转化为下述方程组 $(m = 1, 2, \cdots, \bar{N})$：

$$g_m(t,x) + \bar{c}_m(t)\mathrm{e}^{-\mathrm{i}\bar{\kappa}_m x} + \sum_{j=1}^{N}\sum_{p=1}^{\bar{N}}\frac{c_j^2(t)\bar{c}_m(t)\bar{c}_p(t)}{(\kappa_j - \bar{\kappa}_m)(\kappa_j - \bar{\kappa}_p)}\mathrm{e}^{\mathrm{i}(2\kappa_j - \bar{\kappa}_m - \bar{\kappa}_p)x}g_p(x,t) = 0,$$

$$h_m(x,t) - \sum_{j=1}^{N}\frac{c_j^2(t)\bar{c}_m(t)}{\kappa_j - \bar{\kappa}_m}\mathrm{e}^{\mathrm{i}(2\kappa_j - \bar{\kappa}_m)x} + \sum_{j=1}^{N}\sum_{p=1}^{\bar{N}}\frac{c_j^2(t)\bar{c}_m(t)\bar{c}_p(t)}{(\kappa_j - \bar{\kappa}_m)(\kappa_j - \bar{\kappa}_p)}\mathrm{e}^{\mathrm{i}(2\kappa_j - \bar{\kappa}_m - \bar{\kappa}_p)x}h_p(x,t) = 0,$$

并将其写成矩阵形式

$$W(x,t)g(x,t) = -\bar{\Lambda}(x,t), \quad W(x,t)h(x,t) = \mathrm{i}P(x,t)\Lambda(x,t), \tag{10.2.50}$$

式中，

$$W(x,t) = I + P(x,t)P^{\mathrm{T}}(x,t), \quad P(x,t) = \left(\frac{c_j(t)\bar{c}_m(t)}{\kappa_j - \bar{\kappa}_m}\mathrm{e}^{\mathrm{i}(\kappa_j - \bar{\kappa}_m)x}\right)_{\bar{N}\times N}, \tag{10.2.51}$$

$$g(x,t) = (g_1(x,t), g_2(x,t), \cdots, g_{\bar{N}}(x,t))^{\mathrm{T}}, \tag{10.2.52}$$

$$h(x,t) = (h_1(x,t), h_2(x,t), \cdots, h_{\bar{N}}(x,t))^{\mathrm{T}}, \tag{10.2.53}$$

$$\Lambda = (c_1(t)\mathrm{e}^{\mathrm{i}\kappa_1 x}, c_2(t)\mathrm{e}^{\mathrm{i}\kappa_2 x}, \cdots, c_N(t)\mathrm{e}^{\mathrm{i}\kappa_N x})^{\mathrm{T}}, \tag{10.2.54}$$

$$\bar{\Lambda} = (\bar{c}_1(t)\mathrm{e}^{-\mathrm{i}\bar{\kappa}_1 x}, \bar{c}_2(t)\mathrm{e}^{-\mathrm{i}\bar{\kappa}_2 x}, \cdots, \bar{c}_{\bar{N}}(t)\mathrm{e}^{-\mathrm{i}\bar{\kappa}_N x})^{\mathrm{T}}. \tag{10.2.55}$$

其中，I 表示 $\bar{N}$ 阶单位矩阵，并假设 $W^{-1}(x,t)$ 存在，则可从式（10.2.50）解得

$$g(x,t) = -W^{-1}(x,t)\bar{\Lambda}(x,t), \quad h(x,t) = \mathrm{i}W^{-1}(x,t)P(x,t)\Lambda(x,t), \tag{10.2.56}$$

将式（10.2.56）代入式（10.2.49）得

$$K_1(x,y,t) = -\mathrm{tr}[W^{-1}(x,t)\bar{\Lambda}(x,t)\bar{\Lambda}^{\mathrm{T}}(y,t)], \tag{10.2.57}$$

$$K_2(x,y,t) = \mathrm{i}\,\mathrm{tr}[W^{-1}(x,t)P(x,t)\Lambda(x,t)\bar{\Lambda}^{\mathrm{T}}(y,t)], \tag{10.2.58}$$

式中，$\mathrm{tr}(\cdot)$ 表示给定矩阵的迹. 将式（10.2.57）和式（10.2.58）代入式（10.2.44）得到广义非等谱 AKNS 方程族（10.2.2）的 N-波解

$$q = 2\mathrm{tr}[W^{-1}(x,t)\bar{\Lambda}(x,t)\bar{\Lambda}^{\mathrm{T}}(x,t)], \tag{10.2.59}$$

$$r = -\frac{\dfrac{\partial}{\partial x}\mathrm{tr}\left[W^{-1}(x,t)P(x,t)\dfrac{\partial}{\partial x}P^{\mathrm{T}}(x,t)\right]}{\mathrm{tr}\left[W^{-1}(x,t)\bar{\Lambda}(x,t)\bar{\Lambda}^{\mathrm{T}}(x,t)\right]}, \tag{10.2.60}$$

其中，$W^{-1}(x,t)$、$P(x,t)$ 和 $\bar{\Lambda}(x,t)$ 中的散射数据由式（10.2.16）～式（10.2.19）确定.

特别地，当 $N = \bar{N} = 1$ 时，由式（10.2.59）和式（10.2.60）得到单波解

$$q = \frac{2\bar{c}_1^2(0)\mathrm{e}^{-2i\bar{\kappa}_1 x - \sum\limits_{l=1}^{m}\sum\limits_{s=1}^{l}\int_0^t a_s(\tau)[2i\bar{\kappa}_1(\tau)]^{m+s-l-1}\mathrm{d}\tau}}{1 + \dfrac{c_1^2(0)\bar{c}_1^2(0)}{(\kappa_1 - \bar{\kappa}_1)^2}\mathrm{e}^{2i(\kappa_1 - \bar{\kappa}_1)x + \sum\limits_{l=1}^{m}\sum\limits_{s=1}^{l}\int_0^t a_s(\tau)\{[2i\kappa_1(\tau)]^{m+s-l-1} - [2i\bar{\kappa}_1(\tau)]^{m+s-l-1}\}\mathrm{d}\tau}}, \qquad (10.2.61)$$

$$r = \frac{2c_1^2(0)\mathrm{e}^{2i\kappa_1 x + \sum\limits_{l=1}^{m}\sum\limits_{s=1}^{l}\int_0^t a_s(\tau)[2i\kappa_1(\tau)]^{m+s-l-1}\mathrm{d}\tau}}{1 + \dfrac{c_1^2(0)\bar{c}_1^2(0)}{(\kappa_1 - \bar{\kappa}_1)^2}\mathrm{e}^{2i(\kappa_1 - \bar{\kappa}_1)x + \sum\limits_{l=1}^{m}\sum\limits_{s=1}^{l}\int_0^t a_s(\tau)\{[2i\kappa_1(\tau)]^{m+s-l-1} - [2i\bar{\kappa}_1(\tau)]^{m+s-l-1}\}\mathrm{d}\tau}}, \qquad (10.2.62)$$

式中，κ_1 和 $\bar{\kappa}_1$ 由下式确定：

$$\kappa_{1,t} = -\frac{\mathrm{i}}{2}\sum_{l=0}^{m}a_l(t)(2i\kappa_1)^l, \quad \bar{\kappa}_{1,t} = -\frac{\mathrm{i}}{2}\sum_{l=0}^{m}a_l(t)(2i\bar{\kappa}_1)^l. \qquad (10.2.63)$$

10.3　变系数等谱 KN 方程族的推导与 Liouville 可积性

Tu[391]利用圈代数 $\tilde{A}_1$ 的子代数构造了一些可积系统，并利用迹恒等式建立了相应的 Hamilton 结构. Tu 格式[391]为构造可积系统的 Hamilton 结构提供了有力的工具. 可积耦合系统是一类扩展的可积系统，迹恒等式在可积耦合系统中的推广应用参见文献[392]. 可积耦合系统最早是 Fuchssteiner 发现的，并得到马文秀、郭福奎、张玉峰等推广与发展.

本节基于 Tu 格式[391]推导在一定条件下具有 Hamilton 结构与 Liouville 可积性的变系数 KN 方程族[393]

$$u_t = \begin{pmatrix} q \\ r \end{pmatrix}_t = JL^{n-1}\begin{pmatrix} \dfrac{\beta(t)}{\alpha(x)}\omega r \\ \dfrac{\beta(t)}{\alpha(x)}\omega q \end{pmatrix} - \frac{\beta'(t)}{\beta(t)}\begin{pmatrix} q \\ r \end{pmatrix} \quad (n = 1, 2, \cdots), \qquad (10.3.1)$$

式中，$\alpha(x)$ 和 $\beta(t)$ 分别为 x 与 t 的非零光滑函数；ω 为非零常数；J 为对称算子

$$J = \frac{1}{\beta(t)}\begin{pmatrix} 0 & \partial \\ \partial & 0 \end{pmatrix}, \qquad (10.3.2)$$

L 为递推算子

$$L = \frac{1}{2\alpha(x)}\begin{pmatrix} -\partial - \beta^2(t)r\partial^{-1}\dfrac{q\partial}{\alpha(x)} & -\beta^2(t)r\partial^{-1}\dfrac{r\partial}{\alpha(x)} \\ -\beta^2(t)q\partial^{-1}\dfrac{q\partial}{\alpha(x)} & \partial - \beta^2(t)q\partial^{-1}\dfrac{r\partial}{\alpha(x)} \end{pmatrix},\qquad (10.3.3)$$

特别地，当 $\alpha(x)=1$ 且 $\beta(t)=1$ 时，变系数 KN 方程族（10.3.1）成为常系数 KN 方程族[394].

定理 10.3.1　变系数 KN 方程族（10.3.1）是 Lax 可积的，并在 $\beta(t)$ 为非零常数时也是一个 Liouville 可积系统.

证　具体见 10.3.1 节和 10.3.2 节，其中变系数 KN 方程族（10.3.1）的 Lax 可积性由 10.3.1 节完成，而 Liouville 可积性则由 10.3.2 节完成.

10.3.1　Tu 格式生成

首先，选取圈代数 $\tilde{A}_1$ 的一组基[394]

$$h(n) = \begin{pmatrix} \lambda^{2n} & 0 \\ 0 & -\lambda^{2n} \end{pmatrix},\quad e(n) = \begin{pmatrix} 0 & \lambda^{2n+1} \\ 0 & 0 \end{pmatrix},\quad f(n) = \begin{pmatrix} 0 & 0 \\ \lambda^{2n+1} & 0 \end{pmatrix},\quad (10.3.4)$$

$$[h(m),e(n)] = 2e(m+n),\quad [h(m),f(n)] = -2f(m+n),\qquad (10.3.5)$$

$$[e(m),f(n)] = h(m+n+1),\qquad (10.3.6)$$

$$\deg h(n) = 2n,\quad \deg e(n) = \deg f(n) = 2n+1 \quad (n \in \mathbb{Z}).\qquad (10.3.7)$$

其次，在上述准备情况下我们考虑以下等谱问题：

$$\phi_x = U\phi,\qquad (10.3.8)$$

$$U = \begin{pmatrix} \alpha(x)\lambda^2 & \beta(t)q\lambda \\ \beta(t)r\lambda & -\alpha(x)\lambda^2 \end{pmatrix} = \alpha(x)h(1) + \beta(t)qe(0) + \beta(t)rf(0),\quad (10.3.9)$$

式中，谱参数 λ 与 t 无关.

令

$$V = \sum_{m \geq 0}[a_m h(-m) + b_m e(-m) + c_m f(-m)],\qquad (10.3.10)$$

并求解式（10.3.8）和式（10.3.9）的伴随表示

$$V_x = [U,V],\qquad (10.3.11)$$

我们得到如下的递归关系：

$$a_{m,x} = \beta(t)qc_{m+1} - \beta(t)rb_{m+1},\qquad (10.3.12)$$

$$b_{m,x} = 2\alpha(x)b_{m+1} - 2\beta(t)qa_m, \quad c_{m,x} = -2\alpha(x)c_{m+1} + 2\beta(t)ra_m. \quad (10.3.13)$$

为确定式（10.3.12）和式（10.3.13）中的 a_m、b_m 和 c_m，我们选取初值

$$a_0 = \omega, \quad b_0 = 0, \quad c_0 = 0, \quad (10.3.14)$$

从中得到

$$a_1 = -\frac{\omega\beta^2(t)}{2\alpha^2(x)}qr, \quad b_1 = \frac{\omega\beta(t)}{\alpha(x)}q, \quad c_1 = \frac{\omega\beta(t)}{\alpha(x)}r. \quad (10.3.15)$$

记

$$V_+^{(n)} = (\lambda^{2n}V)_+ = \sum_{m=0}^{n}[a_m h(n-m) + b_m e(n-m) + c_m f(n-m)], \quad (10.3.16)$$

$$V_-^{(n)} = \lambda^{2n}V - V_+^{(n)}, \quad (10.3.17)$$

然后从式（10.3.11）得

$$-V_{+x}^{(n)} + [U, V_+^{(n)}] = V_{-x}^{(n)} - [U, V_-^{(n)}]. \quad (10.3.18)$$

注意到式（10.3.18）左端所含基元的阶数 $\geqslant 0$，而右端的阶次数 $\leqslant 1$. 因此，式（10.3.18）两端的次数为 0 与 1. 换句话说，我们有

$$-V_{+x}^{(n)} + [U, V_+^{(n)}] = 2\alpha(x)c_{n+1}f(0) - 2\alpha(x)b_{n+1}e(0) + [\beta(t)rb_{n+1} - \beta(t)qc_{n+1}]h(0). \quad (10.3.19)$$

让 $V^{(n)} = V_+^{(n)} + \Delta_n$ 且 $\Delta_n = -a_n h(0)$，通过求解零曲率方程 $U_t - V_x^{(n)} + [U, V^{(n)}] = 0$ 可得到 Lax 可积系统

$$u_t = \begin{pmatrix} q \\ r \end{pmatrix}_t = \frac{1}{\beta(t)}\begin{pmatrix} 2\alpha(x)b_{n+1} - 2\beta(t)qa_n \\ -2\alpha(x)c_{n+1} + 2\beta(t)ra_n \end{pmatrix} - \frac{\beta'(t)}{\beta(t)}\begin{pmatrix} q \\ r \end{pmatrix}$$

$$= J\begin{pmatrix} c_n \\ b_n \end{pmatrix} - \frac{\beta'(t)}{\beta(t)}\begin{pmatrix} q \\ r \end{pmatrix}, \quad (10.3.20)$$

式中，J 为对称算子（10.3.2）. 利用式（10.3.12）和式（10.3.13），我们有

$$\begin{pmatrix} c_{n+1} \\ b_{n+1} \end{pmatrix} = L\begin{pmatrix} c_n \\ b_n \end{pmatrix}, \quad (10.3.21)$$

式中，L 为递推算子（10.3.3）. 利用式（10.3.21）最终可将式（10.3.20）重写为

$$u_t = \begin{pmatrix} q \\ r \end{pmatrix}_t = J\begin{pmatrix} c_n \\ b_n \end{pmatrix} - \frac{\beta'(t)}{\beta(t)}\begin{pmatrix} q \\ r \end{pmatrix} = JL^{n-1}\begin{pmatrix} \dfrac{\omega\beta(t)r}{\alpha(x)} \\ \dfrac{\omega\beta(t)q}{\alpha(x)} \end{pmatrix} - \frac{\beta'(t)}{\beta(t)}\begin{pmatrix} q \\ r \end{pmatrix}, \quad (10.3.22)$$

即为变系数 KN 方程族（10.3.1）. 上述推导过程说明变系数 KN 方程族（10.3.1）是 Lax 可积的.

10.3.2 Hamilton 结构与 Liouville 可积性

为建立变系数 KN 方程族（10.3.1）的 Hamilton 结构，将式（10.3.10）写为

$$V = ah(0) + be(0) + cf(0) = \begin{pmatrix} a & b\lambda \\ c\lambda & -a \end{pmatrix}, \tag{10.3.23}$$

式中，

$$a = \sum_{m \geq 0} a_m \lambda^{-2m}, \quad b = \sum_{m \geq 0} b_m \lambda^{-2m}, \quad c = \sum_{m \geq 0} c_m \lambda^{-2m}. \tag{10.3.24}$$

经直接计算得到

$$\left\langle V, \frac{\partial U}{\partial \lambda} \right\rangle = [4a\alpha(x) + b\beta(t)r + c\beta(t)q]\lambda, \tag{10.3.25}$$

$$\left\langle V, \frac{\partial U}{\partial q} \right\rangle = c\beta(t)\lambda^2, \quad \left\langle V, \frac{\partial U}{\partial r} \right\rangle = b\beta(t)\lambda^2. \tag{10.3.26}$$

将式（10.3.25）和式（10.3.26）代入文献[391]中的迹恒等式

$$\frac{\delta}{\delta u}\left\langle V, \frac{\partial U}{\partial \lambda} \right\rangle = \lambda^{-\gamma} \frac{\partial}{\partial \lambda}\left(\lambda^{\gamma} \begin{pmatrix} \left\langle V, \dfrac{\partial U}{\partial q} \right\rangle \\ \left\langle V, \dfrac{\partial U}{\partial r} \right\rangle \end{pmatrix} \right), \tag{10.3.27}$$

我们可以得到

$$\frac{\delta}{\delta u}\{[4a\alpha(x) + b\beta(t)r + c\beta(t)q]\lambda\} = \lambda^{-\gamma} \frac{\partial}{\partial \lambda} \lambda^{\gamma} \begin{pmatrix} c\beta(t)\lambda^2 \\ b\beta(t)\lambda^2 \end{pmatrix}. \tag{10.3.28}$$

比较式（10.3.28）两端 λ^{-2n+1} 的系数得

$$\frac{\delta}{\delta u}[4\alpha(x)a_n + \beta(t)rb_n + \beta(t)qc_n] = (-2n + 2 + \gamma)\beta(t)\begin{pmatrix} c_n \\ b_n \end{pmatrix}. \tag{10.3.29}$$

再令 $n = 1$ 和 $\beta(t) = \mu$，这里 μ 为非零常数，则从式（10.3.29）可知 $\gamma = 0$，由此我们得到

$$\begin{pmatrix} c_n \\ b_n \end{pmatrix} = \frac{\delta H_n}{\delta u} = \begin{pmatrix} \dfrac{\delta}{\delta q} \\ \dfrac{\delta}{\delta r} \end{pmatrix} H_n, \quad H_n = \frac{4\alpha(x)a_n + \mu r b_n + \mu q c_n}{\mu(-2n+2)}. \quad (10.3.30)$$

进而可将变系数 KN 方程族（10.3.1）写为 Hamilton 形式：

$$u_t = \begin{pmatrix} q \\ r \end{pmatrix}_t = JL^{n-1} \begin{pmatrix} \dfrac{\omega\mu}{\alpha(x)} r \\ \dfrac{\omega\mu}{\alpha(x)} q \end{pmatrix} = JL^{n-1} \begin{pmatrix} c_1 \\ b_1 \end{pmatrix} = J \begin{pmatrix} c_n \\ b_n \end{pmatrix} = J \frac{\delta H_n}{\delta u}. \quad (10.3.31)$$

容易看出

$$JL = L^* J = \frac{1}{2\beta(t)} \begin{pmatrix} -\beta^2(t)\partial \dfrac{q\partial^{-1}}{\alpha(x)} \dfrac{q\partial}{\alpha(x)} & \partial \dfrac{\partial}{\alpha(x)} - \beta^2(t)\partial \dfrac{q\partial^{-1}}{\alpha(x)} \dfrac{r\partial}{\alpha(x)} \\ -\partial \dfrac{\partial}{\alpha(x)} - \beta^2(t)\partial \dfrac{r\partial^{-1}}{\alpha(x)} \dfrac{q\partial}{\alpha(x)} & -\beta^2(x)\partial \dfrac{r\partial^{-1}}{\alpha(x)} \dfrac{r\partial}{\alpha(x)} \end{pmatrix}.$$

故 $\beta(t)$ 为非零常数时的变系数 KN 方程族（10.3.1）是 Liouville 可积的.

第 11 章　Toda 晶格推广系统的生成与求解

经典的 Toda 晶格方程是一个重要的完全可积系统,对研究原子和粒子物理中的许多非线性问题具有重要意义. Toda 晶格方程的应用也比较广泛,常被用来构造生物学领域的数学模型. 本章推导含任意函数的 2+1 维 Toda 晶格方程、Lax 可积的广义等谱 Toda 晶格方程族和变系数的非等谱 Toda 晶格方程族,并利用指数函数法、双线性方法和 IST 构造所得系统的半离散形式的孤波解和 N-孤子解.

11.1　含任意函数 2+1 维 Toda 晶格方程的推导及其求解

本节推导 2+1 维的 Toda 晶格方程[310]

$$\frac{\partial^2 u_n}{\partial x \partial t} = \left[\frac{\partial u_n}{\partial x} + \beta(x) \right] (u_{n-1} - 2u_n + u_{n+1}), \tag{11.1.1}$$

式中, $\beta(x)$ 为 x 的任意光滑函数. 2+1 维 Toda 晶格方程(8.3.20)也可类似地推导,同时利用指数函数法和双线性方法分别构造 Toda 晶格方程(11.1.1)和方程(8.3.20)的孤波解和 N-孤子解.

11.1.1　方程推导

定理 11.1.1　2+1 维 Toda 晶格方程 (11.1.1) 可从 Toda 链方程[395]

$$\frac{\partial^2 y_n}{\partial x \partial t} = e^{y_{n-1} - y_n} - e^{y_n - y_{n+1}}, \tag{11.1.2}$$

推导生成, 这里 $y_n(x,t)$ 是晶格中第 n 个单位质量原子在最邻近原子间指数非线性弹性力作用下相对于平衡位置的位移.

证　令 $v_n = y_n - y_{n+1}$, 由式 (11.1.2) 得

$$\frac{\partial^2 y_n}{\partial x \partial t} = e^{v_{n-1}} - e^{v_n}, \quad \frac{\partial^2 y_{n+1}}{\partial x \partial t} = e^{v_n} - e^{v_{n+1}}. \tag{11.1.3}$$

于是可将式（11.1.2）转化为

$$\frac{\partial^2 v_n}{\partial x \partial t} = e^{v_{n-1}} - 2e^{v_n} + e^{v_{n+1}}. \tag{11.1.4}$$

利用变换

$$\frac{\partial u_n}{\partial x} = e^{v_n} - \beta(x), \tag{11.1.5}$$

得

$$e^{v_n} = \frac{\partial u_n}{\partial x} + \beta(x), \quad e^{v_{n-1}} = \frac{\partial u_{n-1}}{\partial x} + \beta(x), \quad e^{v_{n+1}} = \frac{\partial u_{n+1}}{\partial x} + \beta(x). \tag{11.1.6}$$

将式（11.1.6）代入式（11.1.4）得

$$\frac{\partial^2 v_n}{\partial x \partial t} = \frac{\partial u_{n-1}}{\partial x} - 2\frac{\partial u_n}{\partial x} + \frac{\partial u_{n+1}}{\partial x}. \tag{11.1.7}$$

对式（11.1.7）关于 x 积分一次并令积分常数为零，我们可以得到

$$\frac{\partial v_n}{\partial t} = u_{n-1} - 2u_n + u_{n+1}. \tag{11.1.8}$$

对式（11.1.5）关于 t 求导一次得

$$\frac{\partial^2 u_n}{\partial x \partial t} = \frac{\partial v_n}{\partial t} e^{v_n}, \tag{11.1.9}$$

再利用式（11.1.5）、式（11.1.8）和式（11.1.9）最终可得到 Toda 晶格方程（11.1.1）.

11.1.2　指数函数法与楔形波

假设 Toda 晶格方程（11.1.1）有如下形式的解：

$$u_n = \frac{a_1 + a_0 + a_{-1} e^{-\xi_n}}{b_1 e^{\xi_n} + b_0 + b_{-1} e^{-\xi_n}}, \tag{11.1.10}$$

$$u_{n+1} = \frac{a_1 e^{\xi_n+d} + a_0 + a_{-1} e^{-\xi_n-d}}{b_1 e^{\xi_n+d} + b_0 + b_{-1} e^{-\xi_n-d}}, \quad u_{n-1} = \frac{a_1 e^{\xi_n-d} + a_0 + a_{-1} e^{-\xi_n+d}}{b_1 e^{\xi_n-d} + b_0 + b_{-1} e^{-\xi_n+d}}, \tag{11.1.11}$$

式中，$\xi_n = dn + \eta(x,t)$；a_1、a_0、a_{-1}、b_1、b_0、b_{-1} 为待定常数；$\eta(x,t)$ 是指定变量的待定函数. 将式（11.1.10）和式（11.1.1）代入 Toda 晶格方程（11.1.1），收集 e^{ξ_n} 同次幂的系数并令其为零，得到关于 a_1、a_0、a_{-1}、b_1、b_0、b_{-1} 和 $\eta(x,t)$ 的超定代数与偏微分方程组，解此方程组得

$$a_1 = \frac{2a_{-1}b_1b_{-1} + (a_0b_{-1} - a_{-1}b_0)(b_0 \pm \sqrt{b_0^2 - 4b_1b_{-1}})}{2b_{-1}^2},$$

$$\eta(x,t) = \frac{2(a_0b_{-1} - a_{-1}b_0)}{b_{-1}(b_0 \mp \sqrt{b_0^2 - 4b_1b_{-1}})}t + \frac{b_{-1}(b_0 \mp \sqrt{b_0^2 - 4b_1b_{-1}})(e^d - 1)^2}{2(a_0b_{-1} - a_{-1}b_0)e^d}\int \beta(x)\mathrm{d}x,$$

进而得到 Toda 晶格方程（11.1.1）的精确解

$$u_n = \frac{[2a_{-1}b_1b_{-1} + (a_0b_{-1} - a_{-1}b_0)(b_0 \pm \sqrt{b_0^2 - 4b_1b_{-1}})]e^{\xi_n} + 2b_{-1}^2(a_0 + a_{-1}e^{-\xi_n})}{2b_{-1}^2(b_1 e^{\xi_n} + b_0 + b_{-1}e^{-\xi_n})},$$

$$\tag{11.1.12}$$

式中，a_0、a_{-1}、b_1、b_0 和 b_{-1} 是任意常数，且

$$\xi_n = dn + \frac{2(a_0b_{-1} - a_{-1}b_0)}{b_{-1}(b_0 \mp \sqrt{b_0^2 - 4b_1b_{-1}})}t + \frac{b_{-1}(b_0 \mp \sqrt{b_0^2 - 4b_1b_{-1}})(e^d - 1)^2}{2(a_0b_{-1} - a_{-1}b_0)e^d}\int \beta(x)\mathrm{d}x.$$

图 11.1.1 描绘了带正号时的解（11.1.12）所确定的一个楔形波沿着 n 轴正方向传播的动力演化图像，其中参数为 $a_0 = 1$，$a_{-1} = 2$，$b_1 = 1$，$b_0 = 5$，$b_{-1} = 3$，$d = 1$ 和 $\beta(x) = \tanh(0.3 - 10x)$.

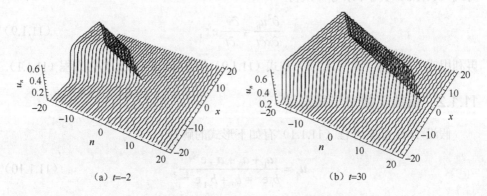

（a）$t = -2$ （b）$t = 30$

图 11.1.1 楔形波解（11.1.12）的演化图

11.1.3 双线性方法与多扭结孤子

取变换

$$u_n(x,t) = (\ln f_n)_x = \frac{f_{n,x}}{f_n}, \tag{11.1.13}$$

可得到 Toda 晶格方程（8.3.20）的双线性形式[126]

$$D_t[D_x^2(f_n \cdot f_n) \cdot f_n^2]\cosh(D_n f_n \cdot f_n)$$

$$= [D_x D_t f_n \cdot f_n + 2\alpha(t)f_n^2][D_x(\cosh D_n f_n \cdot f_n) \cdot f_n^2]. \tag{11.1.14}$$

为构造单孤子解，我们假设

$$f = 1 + f_n^{(1)}\varepsilon + f_n^{(2)}\varepsilon^2 + \cdots + f_n^{(n)}\varepsilon^n + \cdots, \tag{11.1.15}$$

并将其代入式（11.1.14），收集 ε 的同次幂系数得到一个偏微分-差分方程组. 令

$$f_n^{(1)} = e^{\xi_1}, \quad \xi_1 = d_1 n + k_1 x + q_1(t) + \xi_1^{(0)}, \tag{11.1.16}$$

式中，d_1、k_1 和 $\xi_1^{(0)}$ 为常数；$q_1(t)$ 为 t 的待定函数. 当 $f_n^{(2)} = f_n^{(3)} = \cdots = 0$ 时，从上述方程组解得

$$q_1(t) = \frac{e^{-d_1} - 2 + e^{d_1}}{k_1}\int \alpha(t)\mathrm{d}t = \frac{4}{k_1}\sinh^2\frac{d_1}{2}\int \alpha(t)\mathrm{d}t, \tag{11.1.17}$$

进而得到 Toda 晶格方程（8.3.20）的扭结型单孤子解

$$u_n(x,t) = [\ln(1 + e^{\xi_1})]_x. \tag{11.1.18}$$

为构造双孤子解，我们假设

$$f_n^{(1)} = e^{\xi_1} + e^{\xi_2}, \quad f_n^{(2)} = e^{\xi_1 + \xi_2 + \theta_{12}}, \quad \xi_i = d_i n + k_i x + q_i(t) + \xi_i^{(0)} \quad (i = 1,2), \tag{11.1.19}$$

式中，d_i、k_i 和 $\xi_i^{(0)}$ 是常数；$q_i(t)$ 为 t 的待定函数. 将式（11.1.19）代入上述偏微分-差分方程组，同时我们取 $f_n^{(3)} = f_n^{(4)} = \cdots = 0$，从中可解得

$$q_i(t) = \frac{e^{-d_i} - 2 + e^{d_i}}{k_i}\int \alpha(t)\mathrm{d}t = \frac{4}{k_i}\sinh^2\frac{d_i}{2}\int \alpha(t)\mathrm{d}t \quad (i = 1,2), \tag{11.1.20}$$

$$e^{\theta_{12}} = \frac{k_1 k_2 \sinh^2\dfrac{d_1 - d_2}{2} - k_2(k_1 - k_2)\sinh^2\dfrac{d_1}{2} - k_1(k_2 - k_1)\sinh^2\dfrac{d_2}{2}}{-k_1 k_2 \sinh^2\dfrac{d_1 + d_2}{2} + k_2(k_1 + k_2)\sinh^2\dfrac{d_1}{2} + k_1(k_1 + k_2)\sinh^2\dfrac{d_2}{2}}, \tag{11.1.21}$$

进而得到 Toda 晶格方程（8.3.20）的扭结型双孤子解

$$u_n(x,t) = [\ln(1 + e^{\xi_1} + e^{\xi_2} + e^{\xi_1 + \xi_2 + \theta_{12}})]_x, \tag{11.1.22}$$

式中，

$$\xi_i = d_i n + k_i x + \frac{4}{k_i}\sinh^2\frac{d_i}{2}\int \alpha(t)\mathrm{d}t + \xi_i^{(0)} \quad (i = 1,2). \tag{11.1.23}$$

类似地，我们可得到 Toda 晶格方程（8.3.20）的扭结型三孤子解[126]，进一步归纳可得 Toda 晶格方程（8.3.20）的扭结型 N-孤子解

$$u_n(x,t) = \left[\ln \left(\sum_{\mu=0,1} e^{\sum_{j=1}^{N} \mu_j \xi_j + \sum_{1 \le j < l}^{N} \mu_j \mu_l \theta_{jl}} \right) \right]_x, \tag{11.1.24}$$

式中，

$$\xi_j = d_j n + k_j x + \frac{4}{k_j} \sinh^2 \frac{d_j}{2} \int \alpha(t) dt + \xi_j^{(0)}, \tag{11.1.25}$$

$$e^{\theta_{jl}} = \frac{k_j k_l \sinh^2 \dfrac{d_j - d_l}{2} - k_l(k_j - k_l)\sinh^2 \dfrac{d_j}{2} - k_j(k_l - k_j)\sinh^2 \dfrac{d_l}{2}}{-k_j k_l \sinh^2 \dfrac{d_j + d_l}{2} + k_l(k_j + k_l)\sinh^2 \dfrac{d_j}{2} + k_j(k_l + k_j)\sinh^2 \dfrac{d_l}{2}}. \tag{11.1.26}$$

若取变换

$$u_n(x,t) = \tilde{u}_n(x,t) - t + \int \alpha(t) dt, \tag{11.1.27}$$

则可将 Toda 晶格方程（8.3.20）转化为

$$\frac{\partial^2 \tilde{u}_n}{\partial x \partial t} = \left(\frac{\partial \tilde{u}_n}{\partial t} + 1 \right) (\tilde{u}_{n+1} - 2\tilde{u}_n + \tilde{u}_{n-1}). \tag{11.1.28}$$

利用 $\alpha(t) = 1$ 时的 N-孤子解（11.1.24），我们可得到式（11.1.28）的 N-孤子解，然后再利用变换（11.1.27）进而还可得到 Toda 晶格方程（8.3.20）另一种形式的 N-孤子解. 这里略之.

11.2 广义等谱 Toda 晶格方程族的推导及其 IST

构造和求解半离散系统是非线性晶格理论中的一项重要工作. 1990 年，Tu[396] 提出了一种生成半离散可积方程族的格式. 本节基于嵌入有限个时间系数函数的半离散矩阵谱问题推导一个以 Toda 晶格方程族[3]

$$\begin{pmatrix} u_n \\ v_n \end{pmatrix}_t = L^k \begin{pmatrix} u_n(v_n - v_{n-1}) \\ v_{n+1} - u_n \end{pmatrix} \quad (k = 0, 1, 2, \cdots) \tag{11.2.1}$$

为特例的广义等谱 Toda 晶格方程族

$$\begin{pmatrix} u_n \\ v_n \end{pmatrix}_t = \sum_{m=0}^{k} \alpha_m(t) L^m \begin{pmatrix} u_n(v_n - v_{n-1}) \\ u_{n+1} - u_n \end{pmatrix} \quad (k = 0,1,2,\cdots), \tag{11.2.2}$$

式中，$\alpha_m(t)$ 是 t 的光滑函数；矩阵算子 L 为

$$L = \begin{pmatrix} u_n(E-1)v_{n-1}(E-1)^{-1}\dfrac{1}{u_n} & u_n(1+E^{-1}) \\ (Eu_nE - u_n)(E-1)^{-1}\dfrac{1}{u_n} & v_n \end{pmatrix}. \tag{11.2.3}$$

在矩阵算子（11.2.3）中，E 为位移算子. 利用算子 E，可确定 $E - E^{-1}$ 的逆[3]

$$(E - E^{-1})^{-1} f_n = -\sum_{m=n}^{\infty} f_{2m-n-1}, \quad (E - E^{-1})^{-1} f_n = \sum_{m=-\infty}^{n} f_{2m-n-1}, \tag{11.2.4}$$

式中，假定 $|n| \to \infty$ 时 f_n 快速地趋于零. 同时有 $(E-1)^{-1} = (E - E^{-1})^{-1}(1 + E^{-1})$.

11.2.1　Lax 格式生成

考虑半离散矩阵谱问题[3]

$$E\phi_n = M\phi_n, \quad M = \begin{pmatrix} 0 & 1 \\ -u_n & \lambda - v_n \end{pmatrix}, \quad \phi_n = \begin{pmatrix} \phi_{1,n} \\ \phi_{2,n} \end{pmatrix}, \tag{11.2.5}$$

$$\phi_{n,t} = N\phi_n, \quad N = \begin{pmatrix} A_n & B_n \\ C_n & D_n \end{pmatrix}, \tag{11.2.6}$$

式中，势函数 $u_n(t)$ 和 $v_n(t)$ 足够光滑且 $|n| \to \infty$ 时满足 $(u_n, v_n) \to (1,0)$；谱参数 λ 与 t 无关；A_n、B_n、C_n 和 D_n 是 u_n、v_n 及 λ 的待定函数，我们从带有不同等谱参数 λ 和不同函数 A_n、B_n、C_n 和 D_n 的谱问题（11.2.5）及其时间发展方程（11.2.6）来推导广义等谱 Toda 晶格方程（11.2.2）.

定理 11.2.1　通过引入适当的函数 A_n、B_n、C_n 和 D_n，广义等谱 Toda 晶格方程族（11.2.2）可从如下的半离散零曲率方程推导生成：

$$M_t = (EN)M - MN. \tag{11.2.7}$$

证　将式（11.2.5）和式（11.2.6）中的矩阵 M 和 N 代入式（11.2.7）得

$$u_n B_{n+1} + C_n = 0, \tag{11.2.8}$$

$$A_{n+1} + (\lambda - v_n)B_{n+1} - C_n = 0, \tag{11.2.9}$$

$$u_{n,t} = u_n D_{n+1} - u_n A_n + (\lambda - v_n)C_n, \tag{11.2.10}$$

$$v_{n,t} = -C_{n+1} - (\lambda - v_n)D_{n+1} - u_n B_n + (\lambda - v_n)D_n. \tag{11.2.11}$$

通过引入算子 L_1 和 L_2 [3]

$$L_1 = \begin{pmatrix} u_n(E - E^{-1}) & u_n(E-1)v_{n-1} \\ v_n(E-1) & Eu_n E - u_n \end{pmatrix}, \quad L_2 = \begin{pmatrix} 0 & u_n(E-1) \\ E-1 & 0 \end{pmatrix}, \tag{11.2.12}$$

可将式（11.2.8）～式（11.2.11）简化为

$$\begin{pmatrix} u_n \\ v_n \end{pmatrix}_t = L_1 \begin{pmatrix} D_n \\ B_n \end{pmatrix} - \lambda L_2 \begin{pmatrix} D_n \\ B_n \end{pmatrix}. \tag{11.2.13}$$

将式（11.2.13）等价地写为

$$\begin{pmatrix} u_n \\ v_n \end{pmatrix}_t = L_1 \begin{pmatrix} D_n \\ B_n \end{pmatrix} - \lambda L_2 \begin{pmatrix} D_n \\ B_n \end{pmatrix} + \sum_{l=0}^{k} \alpha_l(t)\lambda^{l+1}L_2 \begin{pmatrix} 1 \\ 1 \end{pmatrix}, \tag{11.2.14}$$

并假设 B_n 和 D_n 可表示为

$$\begin{pmatrix} D_n \\ B_n \end{pmatrix} = \sum_{j=0}^{k} \begin{pmatrix} d_{n,j} \\ b_{n,j} \end{pmatrix} \lambda^{k-j}, \tag{11.2.15}$$

其边值条件为

$$D_n \big|_{(u_n,v_n)=(1,0)} = B_n \big|_{(u_n,v_n)=(1,0)} = \sum_{l=0}^{k} \alpha_l(t)\lambda^l. \tag{11.2.16}$$

将式（11.2.15）代入式（11.2.14）并比较 λ 的同次幂系数得到如下方程：

$$\lambda^0: \begin{pmatrix} u_n \\ v_n \end{pmatrix}_t = L_1 \begin{pmatrix} d_{n,k} \\ b_{n,k} \end{pmatrix}, \tag{11.2.17}$$

$$\lambda^{k-j}: \begin{pmatrix} d_{n,j+1} \\ b_{n,j+1} \end{pmatrix} = L_2^{-1}L_1 \begin{pmatrix} d_{n,j} \\ b_{n,j} \end{pmatrix} + \alpha_{k-j-1}(t)\begin{pmatrix} 1 \\ 1 \end{pmatrix} \quad (j=0,1,2,\cdots,k-1), \tag{11.2.18}$$

$$\lambda^{k+1}: \begin{pmatrix} d_{n,0} \\ b_{n,0} \end{pmatrix} = \alpha_k(t)\begin{pmatrix} 1 \\ 1 \end{pmatrix}. \tag{11.2.19}$$

利用式（11.2.3）、式（11.2.12）和式（11.2.19），我们从式（11.2.18）得

$$\begin{pmatrix} d_{n,k} \\ b_{n,k} \end{pmatrix} = \left[\sum_{m=1}^{k} \alpha_m(t)L_2^{-1}L^{m-1} \right]L_1\begin{pmatrix} 1 \\ 1 \end{pmatrix} + \alpha_0(t)\begin{pmatrix} 1 \\ 1 \end{pmatrix}. \tag{11.2.20}$$

将式（11.2.20）代入式（11.2.17）得

$$\begin{pmatrix} u_n \\ v_n \end{pmatrix}_t = \left[\sum_{m=0}^{k} \alpha_m(t)L^m \right]L_1\begin{pmatrix} 1 \\ 1 \end{pmatrix}, \tag{11.2.21}$$

即为广义等谱 Toda 晶格方程族（11.2.2）. 利用式（11.2.5）和式（11.2.6）消去 $\phi_{1,n}$,
并令 $\phi_{2,n}=\phi_n$、$\lambda=z+1/z$, 则广义等谱 Toda 晶格方程族（11.2.2）的 Lax 对为

$$\phi_{n+1}(z)+u_n\phi_{n-1}(z)+v_n\phi_n(z)=\left(z+\frac{1}{z}\right)\phi_n(z),\tag{11.2.22}$$

$$\phi_{n,t}(z)=C_n\phi_{n-1}(z)+D_n\phi_n(z).\tag{11.2.23}$$

谱问题（11.2.22）的离散 Jost 解的存在性、谱的分布、平移变换和离散 GLM
方程等内容具体参见文献[3], 这里略之.

11.2.2　散射数据随时间的发展规律

定理 11.2.2　假设 u_n 和 v_n 按广义等谱 Toda 晶格方程族（11.2.2）发展, 则对
应的谱问题（11.2.22）散射数据

$$\{|z|=1,\ R(z),\ z_j,\ c_j\ \ (j=1,2,\cdots,N)\}\tag{11.2.24}$$

的时间发展规律为

$$R(z,t)=R(z,0)\mathrm{e}^{\left(z-\frac{1}{z}\right)\left[\sum_{l=0}^{k}\left(z+\frac{1}{z}\right)^l\int_0^t\alpha_l(\tau)\mathrm{d}\tau\right]},\tag{11.2.25}$$

$$z_j(t)=z_j(0),\quad c_j^2(t)=c_j^2(0)\mathrm{e}^{\left(z_j-\frac{1}{z_j}\right)\left[\sum_{l=0}^{k}\left(z_j+\frac{1}{z_j}\right)^l\int_0^t\alpha_l(\tau)\mathrm{d}\tau\right]},\tag{11.2.26}$$

式中, $c_j(0)$ 和 $R(z,0)$ 为 $u_n(t)=u_n(0)$ 和 $v_n(t)=v_n(0)$ 时的散射数据.

证　假设无穷级数

$$\sum_{n=-\infty}^{\infty}|n^j(u_n-1)|<\infty,\quad \sum_{n=-\infty}^{\infty}|n^j v_n|<\infty\tag{11.2.27}$$

绝对收敛, 则谱问题（11.2.22）存在 Jost 解[3]

$$\phi_n(z)\to z^n,\quad \bar{\phi}_n(z)\to z^{-n}\quad(n\to\infty),\tag{11.2.28}$$

$$\varphi_n(z)\to z^{-n},\quad \bar{\varphi}_n(z)\to z^n\quad(n\to-\infty),\tag{11.2.29}$$

式中, $\phi_n(z)$ 和 $\varphi_n(z)$ 在 z 复平面单位圆 $|z|\leqslant1$ 内解析; $\bar{\phi}_n(z)$ 和 $\bar{\varphi}_n(z)$ 在单位圆
$|z|>1$ 外解析; 在单位圆周 $|z|=1$ 上有关系式 $\bar{\phi}_n(z)=\phi_n^*(z)$ 和 $\bar{\varphi}_n(z)=\varphi_n^*(z)$.

有了上述准备, 我们首先考虑连续谱. 取 Jost 解 $\varphi_n(z)$ 使之满足式（11.2.29）
的渐近性. 因 $\varphi_{n,t}(z)-C_n\varphi_{n-1}(z)-D_n\varphi_n(z)$ 也是式（11.2.22）的解[3], 故存在待定函
数 $\gamma(t)$ 和 $\vartheta(t)$ 使得

$$\varphi_{n,t}(z)-C_n\varphi_{n-1}(z)-D_n\varphi_n(z)=\gamma(t)\bar{\varphi}_n(z)+\vartheta(t)\varphi_n(z).\tag{11.2.30}$$

利用式（11.2.8）、式（11.2.16）和式（11.2.29），由上式 $n \to -\infty$ 时得

$$-n\frac{\mathrm{d}z}{\mathrm{d}t} + \left[\sum_{l=0}^{k}\alpha_l(t)\left(z+\frac{1}{z}\right)^l\right](z^2-z) = \gamma(t)z^{2n+1} + \vartheta(t)z . \qquad (11.2.31)$$

鉴于式（11.2.31）中 n 的任意性得

$$\frac{\mathrm{d}z}{\mathrm{d}t} = 0, \quad \gamma(t) = 0, \quad \vartheta(t) = \left[\sum_{l=0}^{k}\alpha_l(t)\left(z+\frac{1}{z}\right)^l\right](z-1) . \qquad (11.2.32)$$

故式（11.2.30）简化为

$$\varphi_{n,t}(z) - C_n\varphi_{n-1}(z) - D_n\varphi_n(z) = \left[\sum_{l=0}^{k}\alpha_l(t)\left(z+\frac{1}{z}\right)^l\right](z-1)\varphi_n(z) . \qquad (11.2.33)$$

将线性关系式 $\varphi_n(z) = a(z)\bar{\phi}_n(z) + b(z)\phi_n(z)$ 代入式（11.2.33），再令 $n \to +\infty$ 得

$$\frac{\mathrm{d}a(z,t)}{\mathrm{d}t}z^{-n} + \frac{\mathrm{d}b(z,t)}{\mathrm{d}t}z^n = \left[\sum_{l=0}^{k}\alpha_l(t)\left(z+\frac{1}{z}\right)^l\right]\left(z-\frac{1}{z}\right)b(z,t)z^n , \qquad (11.2.34)$$

从中得到

$$\frac{\mathrm{d}a(z,t)}{\mathrm{d}t} = 0, \quad \frac{\mathrm{d}b(z,t)}{\mathrm{d}t} = \left[\sum_{l=0}^{k}\alpha_l(t)\left(z+\frac{1}{z}\right)^l\right]\left(z-\frac{1}{z}\right)b(z,t) , \qquad (11.2.35)$$

即

$$a(z,t) = a(z,0), \quad b(z,t) = b(z,0)\mathrm{e}^{\left(z-\frac{1}{z}\right)\left[\sum_{l=0}^{k}\left(z+\frac{1}{z}\right)^l\int_0^t\alpha_l(\tau)\mathrm{d}\tau\right]} . \qquad (11.2.36)$$

再利用 $R(z,t) = b(z,t)/a(z,t)$ 可得到式（11.2.25）。

接下来我们考虑离散散射数据的时间发展规律. 取 Jost 解 $\phi_n(z)$ 使之满足式（11.2.28）的渐近性. 令 $z = z_j$，则线性关系式 $\phi_{n,t}(z_j) - C_n\phi_{n-1}(z_j) - D_n(z_j)$ 也是式（11.2.22）的解. 因此存在待定函数 $\delta(t)$ 和 $\omega(t)$ 使得

$$\phi_{n,t}(z_j) - C_n\phi_{n-1}(z_j) - D_n\phi_n(z_j) = \delta(t)\bar{\phi}_n(z_j) + \omega(t)\phi_n(z_j) , \qquad (11.2.37)$$

式中，$\phi_n(z_j) \to z_j^n$ 且 $\bar{\phi}_n(z_j) \to z_j^{-n}$ $(n\to\infty)$. 故 $\delta(t) = 0$，则式（11.2.37）简化为

$$\phi_{n,t}(z_j) - C_n\phi_{n-1}(z_j) - D_n\phi_n(z_j) = \omega(t)\phi_n(z_j) . \qquad (11.2.38)$$

令 $Q_n(z_j) = \sqrt{S_n}\phi_n(z_j)$，这里 $S_n = \prod_{j=n+1}^{\infty}u_j$，由此得

$$\sqrt{u_{n+1}}Q_{n+1}(z_j) + \sqrt{u_n}Q_{n-1}(z_j) + v_nQ_n(z_j) = \lambda_jQ_n(z_j) . \qquad (11.2.39)$$

于是可将式（11.2.38）重写为

$$Q_{n,t}(z_j) + \frac{1}{2}(D_{n+1} - D_n)Q_n(z_j) - \frac{1}{2}(\lambda_j - v_n)B_{n+1}Q_n(z_j) + \sqrt{u_n}B_{n+1}Q_{n-1}(z_j)$$

$$= \left[\omega(t) + \left(1 - \frac{1}{2}\lambda_j \right) \sum_{l=0}^{k} \alpha_l(t)\lambda_j^l \right] Q_n(z_j). \tag{11.2.40}$$

借助式（11.2.39）将式（11.2.40）整理为

$$Q_{n,t}(z_j) + \frac{1}{2}(D_{n+1} - D_n)Q_n(z_j) + \frac{1}{2}(B_{n+1} - B_n)\sqrt{u_n}Q_{n-1}(z_j)$$

$$+ \frac{1}{2}\left[B_n\sqrt{u_n}Q_{n-1}(z_j) - B_{n+1}\sqrt{u_{n+1}}Q_{n+1}(z_j) \right]$$

$$= \left[\omega(t) + \left(1 - \frac{1}{2}\lambda_j \right) \sum_{l=0}^{k} \alpha_l(t)\lambda_j^l \right] Q_n(z_j). \tag{11.2.41}$$

用 $2Q_n(z_j)$ 乘上式并求和得

$$\frac{\mathrm{d}}{\mathrm{d}t}\sum_{n=-\infty}^{\infty} Q_n^2(z_j) + \sum_{n=-\infty}^{\infty}(D_{n+1} - D_n)Q_n^2(z_j) + \sum_{n=-\infty}^{\infty}(B_{n+1} - B_n)\sqrt{u_n}Q_{n-1}(z_j)Q_n(z_j)$$

$$+ \sum_{n=-\infty}^{\infty}\left[B_n\sqrt{u_n}Q_{n-1}(z_j)Q_n(z_j) - B_{n+1}\sqrt{u_{n+1}}Q_n(z_j)Q_{n+1}(z_j) \right]$$

$$= 2\left[\omega(t) + \left(1 - \frac{1}{2}\lambda_j \right) \sum_{l=0}^{k} \alpha_l(t)\lambda_j^l \right] \sum_{n=-\infty}^{\infty} Q_n^2(z_j), \tag{11.2.42}$$

进而得

$$\omega(t) = -\left(1 - \frac{1}{2}\lambda_j \right) \sum_{l=0}^{k} \alpha_l(t)\lambda_j^l. \tag{11.2.43}$$

式中，$Q_n(z_j)$ 为归一化本征函数，即 $\sum_{n=-\infty}^{\infty} Q_n^2(z_j) = 1$，这里还要用到如下结果：

$$\sum_{n=-\infty}^{\infty}\left[(D_{n+1} - D_n)Q_n^2(z_j) + (B_{n+1} - B_n)\sqrt{u_n}Q_{n-1}(z_j)Q_n(z_j) \right] = 0, \tag{11.2.44}$$

$$\sum_{n=-\infty}^{\infty}\left[B_n\sqrt{u_n}Q_{n-1}(z_j)Q_n(z_j) - B_{n+1}\sqrt{u_{n+1}}Q_n(z_j)Q_{n+1}(z_j) \right] = 0. \tag{11.2.45}$$

容易看出，式（11.2.45）成立是显然的. 对于式（11.2.44），由内积[3]得

$$(D_{n+1}-D_n)Q_n^2(z_j)+(B_{n+1}-B_n)\sqrt{u_n}Q_{n-1}(z_j)Q_n(z_j)$$

$$=\left((E-1)\binom{D_n}{B_n},\binom{Q_n^2(z_j)}{\sqrt{u_n}Q_{n-1}(z_j)Q_n(z_j)}\right)$$

$$=\sum_{s=1}^k s\alpha_s(t)\lambda_j^{s-1}\left(\binom{u_{n+1}-u_n}{v_n-v_{n-1}},\binom{Q_n^2(z_j)}{\sqrt{u_n}Q_{n-1}(z_j)Q_n(z_j)}\right)$$

$$=\sum_{s=1}^k s\alpha_s(t)\lambda_j^{s-1}\left[u_{n+1}Q_n^2(z_j)-u_nQ_{n-1}^2(z_j)-\sqrt{u_nu_{n+1}}Q_{n-1}(z_j)Q_{n+1}(z_j)\right.$$

$$\left.+\sqrt{u_{n-1}u_n}Q_{n-2}(z_j)Q_n(z_j)\right]. \tag{11.2.46}$$

将式（11.2.46）代入式（11.2.44）即得之左端的和为零.

鉴于 $Q_n(z_j)\to c_j(t)z_j^n\ (n\to\infty)$ 以及式（11.2.16）、式（11.2.44）和式（11.2.45），可由式（11.2.41）得

$$\frac{dc_j(t)}{dt}+nc_j(t)\frac{dz_j}{dt}z_j^{-1}+\frac{1}{2}\sum_{l=0}^k\alpha_l(t)\lambda_j^lc_j(t)z_j^{-1}-\frac{1}{2}\sum_{l=0}^k\alpha_l(t)\lambda_j^lc_j(t)z_j=0, \tag{11.2.47}$$

进而得

$$\frac{dz_j}{dt}=0,\quad \frac{dc_j}{dt}=\frac{1}{2}\left(z_j-\frac{1}{z_j}\right)\left[\sum_{l=0}^k\alpha_l(t)\left(z_j+\frac{1}{z_j}\right)^l\right]c_j(t). \tag{11.2.48}$$

从式（11.2.48）可解得式（11.2.26）.

11.2.3 N-孤子解

定理 11.2.3 广义等谱 Toda 晶格方程族（11.2.2）有如下半离散 N-孤子解:

$$u_n=\frac{\det[I+D_n(t)]\det[I+D_{n-2}(t)]}{\{\det[I+D_{n-1}(t)]\}^2}, \tag{11.2.49}$$

$$v_n=\text{tr}\{[I+D_{n-1}(t)]^{-1}q_{n-1}(t)q_n^T(t)\}-\text{tr}\{[I+D_n(t)]^{-1}q_n(t)q_{n+1}^T(t)\}, \tag{11.2.50}$$

式中，I 为 N 阶单位矩阵；$\text{tr}(\cdot)$ 表示矩阵的迹，且

$$D_n(t)=\left(c_j(t)c_k(t)\frac{z_j^{n+1}z_k^{n+1}}{1-z_jz_k}\right)_{N\times N},\quad c_j^2(t)=c_j^2(0)e^{\left(z_j-\frac{1}{z_j}\right)\sum_{l=0}^k\left(z_j+\frac{1}{z_j}\right)^l\int_0^t\alpha_l(\tau)d\tau}, \tag{11.2.51}$$

$$q_n(t) = (c_1(t)z_1^n, c_2(t)z_2^n \cdots c_N(t)z_N^n)^{\mathrm{T}}, \quad z_j(t) = z_j(0). \tag{11.2.52}$$

证 假设无穷级数（11.2.27）绝对收敛，则满足渐近条件（11.2.28）的 Jost 函数可由谱问题（11.2.22）的平移变换展成

$$\phi_n(z) = \sum_{j=n}^{\infty} K_{n,j} z^j, \quad \bar{\phi}_n(z) = \sum_{j=n}^{\infty} K_{n,j} z^{-j}. \tag{11.2.53}$$

将式（11.2.53）中的 $\phi_n(z)$ 代入式（11.2.22），由文献[3]可确定出 $K_{n,j}$，并由此可恢复 u_n 和 v_n 为

$$u_n = \frac{K_{n,n}}{K_{n-1,n-1}}, \quad v_n = \frac{K_{n,n+1}}{K_{n,n}} - \frac{K_{n-1,n}}{K_{n-1,n-1}}, \tag{11.2.54}$$

式中，$\tilde{K}_{n,m} = K_{n,m}/K_{n,n}$ 满足离散 GLM 积分方程

$$\tilde{K}_{n,m} + F_{n+m} + \sum_{s=n+1}^{\infty} \tilde{K}_{n,s} F_{s+m} = 0 \quad (m > n), \tag{11.2.55}$$

$$K_{n,n}^{-2} = 1 + F_{2n} + \sum_{s=n+1}^{\infty} \tilde{K}_{n,s} F_{s+m} = 0 \quad (m = n), \tag{11.2.56}$$

其中，

$$F_m = \sum_{j=1}^{N} c_j^2 z_j^m + \frac{1}{2\pi\mathrm{i}} \oint_{|z|=1} R(z,t) z^{m-1} \mathrm{d}z. \tag{11.2.57}$$

为构造广义等谱 Toda 晶格方程族（11.2.2）的 N-孤子解，令 $b(z,0)=0$，即 $R(t,z)=0$，则式（11.2.57）变为

$$F_m = \sum_{j=1}^{N} c_j^2(t) z_j^m. \tag{11.2.58}$$

进一步取

$$\tilde{K}_{n,m}(t) = \sum_{j=1}^{N} c_j(t) z_j^m p_{n,j}(t), \tag{11.2.59}$$

并同时将式（11.2.58）和式（11.2.59）代入式（11.2.55）得

$$p_{n,j}(t) + c_j(t)z_j^n + \sum_{k=1}^{N} c_j(t)c_k(t)\frac{z_j^{n+1}z_k^{n+1}}{1-z_jz_k}p_{n,k}(t) = 0 \quad (j=1,2,\cdots,N). \tag{11.2.60}$$

引入向量 $p_n(t) = (p_{n,1}(t), p_{n,2}(t), \cdots, p_{n,N}(t))^{\mathrm{T}}$，则可将式（11.2.60）重写为

$$[I + D_n(t)]p_n(t) = -q_n(t). \tag{11.2.61}$$

考虑到散射数据 z_j 和 $c_j(t)$ 均为实数时 $I + D_n(t)$ 的正定性，从式（11.2.59）得

$$\tilde{K}_{n,m}(t) = -\text{tr}\left\{[I + D_n(t)]^{-1}q_n(t)q_m^{\text{T}}(t)\right\} \quad (m > n). \tag{11.2.62}$$

当 $m = n$ 时，由文献[3]可确定 $K_{n,n}(t)$ 为

$$K_{n,n}(t) = \frac{\det[I + D_n(t)]}{\det[I + D_{n-1}(t)]}. \tag{11.2.63}$$

最后从式（11.2.54）、式（11.2.62）和式（11.2.63）得到式（11.2.49）和式（11.2.50）.

11.2.4 孤子动力演化

考虑半离散 N-孤子解（11.2.49）和解（11.2.50）的特例. 当 $N = 1$ 时，广义等谱 Toda 晶格方程族（11.2.2）的半离散钟型单孤子解为

$$u_n = 1 + \frac{(1-z_1^2)^2}{4z_1^2}\text{sech}^2\left[\xi_1 + n\ln z_1 + \frac{1}{2}\ln\frac{c_1^2(0)}{1-z_1^2}\right], \tag{11.2.64}$$

$$v_n = \frac{1-z_1^2}{2z_1}(1-E)\tanh\left[\xi_1 + n\ln z_1 + \frac{1}{2}\ln\frac{c_1^2(0)}{1-z_1^2}\right], \tag{11.2.65}$$

式中，

$$\xi_1 = \frac{1}{2}\left(z_1 - \frac{1}{z_1}\right)\left[\sum_{l=0}^{k}\left(z_1 + \frac{1}{z_1}\right)^l \int_0^t \alpha_l(\tau)\mathrm{d}\tau\right], \tag{11.2.66}$$

系数函数 $\alpha_l(t)$ $(l = 0,1,2,\cdots,k)$ 影响半离散钟型单孤子解（11.2.64）和解（11.2.65）的传播轨迹和时空结构，其中孤子解（11.2.64）的传播速度 v 的表达式为

$$v = \frac{(1-z_1^2)}{2z_1\ln z_1}\sum_{l=0}^{k}\left(z_1 + \frac{1}{z_1}\right)^l \alpha_l(t). \tag{11.2.67}$$

当 $N = 3$ 且 $k = 3$ 时，图 11.2.1 描绘了由解（11.2.49）确定的半离散钟型三孤子解的非线性动力演化，其中参数 $\alpha_0(t) = 1$，$\alpha_1(t) = t$，$\alpha_2(t) = t^3$，$\alpha_3(t) = \text{sech}^2 t$，$c_1(0) = 1$，$c_2(0) = 2$，$c_3(0) = -3$，$z_1 = 0.8$，$z_2 = 0.9$ 和 $z_3 = 0.6$. 此孤子解在沿 n 轴从左向右运动中高孤子追赶并超过次高孤子，然后在反向运动中再次追赶并超过次高孤子，两次追赶形成 U 形的运动轨迹[85]. 若选取更小数值的 z_1、z_2 和 z_3，模拟仿真总是输出杂乱无章的时空结构，同时还会出现许多奇点.

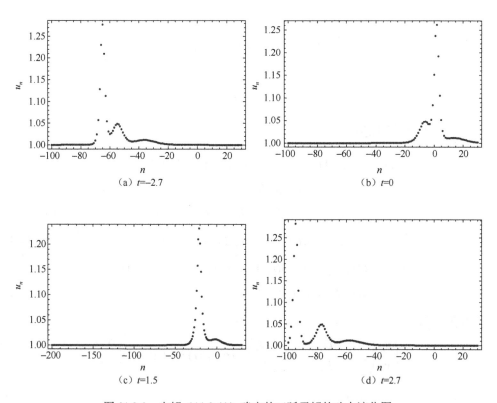

图 11.2.1　由解（11.2.49）确定的三孤子解的动力演化图

11.3　变系数非等谱 Toda 晶格方程族的推导及其 IST

本节利用满足如下发展关系的谱参数

$$\frac{\mathrm{d}\lambda}{\mathrm{d}t} = \alpha(t)\beta(t)\lambda^{k-1}(\lambda^2 - 4),\qquad(11.3.1)$$

推广谱问题（11.2.5）至非等谱情形，同时假设谱问题（11.2.5）的时间发展式为

$$\phi_{n,t} = N\phi_n,\quad N = \begin{pmatrix} A_n & \alpha(t)B_n \\ C_n & \beta(t)D_n \end{pmatrix},\qquad(11.3.2)$$

来推导变系数非等谱 Toda 晶格方程族

$$\begin{pmatrix} u_n \\ v_n \end{pmatrix}_t = L^k \begin{pmatrix} \alpha(t)u_n(v_n - v_{n-1}) + 2\beta(t)u_n \\ \alpha(t)(u_{n+1} - u_n) + \beta(t)v_n \end{pmatrix} \quad (k = 1,2,3,\cdots), \tag{11.3.3}$$

并利用 IST 构造其多孤子解，这里 $\alpha(t)$ 和 $\beta(t) \neq 0$ 为光滑函数.

11.3.1 Lax 格式生成

由式（11.2.5）和式（11.3.2）的相容性条件式（11.2.7）得

$$\alpha(t)u_n B_{n+1} + C_n = 0, \tag{11.3.4}$$

$$A_{n+1} + \alpha(t)(\lambda - v_n)B_{n+1} - \beta(t)D_n = 0, \tag{11.3.5}$$

$$u_{n,t} = \beta(t)u_n D_{n+1} - u_n A_n + (\lambda - v_n)C_n, \tag{11.3.6}$$

$$v_{n,t} = -C_{n+1} - (\lambda - v_n)\beta(t)D_{n+1} - \alpha(t)u_n B_n + (\lambda - v_n)\beta(t)D_n$$
$$+ \alpha(t)\beta(t)\lambda^{k-1}(\lambda^2 - 4), \tag{11.3.7}$$

将其整理为

$$\begin{pmatrix} u_n \\ v_n \end{pmatrix}_t = L_1 \begin{pmatrix} D_n \\ B_n \end{pmatrix} - \lambda L_2 \begin{pmatrix} D_n \\ B_n \end{pmatrix} + \alpha(t)\beta(t)\lambda^{k-1}(\lambda^2 - 4)\begin{pmatrix} 0 \\ 1 \end{pmatrix}, \tag{11.3.8}$$

式中，

$$L_1 = \begin{pmatrix} \beta(t)u_n(E - E^{-1}) & \alpha(t)u_n(E - 1)v_{n-1} \\ \beta(t)v_n(E - 1) & \alpha(t)(Eu_n E - u_n) \end{pmatrix}, \tag{11.3.9}$$

$$L_2 = \begin{pmatrix} 0 & \alpha(t)u_n(E - 1) \\ \beta(t)(E - 1) & 0 \end{pmatrix}. \tag{11.3.10}$$

假设 $(D_n, B_n)^{\mathrm{T}}$ 展成式（11.2.15），并取其边值条件为

$$D_n = \alpha(t)n\lambda^k, \quad B_n = 2\beta(t)n\lambda^{k-1}. \tag{11.3.11}$$

将式（11.2.15）和式（11.3.11）代入式（11.3.8）并比较 λ 的同次幂系数得

$$\begin{pmatrix} u_n \\ v_n \end{pmatrix}_t = L_1 \begin{pmatrix} d_{n,k} \\ b_{n,k} \end{pmatrix}, \tag{11.3.12}$$

$$L_2 \begin{pmatrix} d_{n,j+1} \\ b_{n,j+1} \end{pmatrix} = L_1 \begin{pmatrix} d_{n,j} \\ b_{n,j} \end{pmatrix} \quad (j = 0,1,\cdots,k-1), \tag{11.3.13}$$

$$L_2\begin{pmatrix} d_{n,0} \\ b_{n,0} \end{pmatrix} = \begin{pmatrix} 0 \\ \alpha(t)\beta(t) \end{pmatrix} = 0 . \tag{11.3.14}$$

由式（11.3.13）得

$$d_{n,0} = (E-1)^{-1}\alpha(t) , \quad b_{n,0} = 0 . \tag{11.3.15}$$

取算子

$$L = L_1 L_2^{-1} = \begin{pmatrix} u_n(E-1)v_{n-1}(E-1)^{-1}\dfrac{1}{u_n} & u_n(1+E^{-1}) \\[2mm] (Eu_nE-u_n)(E-1)^{-1}\dfrac{1}{u_n} & v_n \end{pmatrix} , \tag{11.3.16}$$

式中，规定 $(E-1)^{-1}1 = n$ 且 $(E-1)^{-1}0 = 0$. 由式（11.3.13）得

$$\begin{pmatrix} d_{n,k} \\ b_{n,k} \end{pmatrix} = L_2^{-1} L^{k-1}\begin{pmatrix} \alpha(t)u_n(v_n - v_{n-1}) + 2\beta(t)u_n \\ \alpha(t)(u_{n+1} - u_n) + \beta(t)v_n \end{pmatrix} . \tag{11.3.17}$$

再将式（11.3.17）代入式（11.3.12）最终得到变系数非等谱 Toda 晶格方程族（11.3.3），其 Lax 对为带非等谱参数满足式（11.3.1）的谱方程（11.2.22）和如下的时间发展式：

$$\phi_{n,t}(z) = C_n\phi_{n-1}(z) + \beta(t)D_n\phi_n(z) . \tag{11.3.18}$$

11.3.2　散射数据随时间的发展规律

定理 11.3.1　假设 u_n 和 v_n 按变系数非等谱 Toda 晶格方程族（11.3.3）发展，则带谱参数满足式（11.3.1）的非等谱问题（11.2.22）的散射数据（11.2.24）的时间发展规律为

$$\frac{\mathrm{d}z}{\mathrm{d}t} = \alpha(t)\beta(t)(z^2 - 1)\left(z + \frac{1}{z}\right)^{k-1} , \tag{11.3.19}$$

$$R(t,z) = R[t,z(0)]\mathrm{e}^{2\int_0^t \left\{ \alpha(s)\beta(s)\left[z(s)+\frac{1}{z(s)}\right]^{k-1}\left[z(s)-\frac{1}{z(s)}\right]\right\}\mathrm{d}s} , \tag{11.3.20}$$

$$\frac{\mathrm{d}z_j}{\mathrm{d}t} = \alpha(t)\beta(t)(z_j^2 - 1)\left(z_j + \frac{1}{z_j}\right)^{k-1} , \tag{11.3.21}$$

$$c_j^2(t) = c_j^2(0)e^{\int_0^t \left\{ \alpha(s)\beta(s)\left[z_j(s) + \frac{1}{z_j(s)} \right]^k \left[k+2 - \frac{4}{1+z_j^2(s)} \right] \right\} ds}, \tag{11.3.22}$$

式中，$c_j(0)$ 和 $R(z,0)$ 为 $u_n(t) = u_n(0)$ 和 $v_n(t) = v_n(0)$ 时的散射数据.

证 与定理 11.2.2 的证明类似. 假设无穷级数（11.2.27）绝对收敛，则带谱参数满足式（11.3.1）的非等谱问题（11.2.22）存在 Jost 解（11.2.28）和解（11.2.29）.

首先，考虑连续谱. 由于 $\varphi_{n,t}(z) - C_n\varphi_{n-1}(z) - \beta(t)D_n\varphi_n(z)$ 是带谱参数满足式（11.3.1）的非等谱问题式（11.2.22）的解，因此存在待定函数 $\gamma(t)$ 和 $\vartheta(t)$ 使得

$$\varphi_{n,t}(z) - C_n\varphi_{n-1}(z) - \beta(t)D_n\varphi_n(z) = \gamma(t)\bar{\varphi}_n(z) + \vartheta(t)\varphi_n(z). \tag{11.3.23}$$

让 $n \to -\infty$，则由式（11.3.4）、式（11.2.29）和式（11.3.11）可知 $\varphi_n(z) \to z^{-n}$，$\bar{\varphi}_n(z) \to z^n$，$C_n \to -2\alpha(t)\beta(t)(n+1)\lambda^{k-1}$，$D_n \to \alpha(t)n\lambda^k$，因此得 $\gamma(t) = 0$，于是式（11.3.23）的渐近式为

$$-n\frac{dz}{dt} + 2\alpha(t)\beta(t)(n+1)\lambda^{k-1}z^2 - n\alpha(t)\beta(t)\lambda^k z = \vartheta(t)z. \tag{11.3.24}$$

比较式（11.3.24）中 n 的同次幂系数得

$$\frac{dz}{dt} = \alpha(t)\beta(t)\lambda^{k-1}(z^2-1), \quad \vartheta(t) = 2\alpha(t)\beta(t)\lambda^{k-1}z, \tag{11.3.25}$$

故将式（11.3.23）简化为

$$\varphi_{n,t}(z) - C_n\varphi_{n-1}(z) - \beta(t)D_n\varphi_n(z) = 2\alpha(t)\beta(t)\lambda^{k-1}z\varphi_n(z). \tag{11.3.26}$$

将线性关系式 $\varphi_n(z) = a(z)\bar{\phi}_n(z) + b(z)\phi_n(z)$ 代入式（11.3.26），再令 $n \to \infty$ 得

$$\frac{da(z,t)}{dt}z^{-n} + \frac{db(z,t)}{dt}z^n = 2\alpha(t)\beta(t)\lambda^{k-1}b(z,t)z^n\left(z - \frac{1}{z} \right), \tag{11.3.27}$$

从中得到

$$a(z,t)=a(z,0), \quad b(z,t) = b[z(0),0]e^{2\int_0^t \left\{ \alpha(s)\beta(s)\lambda^{k-1}(s)\left[z(s) - \frac{1}{z(s)} \right] \right\} ds}, \tag{11.3.28}$$

再由 $R(t,z) = b(t,z)/a(t,z)$ 即得式（11.3.20）.

其次，考虑离散谱. 取 $z = z_j$，因 $\phi_{n,t}(z) - C_n\phi_{n-1}(z) - \beta(t)D_n\phi_n(z)$ 是带谱参数满足式（11.3.1）的式（11.2.22）的解，故存在 $\delta(t)$ 和 $\omega(t)$ 使得

$$\phi_{n,t}(z_j) - C_n\phi_{n-1}(z_j) - \beta(t)D_n\phi_n(z_j) = \delta(t)\bar{\phi}_n(z_j) + \omega(t)\phi_n(z_j), \tag{11.3.29}$$

式中，因 $\phi_n(z_j) \to z_j^n$、$\bar{\phi}_n(z_j) \to z_j^{-n}$ $(n \to \infty)$ 得 $\delta(t) = 0$. 令 $Q_n(z_j) = \sqrt{S_n}\phi_n(z_j)$ 得

$$\sqrt{u_{n+1}}Q_{n+1}(z_j) + \sqrt{u_n}Q_{n-1}(z_j) + v_nQ_n(z_j) = \lambda_jQ_n(z_j). \tag{11.3.30}$$

利用式（11.3.30）将式（11.3.29）重写为

$$Q_{n,t}(z_j) + \frac{1}{2}\beta(t)(D_{n+1} - D_n)Q_n(z_j) - \frac{1}{2}\alpha(t)(\lambda_j - v_n)B_{n+1}Q_n(z_j)$$

$$+ \alpha(t)\sqrt{u_n}B_{n+1}Q_{n-1}(z_j) = \omega(t)Q_n(z_j). \tag{11.3.31}$$

借助式（11.3.30）将式（11.3.31）整理为

$$Q_{n,t}(z_j) + \frac{1}{2}\beta(t)(D_{n+1} - D_n)Q_n(z_j) + \frac{1}{2}\alpha(t)(B_{n+1} - B_n)\sqrt{u_n}Q_{n-1}(z_j)$$

$$+ \frac{1}{2}\alpha(t)\left[B_n\sqrt{u_n}Q_{n-1}(z_j) - B_{n+1}\sqrt{u_{n+1}}Q_{n+1}(z_j)\right] = \omega(t)Q_n(z_j). \tag{11.3.32}$$

用 $2Q_n(z_j)$ 乘上式并求和得

$$\frac{\mathrm{d}}{\mathrm{d}t}\sum_{n=-\infty}^{\infty}Q_n^2(z_j) + \sum_{n=-\infty}^{\infty}\beta(t)(D_{n+1} - D_n)Q_n^2(z_j) + \sum_{n=-\infty}^{\infty}\alpha(t)(B_{n+1} - B_n)\sqrt{u_n}Q_{n-1}(z_j)Q_n(z_j)$$

$$+ \sum_{n=-\infty}^{\infty}\alpha(t)\left[B_n\sqrt{u_n}Q_{n-1}(z_j)Q_n(z_j) - B_{n+1}\sqrt{u_{n+1}}Q_n(z_j)Q_{n+1}(z_j)\right]$$

$$= 2\omega(t)\sum_{n=-\infty}^{\infty}Q_n^2(z_j). \tag{11.3.33}$$

由于 $Q_n(z_j)$ 为归一化本征函数，由式（11.3.33）得

$$\omega(t) = \frac{1}{2}\sum_{n=-\infty}^{\infty}\left[\beta(t)(D_{n+1} - D_n)Q_n^2 + \alpha(t)(B_{n+1} - B_n)\sqrt{u_n}Q_{n-1}Q_n\right], \tag{11.3.34}$$

并将之写成内积的形式

$$\omega(t) = \frac{1}{2}\left((E-1)\begin{pmatrix}\beta(t)D_n \\ \alpha(t)B_n\end{pmatrix}, \begin{pmatrix}Q_n^2(z_j) \\ \sqrt{u_n}Q_{n-1}(z_j)Q_n(z_j)\end{pmatrix}\right). \tag{11.3.35}$$

为计算式（11.3.35），我们利用式（11.3.13）得

$$(E-1)\begin{pmatrix}d_{n,j+1} \\ b_{n,j+1}\end{pmatrix} = P(E-1)\begin{pmatrix}d_{n,j} \\ b_{n,j}\end{pmatrix}, \tag{11.3.36}$$

式中，

$$P = \begin{pmatrix}v_n & (Eu_nE - u_n)(E-1)^{-1} \\ 1+E^{-1} & (E-1)v_{n-1}(E-1)^{-1}\end{pmatrix}, \tag{11.3.37}$$

引入满足关系 $P = TJ^{-1}$ 的两个反对称算子[3]

$$T = \begin{pmatrix} u_n E^{-1} - E u_n & v_n(1-E) \\ (E^{-1}-1)v_n & E^{-1}-E \end{pmatrix}, \quad J = \begin{pmatrix} 0 & 1-E \\ E^{-1}-1 & 0 \end{pmatrix}, \quad (11.3.38)$$

从中得到

$$T \begin{pmatrix} Q_n^2(z_j) \\ \sqrt{u_n} Q_{n-1}(z_j)\theta_n(z_j) \end{pmatrix} = \lambda_j J \begin{pmatrix} Q_n^2(z_j) \\ \sqrt{u_n} Q_{n-1}(z_j)Q_n(z_j) \end{pmatrix}. \quad (11.3.39)$$

利用式（11.3.39）和式（11.2.15），我们由式（11.3.35）得

$$\begin{aligned}
\omega(t) &= \frac{1}{2}\left((E-1)\sum_{m=0}^{k} \begin{pmatrix} \beta(t)d_{n,m} \\ \alpha(t)b_{n,m} \end{pmatrix} \lambda_j^{k-m}, \begin{pmatrix} Q_n^2(z_j) \\ \sqrt{u_n} Q_{n-1}(z_j)Q_n(z_j) \end{pmatrix} \right) \\
&= \frac{1}{2}\left((E-1)\sum_{m=0}^{k} \begin{pmatrix} \beta(t)d_{n,0} \\ \alpha(t)b_{n,0} \end{pmatrix} \lambda_j^{k}, \begin{pmatrix} Q_n^2(z_j) \\ \sqrt{u_n} Q_{n-1}(z_j)Q_n(z_j) \end{pmatrix} \right) \\
&= \frac{1}{2}(k+1)\left((E-1)\begin{pmatrix} n\beta(t) \\ \alpha(t) \end{pmatrix} \lambda_j^{k}, \begin{pmatrix} Q_n^2(z_j) \\ \sqrt{u_n} Q_{n-1}(z_j)Q_n(z_j) \end{pmatrix} \right) \\
&= \frac{1}{2}\alpha(t)\beta(t)(k+1)\lambda_j^{k}.
\end{aligned}$$

注意到 $Q_n(z_j) \to c_j(z_j)z_j^n \ (n \to \infty)$，我们从式（11.3.32）得

$$\frac{dc_j(t)}{dt} + nc_j(t)\frac{dz_j}{dt}\frac{1}{z_j} + \frac{1}{2}\alpha(t)\beta(t)\lambda_j^k c_j(t) + n\alpha(t)\beta(t)\lambda_j^{k-1}c_j(t)\frac{1}{z_j}$$

$$-\alpha(t)\beta(t)(n+1)\lambda_j^{k-1}c_j(t)z_j = \frac{1}{2}\alpha(t)\beta(t)(k+1)\lambda_j^k c_j(t), \quad (11.3.40)$$

由此得

$$\frac{dz_j}{dt} = \alpha(t)\beta(t)\lambda_j^{k-1}(z_j^2-1), \quad (11.3.41)$$

$$\frac{dc_j(t)}{dt} = \frac{1}{2}\alpha(t)\beta(t)\lambda_j^k c_j(t)\left(k+2 - \frac{4}{z_j^2+1} \right). \quad (11.3.42)$$

由式（11.3.41）可得式（11.3.21），同样由式（11.3.25）的第一式得到式（11.3.19），再求解式（11.3.42）即得式（11.3.22）。

11.3.3　*N*-孤子解

定理 11.3.2　广义非等谱 Toda 晶格方程族（11.3.3）存在形式上与式（11.2.49）和式（11.2.50）相同的 *N*-孤子解，但式（11.2.51）和式（11.2.52）中的散射数据 $z_j(t)$ 和 $c_j(t)$ 要分别满足式（11.3.21）和式（11.3.22）.

证　此定理的证明类似于定理 11.2.3 的证明，具体详见文献[85]，这里略之.

参 考 文 献

[1] 楼森岳, 唐晓艳. 非线性数学物理方法[M]. 北京: 科学出版社, 2006.

[2] Lax P D. Integrals of nonlinear equations of evolution and solitary waves[J]. Communications on Pure and Applied Mathematics, 1968, 21(5): 467-490.

[3] 陈登远. 孤子引论[M]. 北京: 科学出版社, 2006.

[4] Mathieu P. Supersymmetric extension of the Korteweg-de Vries equation[J]. Journal of Mathematical Physics, 1988, 29(11): 2499-2506.

[5] 张孟霞. 超对称方程的构造及其可积性质的研究[D]. 北京: 首都师范大学, 2008.

[6] Kulish P P, Zeitlin A M. Group-theoretical structure and the inverse scattering method for the super-KdV equation[J]. Journal of Mathematical Sciences, 2005, 125(2): 203-214.

[7] 孙义燧. 非线性科学若干前沿问题[M]. 合肥: 中国科学技术大学出版社, 2009.

[8] Arnold V I. Mathematical Methods of Classical Mechanics[M]. Berlin: Springer-Verlay, 1978.

[9] Cao C W. A cubic system which generates Bargmann potential and N-gap potential[J]. Chinese Quarterly Journal of Mathematics, 1988, 3(1): 90-96.

[10] Cao C W. A classical integrable system and the involutive representation of solutions of the KdV equation[J]. Acta Mathematica Sinica, 1991, 7(3): 216-223.

[11] Cheng Y, Li Y S. The constraint of the Kadomtsev-Petviashvili equation and its special solutions[J]. Physics Letters A, 1991, 157(1): 22-26.

[12] Zeng Y B, Li Y S, Chen D Y. A hierarchy of integrable Hamiltonian systems with Neumann type constraint[J]. Chinese Annals of Mathematics, Series B, 1992, 13(3): 327-340.

[13] Geng X G. Finite-dimensional discrete systems and integrable systems through nonlinearization of the discrete eigenvalue problem[J]. Journal of Mathematical Physics, 1993, 34(2): 805-817.

[14] Ma W X. Symmetry constraint of MKdV equations by binary nonlinearization[J]. Physica A, 1995, 219(3-4): 467-481.

[15] Zhou R G. The finite-band solution of the Jaulent-Miodek equation[J]. Journal of Mathematical Physics, 1997, 38(5): 2535-2546.

[16] Qiao Z J. Generalized r-matrix structure and algebro-geometric solution for integrable system[J]. Reviews in Mathematical Physics, 2001, 13(5): 545-586.

[17] Ablowitz M J, Clarkson P A. Solitons, Nonlinear Evolution Equations and Inverse Scattering[M]. Cambridge: Cambridge University Press, 1991.

[18] 李翊神. 孤立子与可积系统[M]. 上海: 上海科技教育出版社, 1999.

[19] Zhang S, Chen M T, Qian W Y. Painlevé analysis for a forced Korteweg-de Vries equation arisen in fluid dynamics of internal solitary waves[J]. Thermal Science, 2015, 19(4): 1223-1226.

[20] Zhang S, Chen M T. Painlevé integrability and new exact solutions of the (4+1)-dimensional Fokas equation[J]. Mathematical Problems in Engineering, 2015, 2015: 367425.

[21] Bour E. Théorie de la déformation des surfaces[J]. Journal de l'École Imperiale Polytechnique, 1862, 22: 1-148.

[22] Bäcklund A V. Om ytor med konstant negativ krökning[J]. Lunds Universitets Årsskrift, 1883, 19: 1-48.

[23] Bianchi L. Sulla trasformazione di Bäcklund per le superficie pseudosferiche[J]. Accademia dei Lincei, Rendiconti, V.Serie, 1892, 1: 3-12.

[24] Seeger A, Donth H, Kochendörfer A. Theorie der versetzungen in eindimensionalen Atomreihen III. versetzungen, eigenbewegungen und ihre wechselwirkung[J]. Zeitschrift für Physik, 1953, 134: 173-193.

[25] Lamb G L. Propagation of ultrashort optical pulses[J]. Physics Letters A, 1967, 25(3): 181-182.

[26] Lamb G L. Analytical descriptions of ultrashort optical pulse propagation in a resonant medium[J]. Reviews of Modern Physics, 1971, 43(2): 99-124.

[27] Barnard T W. $2N\pi$ ultrashort light pulses[J]. Physical Review A, 1972, 7(1): 373-376.

[28] Wahlquist H D, Estabrook F B. Bäcklund transformations for solitons of the Korteweg-de Vries equation[J]. Physical Review Letters, 1985, 31(23): 1386-1390.

[29] Lamb G L. Bäcklund transformation in nonlinear pulse propagation[J]. Physics Letters A, 1974, 48(1): 73-74.

[30] Rogers C, Schief W K. Bäcklund Transformation and Darboux Transformations: Geometry and Modern Applications in Soliton Theory[M]. Cambridge: Cambridge University Press, 2002.

[31] Hu X B, Clarkson P A. Bäcklund transformations and nonlinear superposition formulae of a differential-difference KdV equation[J]. Journal of Physics A: General Physics, 1999, 31(5): 1405-1414.

[32] Kuznetsov V B, Sklyanin E K. On Bäcklund transformations for many-body systems[J]. Journal of Physics A: General Physics, 1999, 31(9): 2241-2251.

[33] Choudhury A G, Chowdhury A R. Canonical and Bäcklund transformations for discrete integrable systems and classical r-matrix[J]. Physics Letters A, 2001, 280(1-2): 37-44.

[34] 王红艳, 胡星标. 带自相容源的孤立子方程[M]. 北京: 清华大学出版社, 2008.

[35] Fan E G. New bilinear Bäcklund transformation and Lax pair for the supersymmetric two-Boson equation[J]. Studies in Applied Mathematics, 2011, 127(3): 284-301.

[36] Zhang S, Zhu R. KdV hierarchy with time-dependent coefficients: Lax integrability, bilinear Bäcklund transformation and soliton solutions[J]. Optik, 2017, 142: 463-469.

[37] 谷超豪, 胡和生, 周子翔. 孤立子理论中的达布变换及其几何应用[M]. 上海: 上海科学技术出版社, 1999.

[38] Darboux G. Sur une proposition relative aux équations linéaires[J]. Compts Rendus Hebdomadaires des Seances de l'Academie des Sciences, 1882, 94: 1456-1459.

[39] Matveev V B, Salle M A. Darboux Transformation and Solitons[M]. Berlin: Springer-Verlag, 1991.

[40] Konno K, Wadati M. Simple derivation of Bäcklund transformation from Riccati form of inverse method[J]. Progress of Theoretical Physics, 1975, 53(6): 1652-1656.

[41] Wadati M, Sanuki H, Konno K. Relationships among inverse method, Bäcklund an infinite number of conservation laws[J]. Progress of Theoretical Physics, 1975, 53(2): 419-436.

[42] 谷超豪, 郭柏灵, 李翊神, 等. 孤立子理论与应用[M]. 杭州: 浙江科学技术出版社, 1990.

[43] Gu C H, Hu H S. A unified explicit form of Bäcklund transformations for generalized hierarchies of KdV equations[J]. Letters in Mathematical Physics, 1986, 11(4): 325-335.

[44] Gu C H, Zhou Z X. On the Darboux matrices of Bäcklund transformations for AKNS systems[J]. Letters in Mathematical Physics, 1987, 13(3): 179-187.

[45] 范恩贵. 可积系统与计算机代数[M]. 北京: 科学出版社, 2004.

[46] 闫振亚. 复杂非线性波的构造性理论及其应用[M]. 北京: 科学出版社, 2006.

[47] Geng X G, Tam H W. Darboux transformation and soliton solutions for generalized nonlinear Schrödinger equation[J]. Journal of the Physical Society of Japan, 1999, 68(5): 1508-1512.

[48] Li Y S, Zhang J E. Darboux transformations of classical Boussinesq system and its multi-soliton solutions[J]. Physics Letters A, 2001, 284(6): 253-258.

[49] Zhang J S. Explicit solutions of a finite-dimensional integrable system[J]. Physics Letters A, 2005, 348(1-2): 24-27.

[50] 贺劲松, 张玲, 程艺, 等. AKNS 系统 Darboux 变换的行列式表示[J]. 中国科学 A 辑, 2006, 36(9): 971-983.

[51] Lou S Y, Jia M, Tang X, et al. Vortices, circumfluence, symmetry groups, and Darboux transformations of the (2+1)-dimensional Euler equation[J]. Physical Review E, 2007, 75(5): 056318.

[52] Zhaqilao, Li Z B. Darboux transformation and bidirectional soliton solutions of a new (2+1)-dimensional soliton equation[J]. Physics Letters A, 2008, 372(9): 1422-1428.

[53] Zhang S, Liu D D. The third kind of Darboux transformation and multisoliton solutions for generalized Broer-Kaup equations[J]. Turkish Journal of Physics, 2015, 39(2): 165-177.

[54] Leivi D, Ragnisco O. The inhomogeneous Toda lattice: Its hierarchy and Darboux-Bäcklund transformations[J]. Journal of Physics A: Mathematical and General, 1991, 24(8): 1729-1739.

[55] Zhang S, Liu D D. Darboux transform and conservation laws of new differential-difference equations[J]. Thermam Science, 2020, 24(4): 2519-2527.

[56] Liu Q P, Mañas M. Darboux transformation for the Manin-Radul supersymmetric KdV equation[J]. Physics Letters B, 1997, 394(3-4): 337-342.

[57] Xiao T, Zeng Y B. A new constrained mKP hierarchy and the generalized Darboux transformation for the mKP equation with self-consistent sources[J]. Physica A, 2005, 353: 38-60.

[58] Guo B L, Ling L M. Rouge wave, breathers and bright-dark-rogue solutions for the coupled Schrödinger equations[J]. Chinese Physics Letters, 2011, 28(11): 110202.

[59] Guo B L, Ling L M, Liu Q P. Nonlinear Schrödinger equation: Generalized Darboux transformation and rogue wave solutions[J]. Physical Review E, 2012, 85(2): 026607.

[60] Ling L M, Guo B L, Zhao L C. High-order rogue waves in vector nonlinear Schrödinger equations[J]. Physical Review E, 2014, 89(4): 041201(R).

[61] Gardner C S, Greene J M, Kruskal M D, et al. Method for solving the Korteweg-de Vries equation[J]. Physical Review Letters, 1967, 19(19): 1095-1097.

[62] Gardner C S, Greene J M, Kruskal, M D, et al. Korteweg-de Vries equation and generalization. VI. methods for exact solution[J]. Communications on Pure and Applied Mathematics, 1974, 27(1): 97-133.

[63] Zakharov V E, Shabat A B. Exact theory of two-dimensional self-focusing and one-dimensional self-modulation of waves in nonlinear media[J]. Journal of Experimental and Theoretical Physics, 1972, 34(1): 62-69.

[64] Wadati M. The modified Korteweg-de Vries equation [J]. Journal of the Physical Society of Japan, 1973, 34(5): 1289-1296.

[65] Ablowitz M J, Kaup D J, Newell A C, et al. Method for solving the sine-Gordon equation[J]. Physical Review Letters, 1973, 30(25): 1262-1264.

[66] Ablowitz M J, Kaup D J, Newell A C, et al. Nonlinear evolution equation of physical significance[J]. Physical Review Letters, 1973, 31(2): 125-127.

[67] Ablowitz M J, Kaup D J, Newell A C, et al. The inverse scattering transform-Fourier analysis for nonlinear problems[J]. Studies in Applied Mathematics, 1974, 53(4): 249-315.

[68] Flaschka H. On the Toda lattice. II. inverse-scattering solution[J]. Progress of Theoretical Physics, 1974, 51(3): 703-716.

[69] Ablowitz M J, Ladik J F. Nonlinear differential-difference equations[J]. Journal of Mathematical Physics, 1975, 16(3): 598-603.

[70] 李翊神, 庄大蔚. 两类非线性演化方程的等价[J]. 中国科学 A 辑, 1983, 13(2): 107-118.

[71] Nachman A I, Ablowitz M J. A multidimensional inverse scattering method[J]. Studies in Applied Mathematics, 1984, 71(3): 243-250.

[72] Chan W L, Li K S. Nonpropagating solitons of the variable coefficient and nonisospectral Korteweg-de Vries equation[J]. Journal of Mathematical Physics, 1989, 30(11): 2521-2526.

[73] Xu B Z, Zhao S Q. Inverse scattering transformation for the variable coefficient sine-Gordon type equation[J]. Applied Mathematics-A Journal of Chinese Universities, 1994, 9(4): 331-337.

[74] Zeng Y B, Ma W X, Lin R L. Integration of the soliton hierarhcy with sel-consistent sources[J]. Journal of Mathematical Physics, 2000, 41(8): 5453-5459.

[75] Ning T K, Chen D Y, Zhang D J. Soliton-like solutions for a nonisospectral KdV hierarchy[J]. Chaos, Solitons & Fractals, 2004, 21(2): 395-401.

[76] Ning T K, Chen D Y, Zhang D J. The exact solutions for the nonisospectral AKNS hierarchy through the inverse scattering transform[J]. Physica A, 2004, 339(3): 248-266.

[77] Li Q, Zhang D J, Chen D Y. Solving the hierarchy of the nonisoipectral KdV equation with self-consistent sources via the inverse scattering transform[J]. Journal of Physics A: Mathematical and Theoretical, 2008, 41(35): 355209.

[78] Li Q, Zhang D J, Chen D Y. Solving non-isospectral mKdV equation and sine-Gordon equation hierarchies with self-consistent sources via inverse scattering transform[J]. Communications in Theoretical Physics, 2010, 54(2): 219-228.

[79] Zhang J B, Zhang D J, Chen D Y. Exact solutions to a mixed Toda lattice hierarchy through the inverse scattering transform[J]. Journal of Physics A: Mathematical and Theoretical, 2011, 44(11): 115201.

[80] Zhang S, Xu B, Zhang H Q. Exact solutions of a KdV equation hierarchy with variable coefficients[J]. International Journal of Computer Mathematics, 2014, 91(7): 1601-1616.

[81] Zhang S, Hong S Y. Lax integrability and exact solutions of a variable-coefficient and nonisospectral AKNS hierarchy[J]. International Journal of Nonlinear Sciences and Numerical Simulation, 2018, 19(3-4): 251-262.

[82] Zhang S, Gao X D. Mixed spectral AKNS hierarchy from linear isospectral problem and its exact solutions[J]. Open Physics, 2015, 13(1): 310-322.

[83] Gao X D, Zhang S. Time-dependent-coefficient AKNS hierarchy and its exact multi-soliton solutions[J]. International Journal of Applied Science and Mathematics, 2016, 3(2): 72-75.

[84] Zhang S, Hong S Y. On a generalized Ablowitz-Kaup-Newell-Segur hierarchy in inhomogeneities of media: Soliton solutions and wave propagation influenced from coefficient functions and scattering data[J]. Waves in Random and Complex Media, 2018, 28(3): 435-452.

[85] Zhang S, Wang D. Variable-coefficient nonisospectral Toda lattice hierarchy and its exact solutions[J]. Pramana-Journal of Physics, 2015, 85(6): 1143-1156.

[86] Zhang S, Zhao S, Xu B. Analytical insights into a generalized semi-discrete system with time-varying coefficients: Derivation, exact solutions and nonlinear soliton dynamics[J]. Complexity, 2020, 2020: 1543503.

[87] Girardello L, Sciuto S. Inverse scattering-like problem for supersymmetric models[J]. Physics Letters B, 1978, 77(3): 267-269.

[88] Chaichian M, Kulish P P. On the method of inverse scattering problem and Bäcklund transformations for supersymmetric equations[J]. Physics Letters B, 1978, 78(4): 413-416.

[89] Izergin A G, Kulish P P. On the inverse scattering method for the classical massive thirring model with anticommuting variables[J]. Letters in Mathematical Physics, 1978, 2(4): 297-302.

[90] Izergin A G, Kulish P P. Inverse scattering problem for systems with anticommuting variables and the massive thirring model[J]. Theoretical and Mathematical Physics, 1980, 44(2): 684-687.

[91] Mikhailov A V. Integrability of supersymmetrical generalizations of classical chiral models in two-dimensional space-time[J]. JETP Letters, 1978, 28(8): 512-515.

[92] Kulish P P, Tsyplyaev S A. Supersymmetric $\cos\Phi_2$ model and the inverse scattering technique[J]. Theoretical and Mathematical Physics, 1981, 46(2): 172-186.

[93] Zhang S, You C H. Inverse scattering transform for a supersymmetric Korteweg-de Vries equation[J]. Thermal Science, 2019, 23(Suppl. 1): S677-S684.

[94] Zhang S, Wei Y Y, Xu B. Fractional soliton dynamics and spectral transform of time-fractional nonlinear systems: A concrete example[J]. Complexity, 2019, 2019: 7952871.

[95] Ablowitz M J, Ramani A, Segur H. A connection between nonlinear evolution equations and ordinary differential equations of P-type. I[J]. Journal of Mathematical Physics, 1980, 21(4): 715-721.

[96] 杨伯君, 赵玉芳. 高等数学物理方法[M]. 北京: 北京邮电大学出版社, 2003.

[97] Wahlquist H D, Estabrook F B. Prolongation structures of nonlinear evolution equations[J]. Journal of Mathematical Physics, 1975, 16(1): 1-7.

[98] Estabrook F B, Wahlquist H D. Prolongation structures of nonlinear evolutionequations. II[J]. Journal of Mathematical Physics, 1976, 17(7): 1293-1297.

[99] Guo H Y, Wu K, Hsiang Y Y, et al. On the prolongation structure of Ernst equation[J]. Communications in Theoretical Physics, 1982, 1(5): 661-664.

[100] Wang S K, Guo H Y, Wu K. Inverse scattering transform and regular Riemann-Hilbert problem[J]. Communications in Theoretical Physics, 1983, 2(3): 1169-1173.

[101] Bai Y Q, Pei M, Liu Z. The simplified methodology for obtaining the Lie algebra structures of nonlinear evolution equations[J]. Nonlinear Analysis-Theory Methods & Applications, 2009, 70(1): 176-183.

[102] Fokas A S, Its A R. The nonlinear Schrödinger equation on the interval[J]. Journal of Physics A: General Physics, 2004, 37(23): 6091-6114.

[103] Chakravarty S, Prinari B, Ablowitz M J. Inverse scattering transform for 3-level coupled Maxwell-Bloch equations with inhomogeneous broadening[J]. Physica D, 2014, 278-279: 58-78.

[104] Biondini G, Kovacic G. Inverse scattering transform for the focusing nonlinear Schrödinger equation with nonzero boundary conditions[J]. Journal of Mathematical Physics, 2014, 55(3): 031506.

[105] Randoux S, Suret P, El G. Inverse scattering transform analysis of rogue waves using local periodization procedure[J]. Scientific Reports, 2016, 6: 29238.

[106] Zakharov V E, Manakov S V, Novikov S P, et al. The Theory of Solitons: The Inverse Scattering Method[M]. New York: Consultants Bureau, 1984.

[107] Deift P, Zhou X. A steepest descent method for oscillatory Riemann-Hilbert problems[J]. Annals of Mathematics, 1993, 137(2): 295-368.

[108] Fokas A S. A unified transform method for solving linear and certain nonlinear PDEs[J]. Proceedings of the Royal Society A: Mathematical, Physical and Engineering Sciences, 1997, 453(1962): 1411-1443.

[109] Xu J, Fan E G, Chen Y. Long-time asymptotic for the derivative nonlinear Schrödinger equation with step-like initial value[J]. Mathematical Physics, Analysis and Geometry, 2013, 16(3): 253-288.

[110] Huang L, Xu J, Fan E G. Long-time asymptotic for the Hirota equation via nonlinear steepest descent method[J]. Nonlinear Analysis-Real World Applications, 2015, 26: 229-262.

[111] Tian S F. Initial-boundary value problems for the general coupled nonlinear Schrödinger equation on the interval via the Fokas method[J]. Journal of Differential Equations, 2016, 262(1): 506-588.

[112] Ma W X. Riemann-Hilbert problems and N-soliton solutions for a coupled mKdV system[J]. Journal of Geometry and Physics, 2018, 132: 45-54.

[113] Wang D S, Wang X L. Long-time asymptotics and the bright N-soliton solutions of the Kundu-Eckhaus equation via the Riemann-Hilbert approach[J]. Nonlinear Analysis-Real World Applications, 2018, 41: 334-361.

[114] Geng X G, Liu H. The nonlinear steepest descent method to long-time asymptotics of the coupled nonlinear Schrödinger equation[J]. Journal of Nonlinear Science, 2018, 28(2): 739-763.

[115] Hu B B, Xia T C, Ma W X. Riemann-Hilbert approach for an initial-boundary value problem of the two-component modified Korteweg-de Vries equation on the half-line[J]. Applied Mathematics and Computation, 2018, 332: 148-159.

[116] Wang D S, Guo B L, Wang X L. Long-time asymptotics of the focusing Kundu-Eckhaus equation with nonzero boundary conditions[J]. Journal of Differential Equations, 2019, 266(9): 5209-5253.

[117] Hirota R. Exact solution of the Korteweg-de Vries equation for multiple collisions of solitons[J]. Physical Review Letters, 1971, 27(18): 1192-1194.

[118] Hirota R. The Direct Method in Soliton Theory[M]. New York: Cambridge University Press, 2004.

[119] Hu X B, Li Y. Superposition formulae of a fifth order KdV equation and its modified equation[J]. Acta Mathematicae Applicatae Sinica, 1988, 4(1): 46-54.

[120] Deng S F, Chen D Y. The novel multisoliton solutions of the KP equation[J]. Journal of the Physical Society of Japan, 2001, 70(10): 3174-3175.

[121] Chen D Y, Zhang D J, Deng S F. The novel multisoliton solutions of the mKdV-sine Gordon equation[J]. Journal of the Physical Society of Japan, 2002, 71(2): 658-659.

[122] Zhang Y, Deng S F, Chen D Y. The novel multi-soliton solutions of equation for shallow water waves[J]. Journal of the Physical Society of Japan, 2003, 72(3): 763-764.

[123] Boiti M, Leon J, Manna M, et al. On the spectral transform of a Korteweg-de Vries equation in two spatial dimensions[J]. Inverse Problems, 1986, 2(3): 271-279.

[124] Liu Q P, Hu X B, Zhang M X. Supersymmetric modified Korteweg-de Vries equation: Bilinear approach[J]. Nonlinearity, 2005, 18(4): 1597-1603.

[125] Liu Q P, Hu X B. Bilinearization of $N=1$ supersymmetric Korteweg-de Vries equation revisited[J]. Journal of Physics A, 2005, 38(28): 6371-6378.

[126] Zhang S, Liu D. Multisoliton solutions of a (2+1)-dimensional variable-coefficient Toda lattice equation via Hirota's bilinear method[J]. Canadian Journal of Physics, 2014, 92(3): 184-190.

[127] Zhang S, Tian C, Qian W Y. Bilinearization and new multi-soliton solutions for the (4+1)-dimensional Fokas equation[J]. Pramana-Journal of Physics, 2016, 86(6): 1259-1267.

[128] Zhang S, Gao X D. Exact *N*-soliton solutions and dynamics of a new AKNS equations with time-dependent coefficients[J]. Nonlinear Dynamics, 2016, 83(1): 1043-1052.

[129] Zhang S, Wang Z Y. Bilinearization and new soliton solutions of Whitham-Broer-Kaup equations with time-dependent coefficients[J]. Journal of Nonlinear Sciences and Applications, 2017, 10(5): 2324-2339.

[130] Zhang S, Liu M Y, Xu B. New multi-soliton solutions of Whitham-Broer-Kaup shallow-water-wave equations[J]. Thermal Science, 2017, 21(Suppl. 1): S137-S144.

[131] Zhang S, Wei Y Y, Xu B. Bilinearization and fractional soliton dynamics of fractional Kadomtsev-Petviashvili equation[J]. Thermal Science, 2019, 23(3): 1425-1431.

[132] Hu X B, Wang H Y. Construction of dKP and BKP equations with self-consistent sources[J]. Inverse Problems, 2006, 22(5): 1903-1920.

[133] Chow K W. Lattice solitons directly by the bilinear method[J]. Journal of Mathematical Physics, 1994, 35(8): 4057-4066.

[134] Chow K W. Periodic solutions for a system of four coupled nonlinear Schrödinger equations[J]. Physics Letters A, 2001, 285(5): 319-326.

[135] Fan E G, Hon Y C. Quasiperiodic waves and asymptotic behavior for Bogoyavlenskii's breaking soliton equation in (2+1) dimensions[J]. Physical Review E, 2008, 78(3): 036607.

[136] Hon Y C, Fan E G, Qin Z Y. A kind of explicit quasi-periodic solution and its limit for the Toda lattice equation[J]. Modern Physics Letters B, 2008, 22(8): 547-553.

[137] 张冀. 基于双线性方法的孤子可积系统[D]. 上海: 上海大学, 2004.

[138] 陈登远, 朱晓莹, 张建兵, 等. 等谱 AKNS 方程的新孤子解[J]. 数学年刊, 2012, 33A(2): 205-216.

[139] Zhang S, Cai B. Multi-soliton solutions of a variable-coefficient KdV hierarchy[J]. Nonlinear Dynamics, 2014, 78(3): 1593-1600.

[140] Zhang S, Zhang L Y. Bilinearization and new multi-soliton solutions of mKdV hierarchy with time-dependent coefficients[J]. Open Physics, 2016, 14(1): 69-75.

[141] Zhang S, Gao X D. Analytical treatment on a new generalized Ablowitz-Kaup-Newell-Segur hierarchy of thermal and fluid equations[J]. Thermal Science, 2017, 21(4): 1607-1612.

[142] 张盛. 非线性微分方程的若干精确求解法与符号计算[D]. 大连: 大连理工大学, 2012.

[143] Olver P J. Applications of Lie Groups to Differential Equations[M]. New York: Springer-Verlag, 1987.

[144] Clarkson P A, Kruskal M D. New similarity solutions of the Boussinesq equation[J]. Journal of Mathematical Physics, 1989, 30(10): 2201-2213.

[145] Lie S. Über die integration durch bestimmte integrale von einer klasse linear partieller differentialgleichungen[J]. Archiv der Mathematik, 1881, 6(3): 328-368.

[146] Ovsiannikov L V. Groups and group-invariant solutions of differential equations[J]. Dokl Akad Nauk USSR, 1958, 118: 439-442.

[147] Fuchaateiner B, Fokas A S. Symplectic structures, their Bäcklund transformations and hereditary symmetries[J]. Physica D, 1981, 4(1): 47-66.

[148] 李翊神, 朱国城. 可积方程新的对称、李代数及谱可变演化方程（I）[J]. 中国科学 A 辑, 1987, 17(3): 1243-1250.

[149] 田畴. Burgers 方程的新的强对称、对称和李代数[J]. 中国科学 A 辑, 1987, 17(10): 1009-1018.

[150] Lou S Y. Twelve sets of symmetries of the Caudrey-Dodd-Gibbon-Sawada-Kotera equation[J]. Physics Letters A, 1993, 175(1): 23-26.

[151] Qu C Z. Nonclassical symmetry reductions for the integrable super KdV equations[J]. Communications in Theoretical Physics, 1995, 24(2): 177-184.

[152] 范恩贵. 齐次平衡法、Weiss-Tabor-Carnevale 法及 Clarkson-Kruskal 约化法之间的联系[J]. 物理学报, 2000, 49(8): 1409-1412.

[153] 特木尔朝鲁, 白玉山. 基于吴方法的确定和分类（偏）微分方程古典和非古典对称新算法理论[J]. 中国科学: 数学, 2010, 40(4): 331-348.

[154] Tian S F, Zou L, Zhang T T. Lie symmetry analysis, conservation laws and analytical solutions for the constant astigmatism equation[J]. Chinese Journal of Physics, 2017, 55(5): 1938-1952.

[155] Buhe E, Bluman G, Kara A H. Conservation laws for some systems of nonlinear PDEs via the symmetry/adjoint symmetry pair method[J]. Journal of Mathematical Analysis and Applications, 2016, 436(1): 94-103.

[156] Zakharov V E, Shabat A B. A scheme for integrating the nonlinear equations of mathematical physics by the method of the inverse scattering problem. I[J]. Functional Analysis and its Applications, 1974, 8(3): 226-235.

[157] Novikov S P. The periodic problem for the Korteweg-de vries equation[J]. Functional Analysis and Its Applications, 1974, 8(3): 236-246.

[158] Dubrovin B A. Periodic problems for the Korteweg-de Vries equation in the class of finite band potentials[J]. Functional Analysis and Its Applications, 1975, 9(3): 215-223.

[159] Lax P D. Almost periodic solutions of the KdV equation[J]. Communications on Pure and Applied Mathematics, 1976, 18(3): 351-375.

[160] 张鸿庆. 弹性力学方程组一般解的统一理论[J]. 大连理工大学学报, 1978, 18(3): 23-47.

[161] Wang M L. Solitary wave solutions for variant Boussinesq equations[J]. Physics Letters A, 1995, 199(3-4): 169-172.

[162] Lou S Y, Huang G X, Ruan H Y. Exact solitary waves in a convecting fluid[J]. Journal of Physics A: General Physics, 1999, 24(11): L587-L590.

[163] Malfliet W. Solitary wave solutions of nonlinear wave equations[J]. American Journal of Physics, 1992, 60(7): 650-654.

[164] Liu S K, Fu Z T, Liu S D, et al. Jacobi elliptic function expansion method and periodic wave solutions of nonlinear wave equations[J]. Physics Letters A, 2001, 289(1): 69-74.

[165] He J H, Wu X H. Exp-function method for nonlinear wave equations[J]. Chaos, Solitons and Fractals, 2006, 30(3): 700-708.

[166] Yan Z Y, Hang C. Analytical three-dimensional bright solitons and soliton pairs in Bose-Einstein condensates with time-space modulation[J]. Physical Review A, 2009, 80(6): 063626.

[167] Yan Z Y, Konotop V V, Akhmediev N. Three-dimensional rogue waves in nonstationary parabolic potentials[J]. Physical Review E, 2010, 82(3): 036610.

[168] Yan Z Y, Zhang X F, Liu W M. Nonautonomous matter waves in a waveguide[J]. Physical Review A, 2011, 84(2): 023627.

[169] Yan Z Y. Vector financial rogue waves[J]. Physics Letters A, 2011, 375(48): 4274-4279.

[170] 闫振亚. 非线性波与可积系统[D]. 大连: 大连理工大学, 2002.

[171] Taogetusang, Sirendaoreji. The Jacobi elliptic function-like exact solutions to two kinds of KdV equations with variable coefficients and KdV equation with forcible term[J]. Chinese Physics B, 2006, 15(12): 2809-2818.

[172] Wang Z. Discrete tanh method for nonlinear difference-differential equations[J]. Computer Physics Communications, 2009, 180(7): 1104-1108.

[173] 周激流, 蒲亦非, 廖科. 分数阶微积分原理及其在现代信号分析与处理中的应用[M]. 北京: 科学出版社, 2010.

[174] 郭柏灵, 蒲学科, 黄凤辉. 分数阶偏微分方程及其数值解[M]. 北京: 科学出版社, 2011.

[175] El-Sayed A M A, Rida S Z, Arafa A A M. Exact solutions of fractional-order biological population model[J]. Communications in Theoretical Physics, 2009, 52(12): 992-996.

[176] Oldham K B, Spanier J. The Fractional Calculus: Theory and Application of Differential and Integration to Arbitrary Order[M]. San Diego: Academic Press, 1974.

[177] Miller K S, Ross B. An Introduction to the Fractional Calculus and Fractional Differential Equations[M]. New York: John Willy & Sons, 1993.

[178] Podlubny I. Fractional Differential Equations[M]. San Diego: Academic Press, 1999.

[179] Zhang S, Xia T C. A generalized auxiliary equation method and its application to (2+1)-dimensional asymmetric Nizhnik-Novikov-Vesselov equations[J]. Journal of Physics A: Mathematical and Theoretical, 2007, 40(2): 227-248.

[180] Zhang S. New exact non-travelling wave and coefficient function solutions of the (2+1)-dimensional breaking soliton equations[J]. Physics Letters A, 2007, 368(6): 470-475.

[181] Zhang S, Xia T C. Variable-coefficient Jacobi elliptic function expansion method for (2+1)-dimensional Nizhnik-Novikov-Vesselov equations[J]. Applied Mathematics and Computation, 2011, 218(4): 1308-1316.

[182] Zhang S, Wang W, Tong J L. The improved sub-ODE method for a generalized KdV-mKdV equation with nonlinear terms of any order[J]. Physics Letters A, 2008, 372(21): 3803-3813.

[183] Zhang S, Xia T C. Variable-coefficient extended mapping method for nonlinear evolution equations[J]. Physics Letters A, 2008, 372(11): 1741-1749.

[184] Fan E G. Soliton solutions for a generalized Hirota-Satsuma coupled KdV equation and a coupled MKdV equation[J]. Physics Letters A, 2001, 282(1-2): 18-22.

[185] Fan E G. Travelling wave solutions in terms of special functions for nonlinear coupled evolution systems[J]. Physics Letters A, 2002, 300(2-3): 243-249.

[186] Lü D Z. Jacobi elliptic function solutions for two variant Boussinesq equations[J]. Chaos, Solitons and Fractals, 2005, 24(5): 1373-1385.

[187] Song L N, Zhang H Q. A new variable coefficient Korteweg-de Vries equation-based sub-equation method and its application to the (3+1)-dimensional potential-YTSF equation[J]. Applied Mathematics and Computation, 2007, 189(1): 560-566.

[188] Russell S J. Experimental researches into the laws of certain hydrodynamical phenomena that accompany the motion of floating bodies and have not previously been reduced into conformity with the laws of resistance of fluids[J]. Transactions of the Royal Society of Edinburgh, 1839, 14(3): 47-109.

[189] Russell S J. The Modern System of Naval Architecture[M]. London: Day & Son, 1865.

[190] Russell S J. Report on waves[C]. Fourteen Meeting of the British Association for the Advancement of Science. London: John Murray, 1844.

[191] 黄景宁, 徐济仲, 熊吟涛. 孤子: 概念、原理和应用[M]. 北京: 高等教育科学出版社, 2004.

[192] Boussinesq M J. Théorie des ondes et de remous qui se propagent le long d'un canal rectangulaire horizontal, en communiquant au liquide contenu dans ce canal des vitesses sensiblement pareilles de la surface au fond[J]. Journal de Mathématiques Pures et Appliquées, 1872, 17: 55-108.

[193] Korteweg D J, de Vries G. On the change of form of long waves advancing in a rectangular canal, and on a new type of long stationary waves[J]. Philosophical Magazine Series 5, 1895, 39(240): 422-433.

[194] Fermi E, Pasta J, Ulam S. Studies of nonlinear problems. I: Report No. LA-1940[R]. New Mexico: Los Alamos Scientific Laboratory, 1955.

[195] Perring J K, Skyrme T H R. A model unified field equation[J]. Nuclear Physics, 1962, 31: 550-555.

[196] Zabusky N J, Kruskal M D. Interaction of "solitons" in a collisionless plasma and the recurrence of initial states[J]. 1965, 15(6): 240-243.

[197] Toda M. Vibration of a chain with nonlinear interaction[J]. Journal of the Physical Society of Japan, 1967, 22(2): 431-436.

[198] Toda M. Wave propagation in anharmonic lattices[J]. Journal of the Physical Society of Japan, 1967, 23(3): 501-506.

[199] Lamb G L. Elements of Soliton Theory[M]. New York: John Wiley & Sons, 1980.

[200] Newell A C. Soliton in Mathematics and Physics[M]. Philadelphia: SIAM, 1985.

[201] Faddeev L D, Takhtajan L A. Hamiltonian Method in the Theory of Solitons[M]. Berlin: Springer-Verlag, 1987.

[202] 郭柏灵, 庞小峰. 孤立子[M]. 北京: 科学出版社, 1987.

[203] 黄念宁. 孤子理论和微扰方法[M]. 上海: 上海科技教育出版社, 1996.

[204] 庞小峰. 孤子物理学[M]. 成都: 四川科学技术出版社, 2003.

[205] Babelon O, Bernard D, Talon M. Introduction to Classical Integrable System[M]. Cambridge: Cambridge University Press, 2003.

[206] 田守富, 邹丽, 张田田. 非线性波的可积性与解析方法[M]. 北京: 科学出版社, 2017.

[207] Wu J, Keolian R, Rudnick I. Observation of a nonpropagating hydrodynamic soliton[J]. Physical Review Letters, 1984, 52(16): 1421-1424.

[208] Herink G, Kurtz F, Jalali B, et al. Real-time spectral interferometry probes the internal dynamics of femtosecond soliton molecules[J]. Science, 2017, 356(6333): 50-53.

[209] Liu X M, Yao X K, Cui Y D. Real-time observation of the buildup of soliton molecules[J]. Physical Review Letters, 2018, 121(2): 023905.

[210] 徐丹红, 楼森岳. 非线性光学中的暗孤子分子[J]. 物理学报, 2020, 69(1): 014208.

[211] Einstein A. Zur Elektrodynamik bewegter Körper[J]. Annalen der Physik, 1905, 322(10): 891-921.

[212] Belyaeva T L, Serkin V N. Wave-particle duality of solitons and solitonic analog of the Ramsauer-Townsend effect[J]. European Physical Journal D, 2012, 66(6): 153.

[213] Price W C, Chissick S S, Ravensdale T, et al. Wave Mechanics: The First Fifty Years[M]. New York: Wiley, 1973.

[214] Fujioka J, Espinosa A, Rodríguez R F. Fractional optical solitons[J]. Physics Letters A, 2010, 374(9): 1126-1134.

[215] Miura R M. Korteweg-de Vries equation and generalizations. I. A remarkable explicit nonlinear transformation [J]. Journal of Mathematical Physics, 1968, 9(8): 1202-1204.

[216] Ablowitz M J, Kruskal M, Segur H. A note on Miura's transformation[J]. Journal of Mathematical Physics, 1979, 20(6): 999-1003.

[217] Weiss J, Tabor M, Carnvale G. The Painlevé property for partial differential equations[J]. Journal of Mathematical Physics, 1983, 24(3): 522-526.

[218] Weiss J. The Painlevé property for partial differential equations. II: Bäcklund transformation, Lax pairs, and the Schwarzian derivative[J]. Journal of Mathematical Physics, 1983, 24(6): 1405-1413.

[219] 曾云波. 递推算子与Painlevé 性质[J]. 数学年刊 A 辑, 1991, 12(1): 78-88.

[220] Kruskal M D, Joshi N, Halburd R. Analytic and asymptotic methods for nonlinear singularity analysis: A review and extensions of tests for the Painlevé property[J]. Lecture Notes in Physics, 1997, 495: 171-205.

[221] Zakharov V E. What is Integrability?[M]. Berlin: Springer-Verlag, 1991.

[222] 郭柏灵, 田立新, 闫振亚, 等. 怪波及其数学理论[M]. 杭州: 浙江科学技术出版社, 2015.

[223] Wang L, Yan Z Y, Guo B L. Numerical analysis of the Hirota equation: Modulational instability, breathers, rogue waves, and interactions[J]. Chaos, 2020, 30(3): 013114.

[224] Liu Y, Gao Y T, Sun Z Y, et al. Multi-soliton solutions of the forced variable-coefficient extended Korteweg-de Vries equation arisen in fluid dynamics of internal solitary waves[J]. Nonlinear Dynamics, 2011, 66(4): 575-587.

[225] Fokas A S. Integrable nonlinear evolution partial differential equations in 4+2 and 3+1 dimensions[J]. Physical Review Letters, 2006, 96(19): 190201.

[226] Yang Z Z, Yan Z Y. Symmetry groups and exact solutions of new (4+1)-dimensional Fokas equation[J]. Communications in Theoretical Physics, 2009, 51(5): 876-880.

[227] Lee J, Sakthivel R, Wazzan L. Exact traveling wave solutions of a higher-dimensional nonlinear evolution equation[J]. Modern Physics Letters B, 2010, 24(10): 1011-1021.

[228] Zhang S, Zhang H Q. Fractional sub-equation method and its applications to nonlinear fractional PDEs[J]. Physics Letters A, 2011, 375(7): 1069-1073.

[229] 刘勇, 刘希强. 变系数 Whitham-Broer-Kaup 方程组的对称、约化及精确解[J]. 物理学报, 2014, 63(20): 200203.

[230] Yan Z L, Liu X Q. Solitary wave and non-traveling wave solutions to two nonlinear evolution equations[J]. Communications in Theoretical Physics, 2005, 44(3): 479-482.

[231] Yan Z Y, Zhang H Q. New explicit solitary wave solutions and periodic wave solutions for Whitham-Broer-Kaup equation in shallow water[J]. Physics Letters A, 2001, 285(5-6): 355-362.

[232] Khalfallah M. Exact traveling wave solutions of the Boussinesq-Burgers equation[J]. Mathematical and Computer Modelling, 2009, 49(3-4): 666-671.

[233] Zhang Y F, Han Z, Tam H W. An integrable hierarchy and Darboux transformations, bilinear Bäcklund transformations of a reduced equation[J]. Applied Mathematics and Computation, 2013, 219(11): 5837-5848.

[234] Xu X X. A family of integrable differential-difference equations, its bi-Hamiltonian structure and binary nonlinearization of the Lax pairs and adjoint Lax pairs[J]. Chaos, Solitons & Fractals, 2012, 45(4): 444-453.

[235] 吴文俊. 数学机械化[M]. 北京: 科学出版社, 2003.

[236] 高小山. 数学机械化进展综述[J]. 数学进展, 2001, 30: 385-404.

[237] 张鸿庆. 流形上的微积分[M]. 大连: 大连理工大学出版社, 2007.

[238] 傅海伦. 数学机械化思想的产生和发展[J]. 自然辩证法研究, 1997, 13(10): 31-35.

[239] Tarski A. A Decision Method for Elementary Algebra and Geometry[M]. 2nd ed. Berkeley and Los Angeles: University California Press, 1951.

[240] Wang H. Toward mechanical mathematics[J]. IBM Journal of Research and Development, 1960, 4(1): 2-22.

[241] 吴文俊. 初等几何判定问题与机械化证明[J]. 中国科学 A 辑, 1977, 7(6): 507-516.

[242] 吴文俊. 初等微分几何的机械化证明[J]. 科学通报, 1978, 23(9): 523-524.

[243] Wu W T. Basic principles of mechanical theorem proving in geometries [J]. 系统科学与数学, 1984, 4(3): 207-335.

[244] 吴文俊. 关于代数方程组的零点——Ritt 原理的一个应用[J]. 科学通报, 1985, 30(12): 881-883.

[245] Wu W T. On the foundation of algebraic differential geometry[J]. Journal of Systems Science and Complexity, 1989, 2(4): 289-312.

[246] Chou S C, Gao X S. Automated reasoning in differential geometry and mechanics: Part I. An improved version of Ritt-Wu's decomposition algorithm[J]. Journal of Automated Reasoning, 1993, 10(2): 161-172.

[247] Chou S C, Gao X S. Automated reasoning in differential geometry and mechanics: Part II. Mechanical theorem proving[J]. Journal of Automated Reasoning, 1993, 10(2): 173-189.

[248] Chou S C, Gao X S, Zhang J Z. Machine Proofs in Geometry[M]. Singapore: World Scientific, 1994.

[249] 高小山, 张景中, 周咸青. 几何专家[M]. 台北: 九章出版社, 1998.

[250] 林东岱, 李文林, 虞言林. 数学与数学机械化[M]. 济南: 山东教育出版社, 2001.

[251] 高小山. 三角恒等式与初等几何定理的机械化证明[J]. 系统科学与数学, 1987, 7(3): 264-272.

[252] 王东明, 胡森. 构造型几何定理及其机器证明系统[J]. 系统科学与数学, 1987, 7: 163-172.

[253] Kapur D, Mundy J L. Wu's method and its application to perspective viewing[J]. Artificial Intelligence, 1988, 37(1-3): 15-36.

[254] 王世坤, 孙晓东, 吴可, 等. 六顶角带谱参数杨-Baxter方程的解[J]. 物理学报, 1995, 44(1): 1-8.

[255] Sun X D, Wang S K, Wu K. Classification of six-vertex-type solutions of the colored Yang-Baxter equation[J]. Journal of Mathematical Physics, 1995, 36(10): 6043-6063.

[256] Ren X A, Wang S K, Wu K. Solving colored Yang-Baxter equation by Wu's method[J]. Acta Mathematica Scientia, 2009, 29(5): 1267-1294.

[257] Li H B, Cheng M T. Proving theorems in elementary geometry with Clifford algebraic method[J]. 数学进展, 1997, 26(7): 357-371.

[258] Li H B, Cheng M T. Clifford algebraic reduction method for mechanical theorem proving in differential geometry[J]. Journal of Automated Reasoning, 1998, 21(1): 1-21.

[259] 杨路, 夏壁灿. 不等式机器证明与自动发现[M]. 北京: 科学出版社, 2008.

[260] 高小山, 王定康, 裘宗燕, 等. 方程求解与机器证明: 基于 MMP 的问题求解[M]. 北京: 科学出版社, 2006.

[261] 吴文俊. 数学机械化研究回顾与展望[J]. 系统科学与数学, 2008, 28(8): 898-904.

[262] 王东明, 夏壁灿, 李子明. 计算机代数[M]. 北京: 清华大学出版社, 2007.

[263] Slagle J R. A heuristic program that solves symbolic integration problems in freshman calculus: Symbolic automatic integrator (SAINT)[R]. Lincoln Laboratory Report 5G-0001. Boston: Massachusetts Institute of Technology, 1961.

[264] 陈玉福. 计算机代数讲义[M]. 北京: 高等教育出版社, 2009.

[265] Li Z B, Wang M L. Travelling wave solutions to the two-dimensional KdV-Burgers equation[J]. Journal of Physics A: Mathematical and General, 1993, 26(21): 6027-6031.

[266] Li Z B, Shi H. Exact solutions for Belousov-Zhabotinski reaction-diffusion system[J]. Applied Mathematics, 1996, 11(1): 1-6.

[267] 李志斌, 张善卿. 非线性波方程准确孤立波解的符号计算[J]. 数学物理学报, 1997, 17(1): 81-89.

[268] Parkes E J, Duffy B R. An automated Tanh-function method for finding solitary wave solutions to non-linear evolution equations[J]. Computer Physics Communications, 1996, 98(3): 288-300.

[269] Li Z B, Liu Y P. RATH: A Maple package for finding travelling solitary wave solutions to nonlinear evolution equations[J]. Computer Physics Communications, 2002, 148(2): 256-266.

[270] 柳银萍, 李志斌. 基于吴方法的孤波自动求解软件包及其应用[J]. 系统科学与数学, 2004, 24(1): 118-124.

[271] Liu Y P, Li Z B. An automated Jacobi elliptic function method for finding periodic wave solutions to nonlinear evolution equations[J]. Chinese Physics Letters, 2002, 19(9): 1228-1230.

[272] Fan E G. Extended tanh-function method and its applications to nonlinear equations[J]. Physics Letters A, 2000, 277(4-5): 212-218.

[273] Fan E G, Dai H H. A direct approach with computerized symbolic computation for finding a series of traveling waves to nonlinear equations[J]. Computer Physics Communications, 2003, 153(1): 17-30.

[274] Fan E G. An algebraic method for finding a series of exact solutions to integrable and nonintegrable nonlinear evolution equations[J]. Journal of Physics A: Mathematical and General, 2003, 36(25): 7009-7026.

[275] Fan E G. Uniformly constructing a series of explicit exact solutions to nonlinear equations in mathematical physics[J]. Chaos, Solitons and Fractals, 2003, 16(5): 819-839.

[276] Baldwin D, Gökta Ü, Hereman W, et al. Symbolic computation of exact solutions expressible in hyperbolic and elliptic functions for nonlinear PDEs[J]. Journal of Symbolic Computation, 2004, 37(6): 669-705.

[277] Baldwin D, Gökta Ü, Hereman W. Symbolic computation of hyperbolic tangent solutions for nonlinear differential-difference equations[J]. Computer Physics Communications, 2004, 162(3): 203-217.

[278] Yong X L, Zeng X, Zhang Z Y, et al. Symbolic computation of Jacobi elliptic function solutions to nonlinear differential-difference equations[J]. Computers & Mathematics with Applications, 2009, 57(7): 1107-1114.

[279] Zhang H Q. C-D integrable system and computer aided solver for differential equations[C]// Proceedings of the Fifth Asian Symposium. Singapore: World Scientific, 2001.

[280] 张鸿庆. 数学机械化中的 AC=BD 模式[J]. 系统科学与数学, 2008, 28(8): 1030-1039.

[281] 张鸿庆, 丁琦. 一类非线性偏微分方程组的解析解[J]. 应用数学和力学, 2008, 29(11): 1268-1278.

[282] 特木尔朝鲁. 微分方程（组）对称向量的吴-微分特征列算法及其应用[J]. 数学物理学报, 1999, 19 (3): 326-332.

[283] 特木尔朝鲁. 微分多项式系统的约化算法理论[J]. 数学进展, 2003, 32(2): 208-220.

[284] 夏铁成, 曹丽娜, 张鸿庆. 关于偏微分方程解的规模、恰当解、形式幂级数解和序的优化[J]. 系统科学与数学, 2005, 52(6): 752-760.

[285] Xie F D, Chen Y. An algorithmic method in Painlevé analysis of PDE[J]. Computer Physics Communications, 2003, 154(3): 197-204.

[286] Zhang H Q, Xie F D, Lu B. A symbolic computation method to decide the completeness of the solutions to the system of linear partial differential equations[J]. Applied Mathematics and Mechanics, 2002, 23(10): 1134-1139.

[287] 陈玉福, 高小山. 微分多项式系统的对合特征集[J]. 中国科学 A 辑, 2003, 33(2): 97-113.

[288] 张盛. Burgers 方程的 Bäcklund 变换与多精确解[J]. 辽宁工学院学报（自然科学版）, 2006, 26(2): 139-140.

[289] Polyanin A D, Zaitsev V F. Handbook of Nonlinear Partial Differential Equation[M]. 2nd ed., Florida: CRC Press, 2004.

[290] Zhang S, Wang Z Y. Improved homogeneous balance method for multi-soliton solutions of Gardner equation with time-dependent coefficients[J]. IAENG International Journal of Applied Mathematics, 2016, 46(4): 592-599.

[291] Liu C P. A modified homogeneous balance method and its applications[J]. Communications in Theoretical Physics, 2011, 56(2): 223-227.

[292] He J H, Abdou M A. New periodic solutions for nonlinear evolution equations using exp-function method[J]. Chaos, Solitons and Fractals, 2007, 34(5): 1421-1429.

[293] Zhang S. Exp-function method for solving Maccari's system[J]. Physics Letters A, 2007, 371(1-2): 65-71.

[294] Zhang S. Application of exp-function method to a KdV equation with variable coefficients[J]. Physics Letters A, 2007, 365(5-6): 448-453.

[295] Zhang S. Application of exp-function method to high-dimensional nonlinear evolution equation[J]. Chaos, Solitons and Fractals, 2008, 38(1): 270-276.

[296] Zhu S D. Exp-function method for the hybrid-lattice system[J]. International Journal of Nonlinear Sciences and Numerical Simulation, 2007, 8(3): 461-464.

[297] Marinakis V. The exp-function method and n-soliton solutions[J]. Zeitschrift für Naturforschung A, 2008, 63(10-11): 653-656.

[298] Zhang S, Zhang H Q. Exp-function method for N-soliton solutions of nonlinear evolution equations in mathematical physics[J]. Physics Letters A, 2009, 373(30): 2501-2505.

[299] Zhang S, Zhang H Q. An exp-function method for new N-soliton solutions with arbitrary functions of a (2+1)-dimensional vcBK system[J]. Computers & Mathematics with Applications, 2011, 61(8): 1923-1930.

[300] Zhang S, Zhang H Q. Exp-function method for N-soliton solutions of nonlinear differential-difference equations[J]. Zeitschrift für Naturforschung A, 2010, 65(11): 924-934.

[301] Malik S A, Qureshi I M, Amir M, et al. Numerical solution to generalized Burgers'-Fisher equation using exp-function method hybridized with heuristic computation[J]. PLoS ONE, 2015, 10(3): e0121728.

[302] Zhang S. Exp-function method exactly solving a KdV equation with forcing term[J]. Applied Mathematics and Computation, 2008, 197(1): 128-134.

[303] Zhang S. Application of exp-function method to Riccati equation and new exact solutions with three arbitrary functions of Broer-Kaup-Kupershmidt equations[J]. Physics Letters A, 2008, 372(11): 1873-1880.

[304] Zhang S. Exact solutions of a KdV equation with variable coefficients via exp-function method[J]. Nonlinear Dynamics, 2008, 52(1-2): 11-17.

[305] Zhang S. Exp-function method for constructing explicit and exact solutions of a lattice equation[J]. Applied Mathematics and Computation, 2008, 199(1): 242-249.

[306] Zhang S, Wang W, Tong J L. Exp-function method for the Riccati equation and exact solutions of dispersive long wave equations[J]. Zeitschrift für Naturforschung A, 2008, 63(10-11): 663-670.

[307] Zhang S, Tong J L, Wang W. Exp-function method for a nonlinear ordinary differential equation and new exact solutions of the dispersive long wave equations[J]. Computers & Mathematics with Applications, 2009, 58(11-12): 2294-2299.

[308] Zhang S. Exp-function method for Riccati equation and new exact solutions with two arbitrary functions of (2+1)-dimensional Konopelchenko-Dubrovsky equations[J]. Applied Mathematics and Computation, 2010, 216(5): 1546-1552.

[309] Zhang S, Gao Q, Zong Q A, et al. Multi-wave solutions for a non-isospectral KdV-type equation with variable coefficients[J]. Thermal Science, 2012, 16(5): 1576-1579.

[310] Zhang S, Zong Q A, Gao Q, et al. Differential-difference equation arising in nanotechnology and it's exact solutions[J]. Journal of Nano Research, 2013, 23: 113-116.

[311] Zhang S, Wang J, Peng A X, et al. A generalized exp-function method for multiwave solutions of sine-Gordon equation[J]. Pramana-Journal of Physics, 2013, 81(5): 763-773.

[312] Zhang S, Wang D. A Toda lattice hierarchy with variable coefficients and its multi-wave solutions[J]. Thermal Science, 2014, 18(5): 1555-1558.

[313] Zhang S, Zhou Y Y. Multiwave solutions for the Toda lattice equation by generalizing exp-function method[J]. IAENG International Journal of Applied Mathematics, 2014, 44(4): 177-182.

[314] Zhang S, Li J H, Zhou Y Y. Exact solutions of non-linear lattice equations by an improved exp-function method[J]. Entropy, 2015, 17(5): 3182-3193.

[315] Ma W X, Huang T W, Zhang Y. A multiple exp-function method for nonlinear differential equations and its application[J]. Physica Scripta, 2010, 82(6): 065003.

[316] Navickas Z, Ragulskis M. How far one can go with the exp-function method?[J]. Applied Mathematics and Computation, 2009, 211(2): 522-530.

[317] Lou S Y, Hu X B. Infinitely many Lax pairs and symmetry constraints of the KP equation[J]. Journal of Mathematical Physics, 1997, 38(12): 6401-6427.

[318] Zheng C L. Localized coherent structures with chaotic and fractal behaviors in a (2+1)-dimensional modified dispersive water-wave system[J]. Communications in Theoretical Physics, 2003, 40(7): 25-32.

[319] Zakharov V E. Stability of periodic waves of finite amplitude on the surface of a deep fluid[J]. Journal of Applied Mechanics and Technical Physics, 1968, 9(2): 190-194.

[320] Chan W L, Zheng Y K. Solutons of a nonisospectral and variable coefficient Korteweg-de Vries equation[J]. Letters in Mathematical Physics, 1987, 14(4): 293-301.

[321] Zhang S, Zhang L J, Xu B. Rational waves and complex dynamics: Analytical insights into a generalized nonlinear Schrödinger equation with distributed coefficients[J]. Complexity, 2019, 2019: 3206503.

[322] Kruglov V, Peacock A, Harvey J. Exact self-similar solutions of the generalized nonlinear Schrödinger equation with distributed coefficients[J]. Physical Review Letters, 2003, 90(11): 113902.

[323] Kudryashov N A, Loguinova N B. Be careful with the exp-function method[J]. Communications in Nonlinear Science and Numerical Simulation, 2009, 14(5): 1881-1890.

[324] Kudryashov N A. On "new travelling wave solutions" of the KdV and KdV-Burgers equations[J]. Communications in Nonlinear Science and Numerical Simulation, 2009, 14(5): 1891-1900.

[325] Kudryashov N A. Seven common errors in finding exact solutions of nonlinear differential equations[J]. Communications in Nonlinear Science and Numerical Simulation, 2009, 14(9-10): 3507-3529.

[326] Zhang S, Li J H, Zhang L Y. A direct algorithm of exp-function method for non-linear evolution equations in fluids[J]. Thermal Science, 2016, 20(3): 881-884.

[327] Zhang S, You C H, Xu B. Simplest exp-function method for exact solutions of Mikhauilov-Novikov-Wang equations[J]. Thermal Science, 2019, 23(4): 2381-2388.

[328] Xu B, Zhang S. Exact solutions of nonlinear equations in mathematical physics through NPE method[J]. Journal of Mathematical Physics, Analysis, Geometry, 2021, 17(3): 369-387.

[329] Shan X Y, Zhu J Y. The Mikhauilov-Novikov-Wang hierarchy and its Hamiltonian structures[J]. Acta Physica Polonica B, 2012, 43(10): 1953-1963.

[330] Maccari A. The Kadomtsev-Petviashvili equation as a source of integrable model equations[J]. Journal of Mathematical Physics, 1996, 37(12): 6207-6212.

[331] Wazwaz A M. New solutions of distinct physical structures to high-dimensional nonlinear evolution equations[J]. Applied Mathematics and Computation, 2008, 196(1): 363-370.

[332] Zhou Y B, Wang M L, Wang Y M. Periodic wave solutions to a coupled KdV equations with variable coefficients[J]. Physics Letters A, 2003, 308(1): 31-36.

[333] Wang M L, Zhou Y B. The periodic wave solutions for the Klein-Gordon-Schrodinger equations[J]. Physics Letters A, 2003, 318(1-2): 84-92.

[334] Wang M L, Wang Y M, Zhang J L. The periodic wave solutions for two systems of nonlinear wave equations[J]. Chinese Physics, 2003, 12(12): 1341-1348.

[335] Fu Z T, Liu S K, Liu S D, et al. New Jacobi elliptic function expansion and new periodic solutions of nonlinear wave equations[J]. Physics Letters A, 2001, 290(1-2): 72-76.

[336] Parkes E J, Duffy B R, Abbott P C. The Jacobi elliptic-function method for finding periodic-wave solutions to nonlinear evolution equations[J]. Physics Letters A, 2002, 295(5-6): 280-286.

[337] Zhang S. The periodic wave solutions for the (2+1)-dimensional dispersive long water equations[J]. Chaos, Solitons and Fractals, 2007, 32(2): 847-854.

[338] Wang M L, Li X Z. Applications of F-expansion to periodic wave solutions for a new Hamiltonian amplitude equation[J]. Chaos, Solitons and Fractals, 2005, 24(5): 1257-1268.

[339] Chen J, He H S, Yang K Q. A generalized F-expansion method and its application in high-dimensional nonlinear evolution equation[J]. Communications in Theoretical Physics, 2005, 44(2): 307-310.

[340] Zhang S. Further improved F-expansion method and new exact solutions of Kadomtsev-Petviashvili equation[J]. Chaos, Solitons and Fractals, 2007, 32(4): 1375-1383.

[341] Wang D S, Zhang H Q. Further improved F-expansion method and new exact solutions of Konopelchenko-Dubrovshy equation[J]. Chaos, Solitons and Fractals, 2005, 25(3): 601-610.

[342] Zhang S, Xia T C. A generalized F-expansion method and new exact solutions of Konopelchenko-Dubrovsky equations[J]. Applied Mathematics and Computation, 2006, 183(2): 1190-1200.

[343] Zhang S. New exact solutions of the KdV-Burgers-Kuramoto equation[J]. Physics Letters A, 2006, 358(5-6): 414-420.

[344] Zhang S, Xia T C. A generalized F-expansion method with symbolic computation exactly solving Broer-Kaup equations[J]. Applied Mathematics and Computation, 2007, 189(1): 836-843.

[345] Zhang S, Xia T C. An improved generalized F-expansion method and its application to the (2+1)-dimensional KdV equations[J]. Communications in Nonlinear Science and Numerical Simulation, 2008, 13(3): 1294-1301.

[346] Xu B, Zhang S. A novel approach to time-dependent-coefficient WBK system: Doubly periodic waves and singular nonlinear dynamics[J]. Complexity, 2018, 2018: 3158126.

[347] Zhang S, Zong Q A. Exact solutions with external linear functions for the potential Yu-Toda-Sasa-Fukuyama equation[J]. Thermal Science, 2018, 22(4): 1621-1628.

[348] Yomba E. The modified extended Fan sub-equation method and its application to the (2+1)-dimensional Broer-Kaup-Kupershmidt equation[J]. Chaos, Solitons and Fractals, 2006, 27(1): 187-196.

[349] Zhang S, Xia T C. Further improved extended Fan sub-equation method and new exact solutions of the (2+1)-dimensional Broer-Kaup-Kupershmidt equations[J]. Applied Mathematics and Computation, 2006, 182(1): 1651-1660.

[350] Zhang S, Xia T C. A further improved extended Fan sub-equation method and its application to the (3+1)-dimensional Kadomtsev-Petviashvili equation[J]. Physics Letters A, 2006, 356(2): 119-123.

[351] Xie F D, Zhang Y, Lü Z S. Symbolic computation in non-linear evolution equation: Application to (3+1)-dimensional Kadomtsev-Petviashvili equation[J]. Chaos, Solitons and Fractals, 2005, 24(1): 257-263.

[352] Liu X P, Liu C P. Relationship among solutions of a generalized Riccati equation[J]. Communications in Theoretical Physics, 2007, 48(4): 610-614.

[353] Sirendaoreji, Sun J. Auxiliary equation method for solving nonlinear partial differential equations[J]. Physics Letters A, 2003, 309(5-6): 387-396.

[354] Liu C P, Liu X P. A note on the auxiliary equation method for solving nonlinear partial differential equations[J]. Physics Letters A, 2006, 348(3-6): 222-227.

[355] Dai C Q, Zhang J F. Exact travelling solutions of discrete sine-Gordon equation via extended tanh-function approach[J]. Communications in Theoretical Physics, 2006, 46(1): 23-27.

[356] Wang Z, Zhang H Q. Soliton-like and periodic form solutions to (2+1)-dimensional Toda equation[J]. Chaos, Solitons and Fractals, 2007, 31(1): 197-204.

[357] Wadati M. Stochastic Korteweg-de Vries equation[J]. Journal of the Physical Society of Japan, 1983, 52(8): 2642-2648.

[358] Wadati M, Akutsu Y. Stochastic Korteweg-de Vries equation with and without damping[J]. Journal of the Physical Society of Japan, 1984, 53(10): 3342-3350.

[359] Wadati M. Deformation of solitons in random media[J]. Journal of the Physical Society of Japan, 1990, 59(12): 4201-4203.

[360] de Bouard A, Debussche A. On the stochastic Korteweg-de Vries equation[J]. Journal of Functional Analysis, 1998, 154(1): 215-251.

[361] Debussche A, Printems J. Numerical simulation of the stochastic Korteweg-de Vries equation[J]. Physica D, 1999, 134(2): 200-226.

[362] Konotop V V, Vázquez L. Nonlinear Random Waves[M]. Singapore: World Scientific, 1994.

[363] Holden H, Øksendal B, Ubøe J, et al. Stochastic Partial Differential Equations: A Modeling, White Noise Functional Approach[M]. Basel: Birkhäuser, 1996.

[364] Xie Y C. Exact solutions for stochastic KdV equations[J]. Physics Letters A, 2003, 310(2-3): 161-167.

[365] Wei C M, Xia Z Q. Exact soliton-like solutions for stochastic combined Burgers-KdV equation[J]. Chaos, Solitons and Fractals, 2005, 26(2): 329-336.

[366] Ginovart F. Some exact Wick type stochastic generalized Boussinesq equation solutions[J]. Journal of Computational and Applied Mathematics, 2008, 220(1-2): 559-565.

[367] Dai C Q, Zhang J F. Stochastic exact solutions and two-soliton solution of the Wick-type stochastic KdV equation[J]. Europhyics Letters, 2009, 86(4): 40006.

[368] Zhang S, Zhang H Q. Fan sub-equation method for Wick-type stochastic partial differential equations[J]. Physics Letters A, 2010, 374(41): 4180-4187.

[369] Zhang S. Exact solutions of Wick-type stochastic KdV equation[J]. Canadian Journal of Physics, 2012, 90 (2): 181-186.

[370] Yan Z L, Liu X Q. Symmetry and similarity solutions of variable coefficients generalized Zakharov-Kuznetsov equation[J]. Applied Mathematics and Computation, 2006, 180(1): 288-294.

[371] Bai C J, Zhao H, Zhang X, et al. A modified symmetry reduction method and its applications in nonlinear variable coefficient evolution equation(s)[J]. International Journal of Modern Physics B, 2009, 23(18): 3753-3763.

[372] Wick G C. The evaluation of the collinear matrix[J]. Physical Review, 1950, 80(2): 268-272.

[373] Hida T, Ikeda N. Analysis on Hilbert space with reproducing kernel arising from multiple Wiener integral[C]//Proceedings of Fifth Berkeley Symposium on Mathematical Statistics and Probability. Berkeley: University of California Press, 1967.

[374] Dobrushin R L, Minlos R A. Polynomials in linear random functions[J]. Russian Mathematical Surveys, 1977, 32(2): 71-127.

[375] Meyer P A, Yan J A. Distributions sur l'espace de Wiener (suite)[J]. Lecture Notes in Mathematics, 1989, 1372: 382-392.

[376] Simon B. The $P(\phi)_2$ Euclidean (Quantum) Field Theory[M]. Princeton: Princeton University Press, 1974.

[377] Benth F E, Gjerde J. A remark on the equivalence between Poisson and Gaussion stochastic partial differential equations[J]. Potential Analysis, 1998, 8(2): 179-193.

[378] 宁同科. 非等谱发展方程族的类孤子解[D]. 上海: 上海大学, 2005.

[379] Ning T K, Wu C F, Zhang D J. Exact solutions for KdV system equations hierarchy[J]. Physica A, 2007, 377(2): 421-428.

[380] Lin R L, Zeng Y B, Ma W X. Solving the KdV hierarchy with self-consistent sources by inverse scattering method[J]. Physica A, 2001, 291(1-4): 287-298.

[381] Chan W L, Li K S. Non-propagating solitons of the non-isospectral and variable coefficient modified KdV equation[J]. Journal of Physics A: General Physics, 1999, 27(3): 883-902.

[382] Chen H H, Liu C S. Solitons in nonuniform media[J]. Physical Review Letters, 1976, 37(11): 693-697.

[383] Hirota R, Satsuma J. N-soliton solutions of the K-dV equation with loss and nonuniformity terms[J]. Journal of the Physical Society of Japan, 1976, 41(6): 2141-2142.

[384] Calogero F, Degasperis A. Coupled nonlinear evolution equations solvable via the inverse spectral transform, and solitons that come back: The boomeron[J]. Lettere al Nuovo Cimento, 1976, 16(14): 425-433.

[385] Calogero F, Degasperis A. Exact solutions via the spectral transform method for solving nonlinear evolution equation[J]. Lettere al Nuovo Cimento, 1978, 22(4): 131-137.

[386] Calogero F, Degasperis A. Extension of the spectral transform method for solving nonlinear evolution equation[J]. Lettere al Nuovo Cimento, 1978, 22(7): 263-269.

[387] Calogero F, Degasperis A. Exact solution via the spectral transform of a generalization with linearly x-dependent coefficients of the modified Korteweg-de Vries equation[J]. Lettere al Nuovo Cimento, 1978, 22(7): 270-273.

[388] Li Y S. A class of evolution equations and the spectral deformation[J]. Science in China Series A, 1982(9): 18-24.

[389] Ma W X. An approach for constructing nonisospectral hierarchies of evolution equations[J]. Journal of Physics A: General Physics, 1999, 25(12): L719-L726.

[390] Serkin V N, Hasegawa A, Belyaeva T L. Nonautonomous solitons in external potentials[J]. Physical Review Letters, 2007, 98(7): 074102.

[391] Tu G Z. The trace identity, a powerful tool for constructing the Hamiltonian structure of integrable systems[J]. Journal of Mathematical Physics, 1989, 30(2): 330-338.

[392] 冯斌鲁, 张玉峰, 董换河. 扩展可积系统族的代数方法[M]. 北京: 科学出版社, 2017.

[393] Zhang S, Guo X. A KN-like hierarchy with variable coefficients and its Hamiltonian structure and exact solutions[J]. IAENG International Journal of Applied Mathematics, 2016, 46(1): 82-86.

[394] 张玉峰, 张鸿庆. 一个类似于 KN 族的可积系及其可积耦合[J]. 数学研究与评论, 2002, 22(2): 289-294.

[395] Kajiwara K, Satsuma J. The conserved quantities and symmetries of the two-dimensional Toda lattice hierarchy[J]. Journal of Mathematical Physics, 1991, 32(2): 506-515.

[396] Tu G Z. A trace identity and its applications to the theory of discrete integrable systems[J]. Journal of Physics A: Mathematical and General, 1990, 23(17): 3903-3922.

参考文献

[288] Li Y S. Actions of evolution equations and the spectral deformation[J]. Science in China Series A, 1986(9):1-807

[289] Ma W X. An approach for constructing nonconfluent rational hierarchies of evolution equations[J]. Journal of Physics A: General Physics, 1990, 23(12):2147-2150.

[290] Sokolov V V, Shabat A, Reyman ? ... solutions in external potential[J]. Physical Review Letters, 2007, 98(17):0?0102.

[291] Fu Z. The trace identity: a powerful tool for constructing the Hamiltonian structure of integrable systems[J]. Journal of Mathematical Physics, 1989, 30(2):330-338.

[292] 赵海琼, 张玉峰. 一类积分可积系的可积性[M]. 北京: 科学出版社, 2017.

[293] Zhang Y, Guo X. A N-fixed integrable with variable coefficient and its Hamiltonian structure and exact solution[J]. EABMC International Journal of Applied Mathematics, 2016, 46(1): 82-86.

[294] 张玉峰. 广义 Broer-Kaup 系统及其可积耦合[J]. 数学物理学报, 2002, 21(2): 288-291.

[295] Fujiwara T, Sawano Y. The conserved quantities and symmetries of the two-dimensional Toda lattice hierarchy[J]. Journal of Mathematical Physics, 1990, 32(2):306-315.

[296] Tu G Z. A trace identity and its applications to the theory of discrete integrable systems[J]. Journal of Physics A: Mathematical and General, 1990, 23(17): 3903-3922.